제2판

민관협력사업(PPP)의 개요와 이해

The World Bank Group 저
김재연·이용배·박자분·서원탁 역

Public-Private Partnership
Introduction And Overview

나를 포함해 동시대 대학생 대부분은 건설 공학을 전공하면 당연히 시공 및 설계사나 관련 공기업에 지원하거나 5급이든 9급이든 관련 공무원이 되는 것이 일반적이라고 생각했을 것이다. 하지만 계획대로(?) 4년 동안 공학을 전공하고 세상에 나와 회사에 근무하면서 얼마 지나지 않아 느낀 것은 세상을 사는 방식도 할 수 있는 일도 너무 다양하다는 것이었고, 지금은 그때 충격보다 더 넓은 분야가 있음을 몸소 체험하고 있는 중이다. 그렇기 때문에 학창시절에 왜 더 다양한 길이 있음을 찾아보지 않았는지, 시험과 과제를 핑계로 너무 편협하진 않았던 것인지 아쉬웠던 적이 너무나도 많고 어쩌면 지금은 너무 늦어버린 것이 아닌가 하는 후회감도 든다.

이 책은 깊이 있는 학문을 전하는 책이 아니다. 이 책을 읽는다고 고수가 되는 것도 아니다. 다만 실무를 하기 위한 배경지식을 전달하고, 앞으로 세계무대에서 활약할 독자들이 그들과 같은 단어와 개념을 가지고 소통하길 바라는 마음에서 출판을 결심하게 되었으며, 이 책에 설명되어 있는 민관협력사업에 대해 전반적인 내용을 통해서 회사에 입사하여 내가 하고 있는 이 일이 내가 평생 가야 할 길인가 고민하는 사회 초년생 및 이제 막 해외사업을 시작하여 뭔가 방향성이 필요한 실무자들에게 도움이 될 것이라고 생각한다.

이 책은 기본적으로 세계은행과 같은 국제금융기구들이 모여서 PPP의 개념과 용어를 정리하고 전달 및 전파하는 것을 목적으로 하며, 주로 민관협력사업을 주도하는 정부기관의 입장에서 설명되어 있다. 그말인즉, 이 책에서도 여러 번 반복되어 나오지만, 여기서 다루어지는 내용이 언제 어디서나 적용될 수 있는 보편적 절대 지식이 아니라 현 상황을 이해할 수 있는 기준선을 제시한다는 의미이며, 민간회사 입장에서 실무와 살짝 동떨어진 내용으로 느껴질 수 있다. 다만 여기서 언급된 내용이 한국의 민관협력사업과 다르다거나, 실무와 동떨어졌다고 하여서 무의미한 것이 아니라. 국제적인 기준선과 어떤 차이가 있으며, 현업이 그 어디에 위치하고 있는지, 다른 국가의 민관협력사업과 어떻게 연결이 되는지 등을 전반적으로 이해할 수 있게 도움을 줄 것이다. 또한 프로젝트금융(Project Financing)이 민관협력사업(PPP)을 위한 금융 조달 방식 중 한 가지임에도 불구하고 이 두 개념을 동일시하게 활용되는 경우가 많아 본 책을 통해서 이 둘을 구분하게 도와줄 것이라고 생각한다.

본 책의 구성은 크게 3장으로 나누어진다. 우선 1장에서는 민관 협력의 개념과 특징, 그리고 기존의 조달방식이나 다른 형태의 민간 자본이 참여한 사업과의 차이점, PPP방식이 적용될 수 있는 사업분야 등 PPP방시에 대한 개괄적인 내용을 다룰 것이다. 이어서 2장에서는 실제 사업이 만들어지기 위해서 필요한 전형적인 사업 구조와 이렇게 만들어진 PPP 사업이 어떻게 금융조달이 되어 완성이 되는지에 대해서 다뤄볼 예정이다. 마지막으로 3장에서는 앞서 다루었던 PPP방식과 그 사업들이 해당 국가에서 잘 활용될 수 있도록 정부차원에서 만들어줘야 할 틀, 즉 Framework에 대한 내용과 Process 및 Cycle에 대한 내용을 다뤄봄으로써 PPP가 제도적으로 정착하기 위해 필요한 제도적 장치들을 설명하고자 한다. 또한 제2판과 함께 추가된 부록에는 주무관청 입장에서 PPP방식의 사업조달 내용이 아닌 민간사업자 입장에서 PPP프로젝트를 준비하는 절차 및 중요사항에 대해 설명한다. 따라서 각 단계별로 읽기 보다는 처음부터 순차적으로 읽어 나가기를 추천한다.

민관협력사업에는 정말 너무나도 많고 다양한 이해관계자가 참여하여 하나의 사업을 완성시켜간다. 하지만 그 근본은 인프라 사업이기 때문에 공학도들이 진출할 수 있는 영역이 충분히 존재하며, 특히 4년 동안 배운 공학을 기초로 금융이나 법 등 다른 분야를 융합한다면 더욱더 전문성을 가질 수 있다. 세상에는 그런 전문가들이 즐비하고 우리나라 역시 그런 인재를 요구한다. 따라서 본 책을 읽게 될 독자들 특히 다양한 진로를 꿈꾸며 미래를 설계해 갈 기회가 있는 포부 넘치는 공학도들이 다양한 분야에서 자기 역량을 충분히 발휘할 수 있도록 보다 다양한 진로를 모색할 수 있는 계기가 되었으면 한다.

차례

Chapter 01 민관협력이란

Chapter 03 민관협력사업을 위한 제도적 장치 및 정책

부록 민간사업자의 PPP 입찰서 준비 및 제출

Chapter

01

민관협력이란

민관협력사업이라고 하면 생소하게 여길 수도 있겠지만, 민자도로 혹은 고속도로 톨게이트비라고 하면 조금은 더 익숙하게 느낄 것이다. 민관협력사업은 영어로는 Public-Private Partnership으로 민간기업과 정부가 협력해서 사업을 추진하는 것을 말한다. 줄여서는 대개 PPP 혹은 P3라고 부른다. 뉴스에 가장 많이 노출되어 익숙한, 예를 들자면 바로 공항철도나 신분당선 등이 수익형 민관협력사업이다. 이렇게 PPP방식은 우리 실생활에 아주 가깝게 다가와 있는 것들로 사회 여러 곳에 영향을 미치고 있다.

PPP방식의 핵심은 신규 인프라를 조달하거나 기존의 인프라를 개선하는 데 있어 효율성을 제고하는 것이다. 여기서의 효율성은 자본의 활용을 효율적으로 한다는 것을 의미하며, 같은 가치를 제공할 때는 더 적은 비용으로 그리고 적기에 필요한 인프라가 건설되게끔 자본을 활용하는 것을 말한다. 즉, 국가에 부족한 인프라(Infrastructure Gap)를 보충하기 위해 정부 예산만 고집하는 것이 아니라 민간의 자본과 기술을 활용하여 시의적절하고 보다 계획적이며 효율적으로 활용하는 데 그 진정한 가치가 있다고 할 수 있다.

PPP방식에 대한 자세한 소개와 주요 내용은 뒤에서 설명하겠지만, 우선 본 책에서 다룰 PPP의 정의와 범위에 대해서 먼저 짚고 넘어가고자 한다.

인프라나 서비스를 조달하는 한 가지 방법으로서 PPP에서는 민간 자본을 반드시 필요로 하지는 않는다. 다만 인프라나 서비스를 조달하거나, 기존의 인프라를 관리하는 효율적인 접근법을 의미한다. 이 경우 공공부문이 사업을 위한 재원을 조달한다고 하더라도 계약 구조를 통해서 많은 PPP의 이점을 만들어낼 수 있다.

하지만 전 세계적으로 부족한 인프라(infrastructure gap)를 해결해야 한다는 일반적인 인식이 있으며, 더 나아가 많은 국가(특히 개발도상국)에서 인프라 개발을 가속화하기 위해 민간 자원에 의지해야 한다. 따라서 본 책에서 다루는 PPP 방식은 개발 도상국의 사례와 같이 민간 자본을 동원하여 인프라를 개발하는 "협의의 PPP"를 기본으로 한다. 하지만 협의의 PPP에 집중한다고 하더라도 본 책에서 다루어지는 수많은 PPP의 개념들을 여러 다른 방식으로 적용함으로써 많은 효용을 만들어 낼 수 있다는 점을 기억해야 한다.

이제부터 PPP의 정의 및 PPP를 활용하는 목적과 배경 그리고 효율성과 VfM(Value for Money)을 움직이는 요인들 및 PPP 프레임워크(Framework)의 구성요소와 Cycle 등 다양한 개념에 대해서 알아보도록 하자.

01 PPP 방식의 개념

1. 각 기관에서 정의하는 PPP와 그 범위

PPP는 공공 자산(인프라)과 공공 서비스를 공급하기 위한 일종의 계약적 수단이다. PPP계약은 새로운 인프라의 개발과 관리, 기존 인프라의 업그레이드 그리고 PPP계약 하에서 민간 사업자가 기존에 존재하는 인프라를 관리하거나 공공 서비스를 공급 또는 운영하기 위한 것을 포함한다. PPP의 개념에 대해 일반적으로 그리고 국제적으로 통일된 정의는 없으며 때로는 공공부문과 민간부문이 공통된 목표를 위해 제휴하고 협력하는 것을 의미하기도 한다. 각 기관에서 정의하는 PPP의 개념은 다음과 같이 상이하다.

OECD는 PPP를 정부와 운영자와 자본가(Financier)를 포함한 하나 혹은 그 이상의 민간 참여자 간의 합의나 계약(agreement)으로 정의한다. 이런 합의 하에서, 민간 참여자는 서비스를 제공하여 얻는 이익을 정부의 서비스 제공 목적과 일치시킬 수 있고, 정부는 민간참여자에게 리스크를 전가함으로써 PPP의 유효성(effectureness)을 높일 수 있다.

IMF는 PPP를 전통적으로 정부가 공급해오던 인프라와 서비스를 민간 참여자가 공급하게 하는 합의나 계약이라고 지칭한다. 정부의 공공 투자(Public investment)와 민간에 의한 프로젝트 이행 외에도 PPP는 민간에 의한 서비스 제공과 민간 자본의 투자라는 중요한 특징을 가지고 있으며, 이를 통해 주요 리스크들이 정부로부터 민간부문에 전가된다. PPP는 병원, 학교, 교도소, 도로, 교량, 터널, 철도, 항공교통 관제 시스템, 수처리 시설 등을 건설하고 운영하는 인프라 건설과 광범위하게 연관되어 있다.

EU는 정부당국과 민간이 인프라와 서비스 공급을 위해 자금조달부터 건설, 개보수, 운영 및 관리까지 협력하는 것으로 PPP를 정의한다.

S&P는 원하는 정책적 성과를 위해 민관의 기술, 전문성과 자본을 투자하여 리스크와 성과를 공유하는 중장기 민관 협력으로 정의한다.

EIB(European Investment Bank)는 PPP를 공공자산과 공공의 서비스를 공급하기 위해 민간의 재원과 전문성을 활용하기 위한 목적으로 공공부문과 민간부문의 협력을 통칭하는 것으로 정의한다.

World Bank의 2014년판 PPP Reference Guide는 신규 또는 기존 인프라와 서비스에 적용되는 광의의 PPP를 "공공의 자산과 서비스를 개발하고 관리하기 위한 민관의 장기적인 계약"으로 정의한다. 이때, 민간 참여자는 계약기간 동안 상당한 리스크와 운영 및 관리 책임을 부담하는 대가로 자산 및 서비스를 이용하려는 수요와 운영 성과(performance)에 연동된 대가(payment)를 받는다.

즉, 공공 인프라와 서비스를 정부 예산을 통해서 조달하는 전통적인 방식이 아닌 그와는 다른 형태의 조달 방식을 모두 PPP에 대한 광의적 정의라고 할 수 있다.

국가마다 전통적으로 여기는 인프라와 서비스의 조달 방식은 다를 수 있다. 또한 어떤 국가에서 사용하는, 전통적인 방식이 아닌 새로운 조달 혹은 계약방식이 있다고 하더라도 이는 본 책에서 정의하는 기준에 따라서 PPP가 아닐 수도 있다. 편의상, 본 책에서는 상기에 언급한 PPP의 정의에 부합하지 않는, 공공부분에 의한 재화(good)나 용역(service)의 취득을 위한 모든 계약을 전통적인 조달방식(traditional procurement)이라고 할 것이다.

광의적 PPP의 정의는 장기간의 거래에서 민간 사업자가 상당한 정도의 리스크와 책임을 부담하는 것을 기본으로 한다. 이는 즉, 인프라를 개발하는데 있어 PPP방식을 사용하고자 하여도 반드시 사업비의 전부나 일부를 민간 자본으로 충당해야 한다는 것을 의미하지 않는다. 그보다는 건설/개발 및 관리(유지대가 및 운영) 등 다양한 역할들이 서로 결합되어 있음을 의미한다. 여기에다 추가적으로 참여자 간의 권리와 의무는 법률행위인 계약으로 규정되어 있어야 한다.

즉 광의적 PPP는 인프라의 신규 건설 혹은 개보수, 그를 이용한 공공 서비스의 공급 외에도 이미 건설된 인프라의 관리 용역 및 유틸리티 공급, 운송, 수도사업 등 서비스 PPP라 불리는 영역도 포함한다.

하지만, 본 책에서 다루어지는 PPP는 민간 자본에 의해서 사업비가 충당되는, 자본집약적인 산업인, 인프라를 공급하는 (전통적인 조달 방식의) 대체수단으로써의 PPP에 맞춰져 있으며 이를 앞에서 언급한 바와 같이 협의적 PPP라고 할 수 있다. 이러한 사업에는 새로운 인프라 건설, 또는 기존 시설의 대규모 개선 사업도 포함될 수 있다. 따라서 편의상, 본 책에서 언급하는 PPP는 기본적으로 민간 자원을 활용하여 인프라를 건설/개발하는 PPP라고 생각하면 된다.

민간에 의한 자금조달은 PPP의 이점을 얻기 위한 필수 조건은 아니지만 리스크의 전가(Risk Transfer)는 필수조건이다. 민간 사업자가 리스크를 감수하고 자본을 조달하여 투자할 때, 이 리스크의 전가가 가장 효율적으로 작용하는 동시에 민간 자본의 활용은 인프라가 턱없이 부족한 개발도상국 국가에 중요한 부분을 차지한다. 이 개념은 이후에 나올 PPP의 주요한 두 가지 유형, 즉 사용자가 지불하는 요금에 기반한 PPP(User-pays ppp 또는 concession)와 공공 또는 정부 예산을 기반으로 한 PPP(Government-pays ppp 또는 Public Finance Initiative)를 정확히 설명하기 위한 것이다.

2. 처음 PPP를 이해하는 데 있어 오해의 소지가 있는 부분

우선 일부 국가에서 PPP는 법적인 용어가 아니다. 즉 제도적으로 정의된 계약이나 조달의 형식은 아니라는 것이다. 일부 국가에서는 그냥 PPP가 인프라나 서비스 조달의 또 다른 방식을 설명하는 개념으로 남아있다. 제도적 프레임워크(Framework) 하에서 PPP를 정의하는 국가들에서는 이 용어가 공공부문으로부터 대가를 받아 매출을 일으키는, 혹은 이런 대가가 회사의 대부분 매출을 구성하는 사업형태를 의미한다. 이는 어떤 수준과 규모든 정부로부터 대가를 지급 받는 모든 형태의 PPP방식 프로젝트에 적용된다. 이런 국가에서 정의하는 PPP가 본 책에서 정의하는 내용 및 현지 제도적으로 PPP로 분류될 수도 있고, 그렇지 않은 경우 Concession이라고 표현될 수도 있다. Concession은 정부로부터 대가를 지급 받는 것이 아니라 사용자의 요금을 수취하여 매출을 발생시키는 PPP를 의미한다. PPP방식을 의미하는 용어들은 추후에 더 다루기로 한다.

둘째로 PPP는 민영화가 아니다. 민영화와 PPP 사이에 종종 혼란이 있으나 민간부문이 참여하는 이 두 종류에는 분명한 차이점이 존재한다. 사실 민영화는 기존에 공공부문이 소유하고 있던 자산과 그에 관련된 공공 서비스를 최종 사용자에게 제공해야 할 의무를 **영구적으로** 민간부문에게 이전시키는 것을 말한다. 그러나 PPP는 필수적으로 정부부문이 민간부문과 계속적인 관계를 맺고 Partner로서 역할을 한다. 이런 혼란은 민영화가 때로 광범위 하게 사용되기 때문에 발생한다. 예를 들어 어떤 형태든 민간 사업자가 자산을 유지·관리하는 경우 오해를 불러일으킬 수 있다. 본 책의 목적상 민영화는 위에서 언급한 것과 같이 정의될 수 있으며 따라서 영구적인 소유권 이전이라는 개념 때문에 PPP와는 차이가 발생한다. 또한 소유권의 이전이라는 측면에서 민영화는 새로운 인프라를 조달하는 방식이 아닌 기존에 건설되어 있는 자산을 의미한다. 같은 의미로, 기존 인프라의 유지관리를 계약을 통해 외주화하는 것도 민영화가 아닌 이유 역시 인프라를 영구적으로 민간 사업자에게 이전시키는 것이 아니기 때문이다.

02 PPP의 정의 및 분석과 신규 인프라 조달을 위한 PPP 계약의 특징

본 책에서는 대규모의 민간 자본을 활용한 인프라 개발 및 개보수를 위한 PPP를 다루고 있으며, 이러한 PPP는 World bank자료를 참고하여 다음과 같이 정의될 수 있다.

"A long term contract between a public party and a private party for the development (or significant upgrade or renovation) and management of a public asset (including potentially the management of a related public service), in which the private party bears significant risk and management responsibility throughout the life of the contract, provides a significant portion of the finance at its own risk and remuneration is significantly linked to performance and/or the demand or use of the asset or service so as to align the interest of both parties."

PPP를 민간금융(Private Finance) PPP로 구분하기 위해서 계약 안에 포함되어야 할 수많은 특징들이 존재하는데, 그 모든 특징들이 위에서 언급한 정의 안에 잘 정리되어 있다. 이러한 특징들이 비단 민간 자본이 참여하는 PPP에 국한되지 않기 때문에 광의의 PPP에 필요한 특징들을 이해하는 데도 동시에 도움이 된다.

“A long-term contract between a public party and a private party”

장기(Long Term) 계약이라는 PPP의 특징은 인프라 자산의 생애주기와 관련된 리스크와 책임의 상당 부분이 민간 사업자에게 효과적으로 전가된다는 것을 의미한다. 이는 PPP의 핵심적인 특징 중 하나인데 금융 구조와도 관련이 있다. 또한 “계약(Contract)”이라는 단어는 공공부문과 민간부문 사이의 관계 혹은 공공부문이 민간부문에게 관리의 책임을 계약적으로 위임한다는 것을 의미한다. 즉 여기서 계약이라는 것은 양 이해당사자에게 강제성을 부여하는 권리 및 의무로 구성된 문서가 1개의 본문과 여러 붙임 문서가 존재한다는 의미이다. 때때로 계약적인 관계는 다른 정부 기관과 민간 사업자의 연결을 나타내는 또 다른 계약 문서를 포함함으로써 보다 복잡해질 수 있는데, 예를 들어 다른 정부 기관과의 PPA 계약이나, 행정부의 승인이나 라이선스 취득이 PPP에 영향을 미치는 경우가 있을 수 있다. 이 계약은 공공 경쟁 입찰 과정 및 다양한 입찰 절차를 통해서 이루어져야만 한다.

정부부문(Public party)은 정부나 관련 기관, 공기업 등을 포함하여 정부의 이름으로 주무관청 역할을 하는 당사자를 말하며 이들 주무관청은 국가 직속일 수도 지방정부일 수도 있다. 이 공공부문은 종종 조달청(Procuring Authority)이라고 기술되기도 한다. 그에 반해 민간부문(Private Party)은 보통 프로젝트의 조달을 위해 참여한 주요 민간 회사(들)을 의미하며 정부부문과 함께 계약적 당사자가 된다. PPP에서 민간 사업자는 컨소시엄(Consortium)을 구성하여 PPP 입찰에 참여하는 것이 일반적인데 만약 컨소시엄(Consortium)이 계약을 수주하면, 그때 PPP 계약을 맺는 민간부문의 당사자 역할을 하기 위해서 새로 회사를 만든다. 이 회사를 특수목적법인(Special Purpose Company, SPC 혹은 Special Purpose Vehicle, SPV)이라고 한다. 일부 국가에서는 정부가 소유하고 있는 회사(State

Owned Enterprise, SOE) 및 부분적으로 정부가 소유하고 있는 SPV를 행정법이나 민법에 따라 민간 사업자로 구분하기도 한다. 그러나 주무관청과 이런 정부 소유의 "민간" 참여자 사이의 계약은 PPP라고 할 수 없다. 왜냐하면 합리적인 관점에서 볼 때 민간 사업자에게 충분한 리스크가 전가된다는 것에 대한 의문이 남기 때문이다. 그러나, 주무 관청이나, 정부 혹은 정부 소유 회사가 SPV의 전체 지분의 소수만 차지하고 있다면 이 사업이 PPP방식이라고 여겨지는 데 문제가 되지는 않는다.

"For the development (or significant upgrade or renovation) and management of a public asset (including potentially the management of a related public service)"

자산의 개발이나 관리(Development and management of the asset)는 PPP 방식의 중요한 특징 중 하나인 민간의 효율성과 관련이 있다. 기존의 방식처럼 인프라의 설계나 시공만 민간 사업자가 참여하는 것이 아니라 장기간의 유지관리도 건설과 함께 사업 범위에 포함되며 따라서 유지관리의 책임이 부여된다. 일부 프로젝트에서는 유지관리에 운영까지 포함될 수도 있다.

앞서 언급한 바와 같이 본 책에서 집중하는 PPP는 자본집약적인 프로젝트인데, 단순히 새로운 인프라를 개발하는 것뿐만 아니라 기존에 존재하는 인프라의 대규모 개보수(Significant upgrade or renovation)도 PPP 범주 안에 포함될 수 있다. 마지막으로 많은 PPP사업들은 해당 인프라가 공공기관이 서비스를 제공할 수 있게 만드는 플랫폼이 되거나 연관된 서비스가 있는 경우에는 공공 서비스의 유지관리나 운영(Potentially including management of a related service)을 역무에 포함하게 된다. 예를 들어 대부분의 교통 시스템 PPP에서는 대중교통 서비스의 운영도 사업범위 안에 포함된다.

“In the contract, the private party bears significant management responsibility and risks through the life of the contract”

앞서 언급한 민간의 효율성을 이용한다는 특징이 다시 언급되는 부분이다. 민간 사업자는 생애주기 비용(LCC)을 고려하여 자산의 유지관리까지 거의 모든 부분에 대해서 통합적인 관리를 하여야 한다(Significant management responsi-bility). 그렇지 않다면, PPP 방식의 장기 계약기간 동안 생애주기 리스크가 민간 사업자에게 전가된다고 할 수 없다. 책임의 범위는 자연적으로 리스크가 전가된 규모에 따라 결정되는데, 즉 민간 사업자가 관리·통제할 수 없는 활동이나 이벤트에 대한 리스크까지 전가되어서는 안 된다. 즉, 인프라의 생애주기 관리에 관련된 리스크는 오직, 민간 사업자에게 일임된 장기간의 유지관리 책임이 있는 경우에만 전가되어야 한다.

여기서 상당한 리스크의 전가(Significant Risk transfer)라 함은 장기 계약이라는 특징과 관련하여서 완공 리스크를 포함한 자산의 생애주기의 많은 부분에 대해 상당한 리스크가 민간 사업자에게 전가되어야만 민간의 효율성이 발휘될 수 있다는 것을 말한다. 여기서 상당함(Significant)은 PPP를 통한 효율성 발현의 핵심인데, 효율성은 리스크의 전가를 통해 이루어지므로 되도록 사업범위 내 다양한 리스크가 함께 전가되어야 하지만 모든 리스크와 이벤트, 그 결과까지 다 전가될 필요는 없으며, 정부가 리스크를 부담하거나 양 당사자가 리스크를 공유함으로써 리스크 비용을 감소시킬 수 있는 부분까지 민간 사업자에게 전가시키게 되면 상당한 비효율성이 초래될 수 있다.

“and provides a significant portion of the finance”

앞에서도 설명하였듯, 민간이 프로젝트에 필요한 금융조달에 참여하는 것이 PPP를 위한 필수조건은 아니다. 하지만 본 책에서는 민간금융(Private Finance) PPP에 대한 내용을 중심으로 설명하고 있기 때문에 추가된 부분이다. 민간 금융을 확보하는 것이야 말로 주무관청이 PPP방식을 통해서 인프라를 조달하고자 하는 동기이자 목적일 것이다. 이때 민간 금융은 프로젝트 파이낸싱이라는 금융조달 방식을 이용하는데 이 또한 민간의 효율성을 제고하는 데 있어서 핵심 요소가 된다. 왜냐하면 민간 사업자가 인프라사업의 전부 혹은 대부분의 금융을 조달하고, 그에 대한 보상이 인프라의 사용성이나 수요 등과 같은 운영 성과와 연동된다면 해당 금융 투자가 리스크에 노출되었다고 볼 수 있기 때문이다. 이런 강력한 방식이 공공부문과 민간부문의 목적을 일치시킨다. 즉 민간 사업자가 인프라의 사용성 유지나 적절한 운영 및 유지관리와 같은 공공부문의 목적을 극대화하기 위해서 능동적으로 움직이는 동기로 작용한다는 의미이다. 리스크에 노출된 민간 금융은 또한 민간 사업자로 하여금 인프라의 생애주기 전체 비용에 대한 관리를 할 동기 역시 부여한다. 이 의미는 운영을 통해 발생한 매출에서 운영비용을 제외한 금액이 민간 사업자가 그들의 대출이나 투자금 및 이윤을 회수하기 위해 충분해야 한다는 것을 의미한다.

“and remuneration is significantly linked to performance and/or the demand for or use of the asset or service, so as to align the interests of both parties”

이 개념은 앞서 설명한 민간 금융의 조달과 리스크 전가라는 특징과 관련이 있다. 책임 및 리스크를 계약기간 동안 전가하는 가장 효율적인 방법은 서비스의 품질과 같은 인프라의 운영 결과(performance)가 계약자에게 주어지는 보상(payment)과 연동되도록 하는 것이다. 일반적으로 보상은 합의된 서비스의 수준에 도달하였는지 혹은 실제 수요가 얼마인지에 따라 달라지게 되는데 후자의 경우를 일반적으로 User-pays PPP, 전자는 Government-pays PPP에 해당한다. 보수(payment)를 성과나 수요에 연결시키는 방식은 인프라 PPP의 또 다른 특징인 "오직 인프라가 완공이 되었을 때부터 대금을 받을 수 있게 된다"라는 것을 의미한다. 즉, 주무관청은 자산이 서비스 공급에 가능한 상태가 되었을 때만 대금을 지불하게 된다. 성과와 보수의 연결은 이윤을 추구하려는 민간 사업자의 목적과 서비스의 신뢰성과 품질에 집중하는 공공부문의 목적을 일치시키는 핵심 요소이지만, 이러한 민간부문 및 공공부문의 동기 일치는 민간 사업자로 하여금 사업을 진행하면서 혁신적인 요소를 추가할 만한 개념적인 여유가 있어야 가능하다.

전형적인 민간금융(Private Finance) PPP의 계약 방식은 DBFOM(Design Build Finance Operate and Maintain) 계약이다. 이때 민간 사업자가 스스로 프로젝트에 필요한 대부분의 자금을 조달하고, 인프라의 건설 및 운영, 유지관리한다. 그리고 해당 인프라의 효과적인 사용과 그를 통한 성과 달성이 정부나 사용자로부터 받게 될 보수와 연결이 되어 있는 경우에만 진정한 민간금융(Private

•• 민간금융 PPP 요약

핵심적인 특징	다른 일반적인 특징
• 공공과 민간 사이의 장기적인 공공 계약이 있다. • 인프라의 건설과 장기간의 운영이 하나의 계약 안에 합쳐져 있다. • 자산의 생애주기에 관한 대부분의 기간 동안, 민간 사업자에게 대부분의 리스크가 전가된다. • 리스크에 노출된 민간 자본이 존재한다. • 수요와 성과에 관련된, 민간의 보상이 존재하며 이는 리스크에 노출되어 있으면서도 양 당사자의 목표를 일치시키는 부분이다.	• 일반적으로 민간 사업자는 SPV의 형태를 구성한다. • 민간 사업자에 의해서 만들어진 금융은 보통 프로젝트 파이낸싱의 형태를 띤다. • 민간 사업자에게 매출은 완공 후 사용이 될 때 비로소 발생한다.

Finance) PPP라고 할 수 있다.

물론 세상에는 다양한 용어나 계약이 존재하게 되는데, PPP로 여겨질 수 있지만 민간의 금융을 포함하지 않는 DBOM이나 운영을 포함하지 않는 DBF 계약 형태도 존재한다.

03 민간 자본의 참여 방식과 민관협력사업의 분류

이 책에서 언급하는 인프라는 토목공사 위주의 시설이나 구조물뿐만 아니라 토목공사의 비중은 적지만 전동차나 레일과 같은 장치 및 발전소나 하수처리 같은 설비도 포함하는 넓은 의미이다. 일반적으로 구분되는 병원, 학교와 같은 사회적 인프라(Social infrastructure)와 상수도, 교통 및 통신과 같은 경제적 인프라(Economical Infrastructure)도 역시 포함된다. 앞으로는 '인프라(Infrastructure)', '공공자산(Public Asset)' 혹은 간단하게 '자산(Asset)'들은 모두 같은 의미로서 PPP 계약하에서 개발되고 관리되는 공공자산을 의미한다고 이해하면 되겠다. 여기에서는 공공 인프라 사업에 민간 사업자가 참여하는 형태에 대한 예시 및 설명, 그리고 이를 통해 PPP 접근법에 대해서 다루어 볼 것이다. 여기에는 다양한 조달의 옵션이나 계약의 형태뿐만 아니라 민간 사업자가 공공자산이나 공공 서비스를 소유하고 운영/제공하는 "민영화"라고 불리는 형태도 설명하고자 한다.

PPI(Private Participation in Infrastructure)는 PPP와 같은 개념은 아니다. 왜냐하면 PPI는 공공자산의 관리나 조달에 민간 사업자가 관여하는 다른 형태도 포함하기 때문이다. 민간 사업자가 참여하는 형태 중 어떤 사업이 PPP로 여겨지는지는 다음과 같은 구분을 통해 설명할 수 있다.

- PPP로 분류되지 않는 인프라 조달 방식
- PPP로 분류되는 인프라 조달 방식
- 서비스나 기존 인프라를 관리하는 계약
- 공공 인프라나 서비스에 민간 사업자가 참여하는 또 다른 형태

PPP는 넓은 의미에서 시설물이나 장치 설비를 포함한 인프라와 그에 관련된 서비스의 조달 및 관리 방식으로 이는 사업을 위해서 정부와 민간 사업자 사이에 계약이 존재함을 의미한다. 이 계약에는 정부가 해당 인프라와 서비스의 개발 및 관리의 의무를 계약을 통해서 이전하고자 하는 의도가 담겨 있다. 해당 공공 계약이 PPP로 구분되기 위해서는 많은 조건들이 필요하며 더 나아가 인프라 PPP 계약을 위해서는 더 구체적이고 엄격한 기준이 필요하다.

우선 인프라를 조달하기 위한 계약이 있어야 PPP로 여겨질 수 있다. 그리고 앞장에서 언급한 모든 특징들이 기술되어야 하지만 민간 자본의 참여는 예외로 볼 수 있다. 민간 자본 참여 여부는 단지 민간금융(Private Finance) PPP의 특징이기 때문에 민간 사업자가 참여하였다는 이유만으로는 PPP로 분류될 수 없다. 또한 매출이 발생되는 방식도 결정적인 요인이 되지 못하는데 매출이 사용자나 정부 예산으로부터 계약/비계약 구조가 이미 많이 있기 때문이다.

•• 공공 인프라 및 서비스에 민간 사업자가 참여하는 형태들

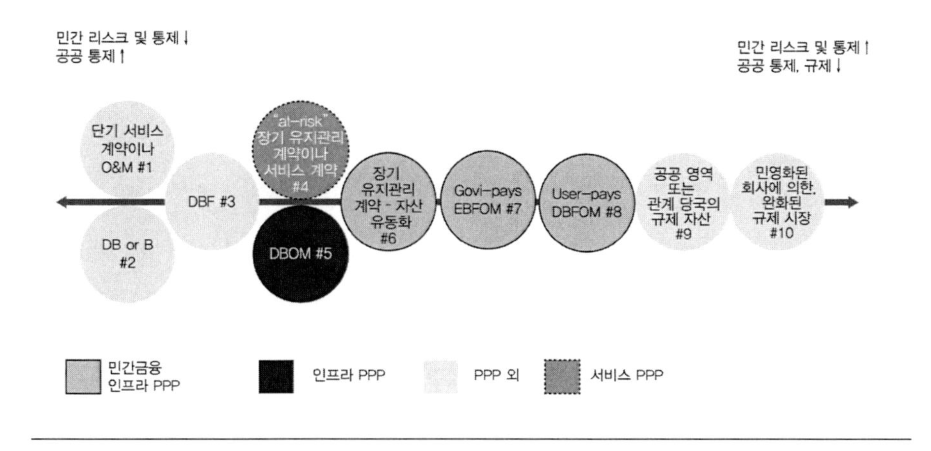

1. PPP로 분류되지 않는 인프라 조달 방식

(1) 정부 예산을 이용한 전통적인 조달 방식

정부는 전통적인 방식(Traditional Procurement method)을 이용하여 공공 사업이나 인프라를 위해 자금을 조달할 수 있다. 이 경우 자금은 정부의 예산으로 충당된다. 간혹 정부는 해당 사업을 위한 채권을 발행하거나 별도의 펀드를 만들 수도 있지만 이는 일반적인 방식은 아니다. 대부분의 정부에서는 국채를 발행하면서 Single-till principle에 따라 관리하는데 이는 특정 프로젝트가 아닌 공공의 일반적인 목적으로 돈을 빌리는 것을 말한다. 과거에 많은 정부는 정부 인력이나 장비를 직접 동원하여 공공사업을 하는 방식도 존재하였지만 오늘날에는 대부분의 경우 공공 입찰을 통해 계약을 맺고 별도의 조직에 의해서 공공사업을 하게끔 하는 것이 현실이다. 일부 예외는 있지만 이런 경우에도 결국 대부분의 업무는 하도급 개념을 통해 민간 사업자가 하게 된다.

전통적인 조달 방식은 다음의 형태 중 하나를 따르는 것이 일반적이다.

- Build only(B) 계약: 다른 참여자에 의해 설계가 완성된 상태에서 인프라 자산을 건설하기 위한 입찰을 진행한다. 이런 방식을 Design-Bid-Build라고도 부른다.
- Design-Build(DB) 계약: 인프라 자산의 설계 및 시공을 위한 단일 계약을 위해 입찰을 진행한다. 일부 국가에서는 플랜트 건설에 한하여 B나 DB 계약을 Engineering, Procurement and Construction(EPC)라고도 부른다. 비슷한 계약의 형태를 지니는 것을 Turnkey 계약이라고 하는데 이때 공사금액과 공기는 미리 정해진다.

전통적인 방식으로 인프라가 조달이 되는 경우, 주무관청은 국가 예산에서 공사금액을 지급하고 완공이 되면 자산에 대한 권리 및 책임을 인수받는다. 대금의 지급은 계약서에 명기되어 있는 전체 금액을 상한선으로 하여 공사가 진행되는 만큼 지급한다. 계약자(contractor)는 계약자의 비용으로 준공 후 단기간 동안 하자 보수에 대한 의무를 부담하며, 하자에 대해서 은행 보증과 같은 보증을 제공할 수도 있다. 계약자는 장기간 하자에 대한 책임을 지기도 하는데 이때는 보증을 제공하지 않는다. 일상적인 유지관리 보수도 별도 계약자를 선정하여 계약을 한다. 그러나 자산의 장기적 혹은 생애주기 관리의 의무는 여전히 정부나 공공기관 혹은 해당 목적을 위해 만들어진 회사에 남는다. 대규모의 개보수(Renewal and major maintenance)의 경우 정부나 관련 공공기관에 의해서 준비된 예산으로 별도의 계약자를 선정하여 진행한다. 따라서 B나 DB 계약은 계약자로 하여금 인프라의 상태를 관리할 동기나 인센티브는 제공하지 못한다. 단지 계약자는 계약을 통해 약속한 품질을 유지하는 수준에서 최대한 비용을 줄이거

•• DB 나 B 계약의 기본적인 방식

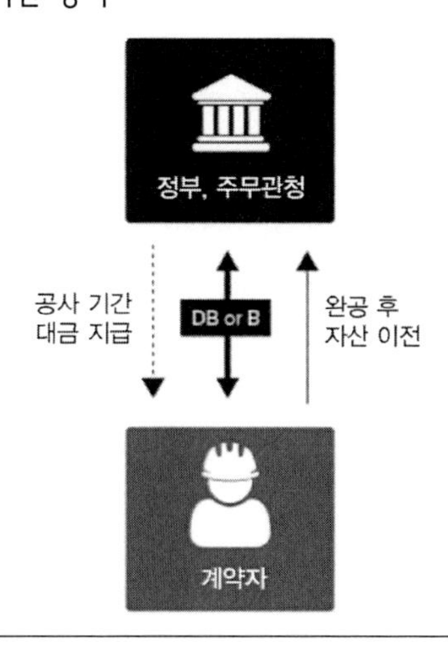

나 설계변경과 같은 방식으로 공사비를 늘려서 이윤을 극대화하려는 동기가 작용한다. 품질 저하나 정부부문의 비용 증가 리스크는 오직 집중적인 품질관리(Quality assurance oversight)나 높은 수준의 기술적 요구조건을 통해서 통제하는 수밖에는 없다. 그러나 공공부문이 적합한 공법을 알고 있고, 기술적으로 요구하는 것이 명확하며 인프라의 생애주기 동안 관리의 의무를 가지고 있기를 선호하는 동시에 정부 예산으로 대금을 지급할 여력이 충분한 상황에서는 이 B 또는 DB 계약 방식이 적절한 인프라 개발 방식이라고 할 수도 있다. 모든 인프라에 적용 가능한 오직 하나의 조달 방식이 존재한다기보다는 각 프로젝트마다 최적화를 위한 각각의 적합한 방식이 있다고 이해해야 한다.

(2) Design, Build와 Finance(DBF) 방식

DBF 방식은 DB 계약과 비슷하게 완공이 되면 정부가 자산을 인수하고 장기간 자산 상태 및 그와 관련된 리스크와 관리 책임을 부담한다. 그러나 DBF 계약에서 정부는 완공 즉시 대금을 지급하지 않고 계약자가 일종의 일시적인 대주단이 되게끔 한다. 즉, 외상으로 인프라를 건설하고 나서 그 대금을 나중에 갚는 것이다. DBF 계약은 단지 대금의 지급 시점을 바꾼 전통적인 조달 방식의 하나라고 생각할 수 있다. 계약자는 시공사뿐만 아니라 대주단의 역할도 하게 되는데, 대출은 종국에 정부로부터 받을 대금을 담보로 활용하거나 미래의 지급금에 대한 소구권(recourse) 없이 할인율을 적용하여 은행과 같은 금융 회사를 통해서 자금을 제공받는다. 우선협상 대상자가 요구하는 (공사비 및 금융비용 포함) 대금은 시운전을 포함해 공사기간이 종료될 때까지 지급되지 않고 몇 년에 걸쳐서 여러 번의 할부금 형태로 지급하는 것이 일반적이다. 인프라의 개발을 위한 자금을 민간 사업자가 조달함에도 불구하고 본 책의 민간금융(Private Finance) PPP로 분류되지 못하는 이유는 리스크에 노출된 이 민간자본이 단지

•• DBF 계약 방식의 일반적인 형태

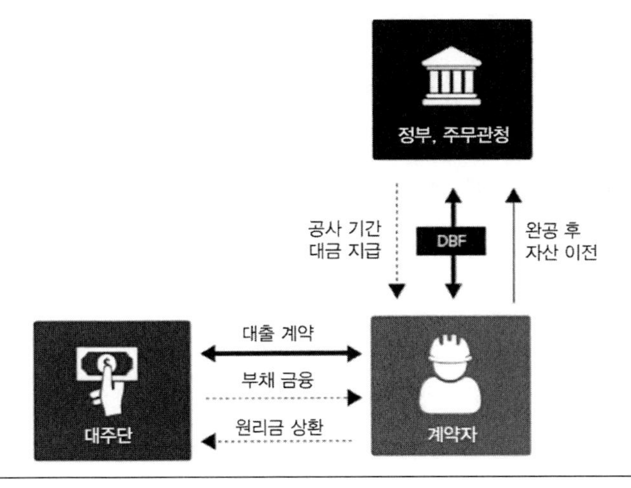

완공 리스크에만 관련이 있을 뿐 프로젝트 성과와는 큰 연관이 없기 때문이다. 또한 대부분의 국가 회계 기준에도 이런 조달 방식은 공공 금융(Public Finance)이라고 여겨진다.

이런 방식은 정부의 단기적 예산 부족을 피하기 위해 사용한다. 이때 해당 자산의 건설에만 사용되는 자금만 필요하기 때문에 금융을 조달하는 입장에서는 완공 리스크에 해당하는 부분에 국한하여 추가적인 실사를 진행하기도 한다. 하지만 이 계약 방식은 B나 DB에 비해서, 대금의 지급이 완공 이후로 미뤄지기 때문에 해당 기간만큼의 리스크가 완공 리스크에 더해져서 민간 사업자에게 전가된다고 이해할 수 있다. 이 방식은 대금의 지급이 시운전 테스트의 통과를 포함한 완공 조건을 전제로 하기 때문에 공기 준수 측면에서 신뢰성 및 효율성을 제고하는 방식이다. 정부는 DBF 계약방식이 주는 효용이 금융 비용과 비교할 때 상쇄되는지를 검토해야 하는데 이 계약방식에는 기본적으로 공기와 관련된 아주 제한적인 신용 리스크가 존재함에도 불구하고 정부부문에서는 정부의 직접적인 부채(지연 지급되는 공사 대금)에 대한 이자율 프리미엄[1)]이 존재할 것이기 때문이다. DB 계약처럼 DBF계약도 시공 품질 향상에 대한 동기나 인센티브가 존재하지 않는다. 그보다는 건설 기간 동안 이윤을 극대화하고자 하는 왜곡된 인센티브가 존재할 수도 있는데, 대금의 지급이 미래의 서비스 수준이나 운영 성과와 연결되지 않기 때문이다. 그리고 장기간의 생애주기 비용도 계약자가 아닌 정부가 부담하고 있기 때문이다. 일부 국가에서는 DBF 계약을 금융 조달의 성격과 완공 리스크의 전가라는 특성을 근거로 PPP의 일종으로 여기며 Innovative Financing 방식이라고 명명한다. 어떤 경우라도 PPP는 모든 인프라 프로젝트를 조달하기 위해 가장 적절한 방식이 될 수는 없는 것처럼 상황에 따라서 DBF 계약이 순수한 B나 DB 계약에 비해서 주무관청에게 이익이나 효용을 제공할 수도 있다.

2. PPP로 분류되는 인프라 조달 방식

(1) Design, Build, Operate & Maintenance(DBOM) 방식

전통적인 조달 방식처럼 정부의 예산으로 자금 조달이 되지만, 선정된 계약자에 의해서 건설 및 미래의 운영/유지관리가 되는 사업들도 있다. 이런 계약을 DBOM이라고 하는데 만약 계약자가 인프라에 대한 운영 책임이 없다면 DBM이라고도 불린다. DBOM 계약에서는 정부가 사전에 맺어진 금액만큼 운영에 대한 보수로 지급하게 된다. DBOM 계약은 민간금융(Private Finance) PPP와는 다르게 정부에 의해서 자금이 조달되고 건설기간 동안 공정률에 따라 대금을 직접 지급 받는다. 그리고 O&M 대금의 경우는 O&M 성과와 밀접하게 연결되어 있으며 별도의 방식으로 지급이 된다. 그러나 계약자 입장에서는 여전히

---

1) 같은 금액을 조달한다고 가정하면 신용등급이 좋은, 정부의 부채로 조달하는 것이 정부보다 신용등급이 낮은 민간회사가 조달할 때보다 대출 이자율이 낮을 것이기 때문이다.

•• DBOM 계약방식의 일반적인 형태

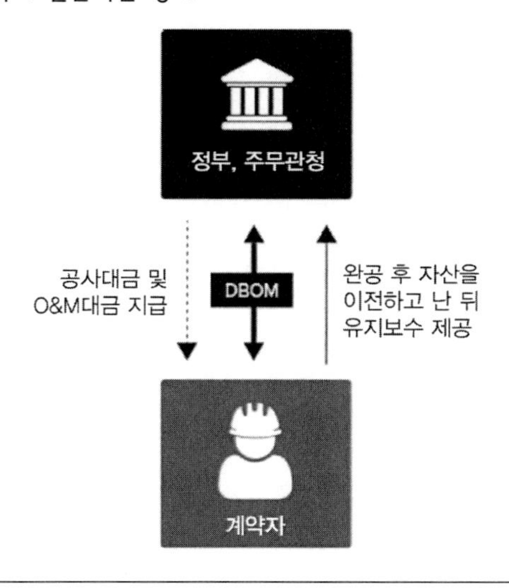

시공 품질을 낮춤으로써 비용을 줄이고 이윤을 높이려는 인센티브가 작용하는데 이는 잘 관리될 필요가 있다. 예상치 못한 유지관리 비용의 리스크는 계약자에게 손해배상의 예정(Liquidated Damage, LD)라는 제한적인 수준으로 전가된다. 그럼에도 불구하고 적절한 설계와 시공 품질에 장기적으로 영향을 받는 유지관리 리스크의 대부분은 정부에게 남겨진다. 따라서 시공자가 높은 수준의 시공 품질과 적절한 작업 성과를 제공하는 인센티브는 여전히 제한적이다. 하지만 어쨌든 운영 리스크라는 것에 노출된 보상이 존재하기 때문에 유지관리 리스크는 완공리스크와 함께 계약자에게 전가될 수 있고, 그렇다면 DBOM 계약은 그 사업의 범위나 잠재적 효율성 측면에서 PPP 개념과 매우 가깝게 된다. 이런 이유로 많은 국가에서 DBOM을 PPP로 분류한다.

정부 입장에서 통합 관리 방식이 향후 O&M 계약을 별도의 경쟁 입찰을 통해서 효율성을 이끌어내는 것보다 더 낫다고 판단이 되면 정부는 DBOM 계약을 선택할 것이다. 이런 계약형태는 보통 민간 자본을 활용한 PPP방식을 도입하기에는 부적절한 사업 및 금융적 특성이 있는 경우에 활용되는 경향이 있다.

(2) Design, Build, Finance, Operate & Maintenance(DBFOM) 방식

DBFOM 계약에서 민간 사업자는 자기가 소유하고 있는 자본이나 은행으로부터의 대출금을 리스크에 노출시킴으로써 인프라 개발 사업에 필요한 대부분의 자금을 충당한다. 또한 생애주기 내내 인프라의 관리에 대한 책임도 지고 지속적인 유지관리 및 운영도 하게 된다. 이런 의무를 수행하기 위해서 민간 사업자는 보통 SPV를 만든다. 이 계약은 종종 운영을 제외하고 DBFM이라고 부르기도 한다. DBFOM이나 DBFM 계약은 BOT, BOOT, BTO 등과 비슷한 개념으로 민간금융(Private Finance) PPP에 필요한 모든 조건을 충족하는 유일한 형태이다. 그러나 DBFOM 계약이 진정한 민간금융(Private Finance) PPP로 분류되기 위해서는 리스크가 효과적으로 민간 사업자에게 전가되고 매출과 운영 성과가 연동된다는 특징이 있어야 한다. 일부 DBFOM 계약은 민간에 의해서 금융 조달이 되지만 투자자가 중대한 리스크를 부담하지 않는 경우도 있는데 이런 경우에는 DBFOM보다 DBOM에 가까운 VfM를 제공할 것이다.

1) 사용자로부터 직접 요금을 수취하는 DBFOM 방식
(User-pays PPP나 Concession)

공공자산이나 인프라 이용을 통해 만들어지는 매출이 사용되는 방식에는 여러 형태가 있다. 우선 정부 예산으로 편성되어 특정 산업이나 서비스를 위한 별도의 펀드로 구성되거나 특정 프로젝트 투자를 위해서 특정한 회사에 배정할 수도 있다. 이때 사용자로부터 발생하는 매출이 O&M 비용 및 장기간의 유지관리 비용을 충당하고도 남는다면, 남은 현금흐름은 조달된 비용의 이자 및 원금을 상환하는 데 사용될 수 있다. User-pays PPP란 인프라와 서비스를 조달하기 위한 자금을 마련하기 위해, 사용자가 인프라 사용료를 지급하고, 이러한 미래

의 잠재적인 매출을 정부가 민간 사업자에게 계약적으로 지정해주는 것이다. 대륙법 국가에서는 이를 Concession이라고도 한다. 인프라의 조달 및 관리, 금융 조달을 위해 사용되는 User-pays PPP는 DBFOM 방식의 일부로 민간에 의해 자금이 조달되고 (이때 정부 회계기준상 민간금융으로 인식된다) 사용자의 요금을 통해서 매출의 전부나 대부분을 충당하는 것을 말하며, 즉 자산을 상업적으로 이용할 권리를 통해서 매출을 일으킨다는 의미이다. 이런 종류의 계약은 앞서 말한 전통적인 조달 방식과는 다르게 민간 사업자가 설계 및 건설뿐만 아니라 장기간 운영 및 유지관리와 개발에 필요한 자금 조달도 하게 된다. 민간 사업자는 사용자의 요금 징수를 통해서 투자금 (자기자본이나 타인자본 모두)을 회수하는데 민간 사업자는 Concession 계약기간동안 자산의 경제적 권리의 소유자로 남아서 민간 사업자의 비용으로 자산의 유지관리 및 개보수를 해야 한다. 만약 투자금 상환 및 이윤을 남기기 위해 필요한 적정 수준의 매출액보다 실제로 과도하게 더 큰 매출이 발생할 경우 User-pays PPP에서는 민간 사업자가 주무관청에게 역으로 Up-front Fee나 Deferred fee 등의 형태로 일부 금액을 제공할 수도 있다. 반대로, 투자금 상환이나 O&M 비용을 충당하기 위한 충분한 매출이 발생하지 않을 수도 있다. 이런 상황임에도 불구하고 사업이 여전히 정부 및 납세자 입장에서 필요하다고 판단되면, 정부는 Viability Gap이라는 DBFOM의 수정된 형태를 이용하여 자금을 지원할 수도 있다. 다음은 그 사례들을 설명한 것이다.

① 자체적으로 자금 조달이 되지 않는 Concession에서의 Co-financing 및 Hybrid 방식과 Viability Gap Funding

새로운 인프라 건설을 위해 필요한 자금을 조달하는 한 가지 형태로서 Concession은 O&M 비용을 제외하고도 이윤이 발생하는 수준의 매출이 필요하

•• DBFOM 계약방식의 일반적인 형태(User-pays)

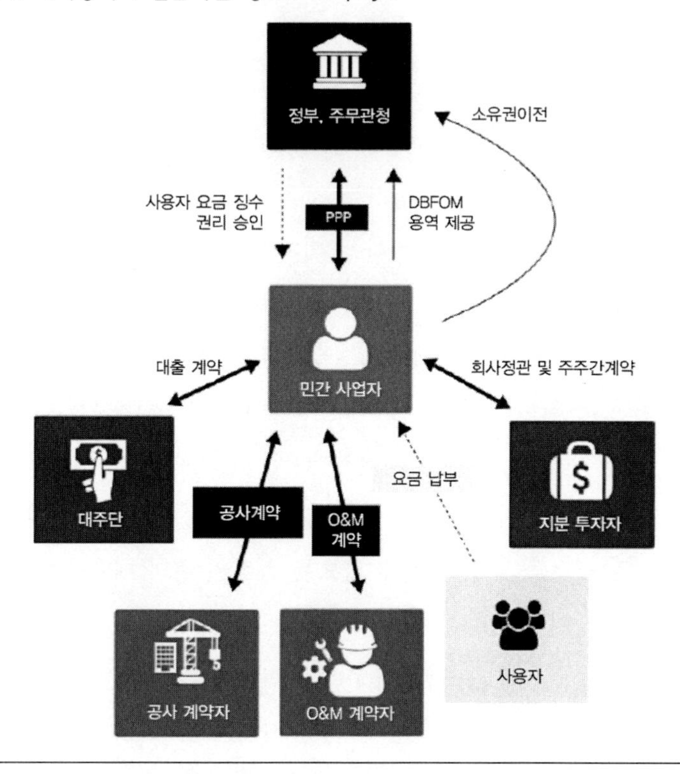

다. 즉, O&M 비용을 제하고도 충분한 매출이 발생해서 이 잔여현금이 자산을 위해 투자된 대출의 상환 및 투자자에게 이윤으로 사용되어야 한다. 그러나, 매출 및 초과이익이 원리금 상환이나 투자자 배당을 위해서 충분하지 않을 수도 있는데 이런 상황을 Viability Gap이라고 표현한다. 이 Gap은 보통 정부에 의해서 채워지는데 무상 지원(Grant)의 형태나 Co-financing 방식일 수도 있고, 대금의 지급을 성과와 연동시켜서 지급할 수도 있다. 일반적으로 사용자의 요금을 통한 매출이 사업을 추진하기에 충분한 수준까지 기대할 수 있는 산업은 도로나 공항, 항만이나 일부 통신산업이나 수자원(사용자에게 상수도를 공급하는 것을 포함한 통합 수자원 관리) 사업 등이 있는데, 이런 사업에서도 사용자의 요금을 통한 매출이 프로젝트에 필요한 자금을 충당하기 부족한 경우에는 Co-financing이나 다른 형태의 지원을 통해서 Viability gap을 메운다. 일부 산업이나 프로젝트는 인프라 건설에 필요한 자금을 충당하는 것이 거의 불가능할 정도로 사용자 수요가 충분하지 않을 수 있는데 대표적인 것이 철도 산업이다. 이런 경우 Co-financing이나 hybrid 방식(사용자 요금에 서비스 요금을 더하는 형태)과 같은 지원금을 추가한 대규모 자본이 필요하다.

② Mixed Equity 회사, Joint Venture 및 Institutionalized PPP

정부가 민간 사업자처럼 PPP 프로젝트 회사에 자본금을 출자함으로써 참여하는 계약 구조도 가능한 옵션이다. 그러나 이런 구조는 정부의 지분참여 및 권리 수준 그리고 프로젝트 회사의 운영에 있어서 정부 영향력을 고려하여 그 결과가 달라질 수 있다. 몇몇 국가에서 이렇게 정부와 민간 사업자가 지분을 섞어서 투자하는 구조를 Empresas Mixtras나 Joint Venture라고 한다. EU 의회에서는 이를 Institutionalized PPP라고 부른다. 정부가 지분의 대부분을 차지하고 프로젝트의 운영권을 갖고 있는 경우에는 비공식적으로 Institutional PPP라고 부른다. 이 책에서는 Joint Venture나 Joint equity Company, Mixed Equity Companies, Institutionalized PPP를 동의어로 생각하고 모두 다 정부가 주주로서 회사의 대부분의 지분을 가지고 있는 구조이며 주주권 행사를 통해 SPV Board 및 회사 운영에 능동적으로 참여(이사 선임 등)하는 것을 의미한다. 지분참여는 정부나 주무관청에 의해서 직접적 형태가 될 수도 있고 PPP계약에 관련된 서비스를 담당하는 정부부처가 될 수도 있다. 반대로, 정부가 전체 지분 중에 일부 부분에만 참여함으로써 시장 기준으로 소수 주주의 권리만 행사하고 회사의 운영에 영향을 미치지 못하는 경우는, 이를 Joint venture와 같은 PPP로

부르지 않는다. 하지만 원칙적으로 Joint venture와 정부가 지분 참여를 하는 일반적인 PPP와의 차이점은 미묘하고 때론 불분명하기 때문에 각국에서 사용하는 법적 용어에 따라 달라질 수 있다.

2) 정부가 요금을 지급하는 DBFOM 방식(Government-Pays PPP나 PFI)

앞서 설명한 그림은 User-pays PPP나 Concession이 어떻게 DBFOM 방식을 통해서 인프라의 조달 및 금융조달의 대안이 될 수 있는지를 설명한다. 반면 주무관청이나 정부는 공공 서비스나 공공 자산의 사용에 대한 대가인 사용료를 대중에게 청구하는 최종적 권리를 소유하고 있지만, 이를 인프라 자산을 개발, 건설, 자금 조달 및 일정 수준의 품질로 유지하는 대가로 그 권리를 계속적으로 당사자에게 양도할 수 있다. 앞 장에서 사용자로부터 발생하는 매출이 크지만 프로젝트 전체 사업비를 충당하기엔 부족한 경우, 이 프로젝트를 실행 가능하게 하기 위해서 정부 측의 보조금과 같은 수단을 이용할 수 있음을 설명하였다.

그러나, 요금을 청구할 최종사용자가 없어 매출을 발생시킬 수 없거나 투자된 자본에 비해 매출이 터무니없이 작은 경우, 사용자가 요금을 지불 없이 사용하는 인프라의 경우에는 다음의 방식을 활용할 수 있다.

a) 계약자는 인프라의 생애 주기 전체를 인수하고, 완공부터 계약 종료시까지 관리한다.
b) 계약자는 자기 자본을 이용하여 해당 작업의 자금을 충당한다.
c) 계약자는 계약기간 동안 일정 수준의 서비스나 요구되는 운영 성과를 유지하면서 인프라를 관리 및 운영한다. 이는 인프라나 서비스의 품질 및 사용성을 기초로 한다.
d) 계약자나 투자자는 건설 비용 및 O&M 비용을 인프라가 특정한 사용성

•• DBFOM 계약방식의 일반적인 형태(government-pays)

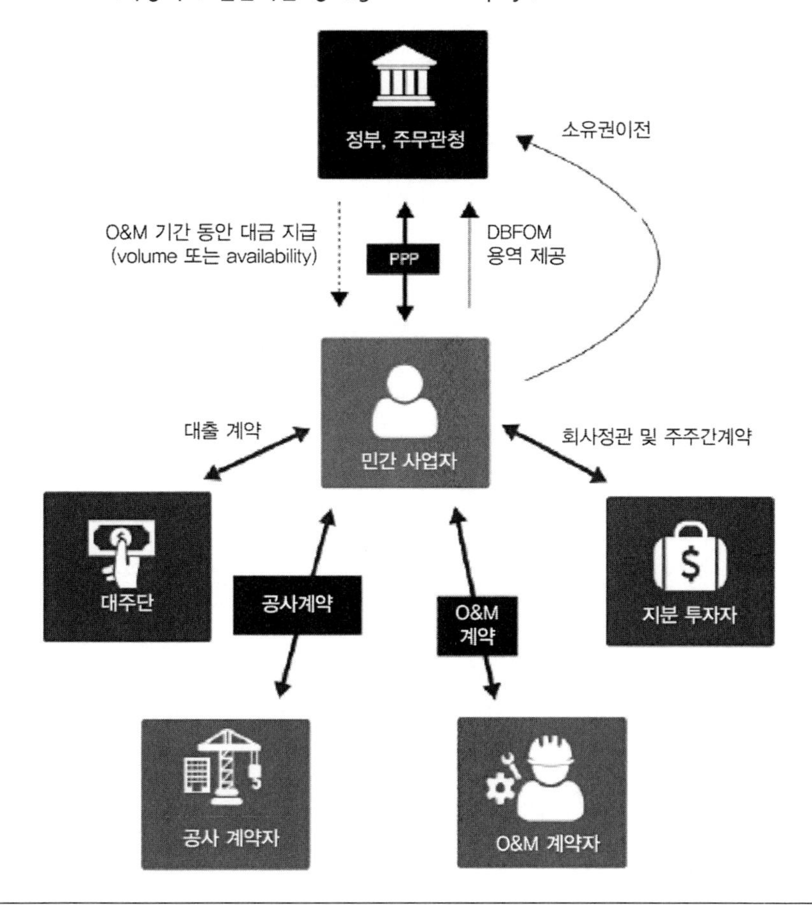

이나 품질 수준이 유지되는 동안 그에 대한 보상을 받는다.

Concession에서 계약자는 인프라로부터 매출을 발생시키는 한편 설계 및 시공과 함께 인프라의 사용성과 관련된 서비스의 제공, 유지 및 운영에 대한 지속적인 책임을 부담한다. 이런 사업 중 일부는 Toll free road처럼 정부가 사용자가 아닐 수도 있고 공공 헬스 케어나 감옥, 법원 및 학교처럼 정부나 공무원 등이 사용자가 될 수도 있다. User-pays PPP의 경우와 같이, Government-pays

PPP의 사용자 수익 및 다른 상업운영을 통한 매출 모두 가능하지만 그 매출이 필요한 수준에 도달하지 못하는 경우, 해당 PPP계약은 여전히 Government-pays PPP로 간주될 수 있다. User-pays PPP에서와 마찬가지로 Government-pays PPP에서도 Co-financing이나 Joint Venture와 같은 것들을 활용할 수 있는데 후자의 경우 User-pays PPP로 적용한 사례는 흔하지 않다. Government-pays PPP의 특징적인 부분은 사용자가 Toll이나 Tariff 등으로 요금을 지불하지만 이를 통한 매출이 정부로부터 받는 매출과 의도적으로 분리가 된다는 것이다.

① 정부간의 협업이나 주무관청에 의해서 통제되는 Institutional PPP 방식

정부는 일시적으로 정부 소유 회사를 만들어서(State Owned Enterprise, SOEs) 건설 및 금융조달, 관리 등을 포함한 사업을 할 수 있는데 보통 인프라나 이를 통한 서비스를 제공함으로써 만들어지는 매출로 유지된다. 이런 회사가 정부에 의해 새로 만들어지거나 기존 SOE회사가 DBFOM 계약을 통해서 인프라를 개발, 금융조달 및 관리를 위해 사업을 추진하게 되면 자연스럽게 일반적인 SPV의 자금조달 및 구조를 많이 모방할 것인데 이런 계약구조를 관-관 협력이라고 부르기도 한다. 그러나, 이런 구조는 PPP라고 할 수가 없다. 왜냐하면 정부와 공공소유의 회사 사이의 계약은 엄격한 의미의 계약이라기보다는 정부에 의한 승인이나 경제적 권리를 SOE에게 넘겨주는 구조의 성향을 나타내기 때문이다. 만약 이런 방식을 하더라도 협소하고 엄격한 의미에서의 특정 계약이 존재하고 이 계약을 통해서 공사 기간과 같은 권리와 책임의 한계를 포함한다면, 이 사업은 프로젝트 파이낸싱 기법을 통한 이익을 얻을 수 있다. 이때 대주단은 자산의 품질을 기초로 한 금융업자나 자본가(Financier)의 역할을 한다. 그러나 여전히 이런 구조에서는 경제적으로 민간 사업자에게 현실적인 리스크의 전가가 가능한 것인지에 대해서는 합리적인 의문이 남는다. 이런 예로는 EBRD에서 만

든 구조를 이용하여 몇몇 유럽국가에서 도심 대중교통을 개선하기 위한 공공 서비스 계약한 사례들이 있다. 이 사업들의 경우 주무관청은 공공 서비스 공급에 대한 계약을 공공 운영자와 하는데, 재무적인 균형점에 도달할 때까지 공공부문이 대금을 지급하지만 결과적으로는 성과의 영향을 받는 PPP의 특징과 많이 유사하다. 이때 주무관청은 EBRD와 Municipal Support Agreement를 맺고 프로젝트에 대한 재정적 지원을 약속한다. 반면 정부는 공공부문과 민간 사업자가 함께 소유하는 형태의 프로젝트 회사를 만들고 DBFOM 계약을 맺어 프로젝트를 조달할 수도 있다. 이를 Joint Venture 방식이라고 부른다. 이런 경우에도 정부가 회사의 대부분의 주식을 소유함으로써 SPV에 대한 통제력을 유지한다면, 이는 Joint Venture나 Mixed Equity Company이지만 보통은 Institutional PPP라고 여겨진다. Institutional PPP에서는 민간 사업자가 출자자로서 SPV 지분의 상당 부분을 참여한 경우에만 진정한 민간금융(Private Finance) PPP라고 분류한다. 즉 민간 사업자가 회사의 운영 및 인프라의 운영에 깊게 관여함으로써 프로젝트의 리스크를 인수하고, 그 성과에 따라서 보수가 영향을 받게 되어, 종국에는 대출금이 리스크에 노출된다고 볼 수 있기 때문이다.

이후의 설명은 민간이 소유하거나 정부가 소수 지분만 참여하여 민간 사업자가 회사를 통제할 수 있는 전형적(conventional)인 PPP 및 계약의 구조화를 포함한 PPP 절차를 위주로 다룰 예정이며, 입찰 절차 및 계약관리 역시 모두 전형적인 PPP 형태를 기초로 한다.

3. 서비스나 기존 인프라를 관리하는 계약

기존에 존재하는 인프라의 관리 및 서비스 제공을 위한 계약은 크게 2가지로 분류된다. 첫째는 DBFOM보다는 Service PPP에 가깝지만 PPP로 분류 가능한 “At Risk” 장기적인 관리 및 서비스 계약이고, 둘째는 일반적인 O&M이나 서비스 계약이다.

(1) “At Risk” 장기 유지관리 계약이나 서비스 계약
(Maintenance Contract or Service Contract)

계약에서 지정한 사업의 범위가 인프라나 서비스의 운영이나 유지관리만 포함한다고 하더라도 상대적으로 긴 계약기간 동안 성과에 영향을 받게 된다면 이는 충분한 리스크가 전가되었다고 보고 넓은 의미에서 PPP라고 부를 수 있다. 다음은 그런 예시들이다.

- 상수도 공급 사업자가 사용자로부터 요금을 징수하는 7년짜리 계약으로 성과에 따라 벌금이나 보너스가 존재
- 15년간 공공버스사업을 민간 사업자가 운영하면서 새로운 버스로 바꾸거나 자금을 조달하고 서비스를 공급 및 요금을 징수. 매출은 요금 및 지원금의 형태이거나 거리당 요금
- IT장비 및 시스템의 공급 및 유지를 위해서 정부나 공공부문이 민간 사업자와 맺은 7년짜리 IT 유지대가 계약
- 기존 공공 시설물(학교나, 공기관 건물 등)의 제한적인 리모델링과 유지관리(청소, 식사, 쓰레기 처리 등) 계약으로 대금은 일정 수준의 품질을 유지하는 동안 Availability Payment로 지급하는 12년짜리 계약
- 매년 일정 금액을 받고 쓰레기 수집 및 처리 서비스를 운영하되 서비스 품질에 따라서 대금에서 공제가 가능한 10년 계약
- 공공 병원에서 의료 장비의 조달을 포함하여 의료 서비스를 제공하는 Concession
- 도시 내 도로의 청소 및 녹지 관리를 매년 동일한 금액을 받고 제공하지

만 KPI 타깃에 따라서 공제금(deduction)이 존재하는 10년짜리 계약

– 10년짜리 톨비를 내는 도로의 유지 및 관리 계약으로 민간 사업자는 사용자 톨비의 일부나 고정된 금액을 받아 매출로 인식하지만 서비스의 질이나 사용성에 따라 공제금이 존재

– 40년짜리 수익성이 매우 좋은 기존 톨 도로의 유지 대가 및 운영 계약

•• 자산 유동화 방식(Asset Monetization Scheme)

이와 별개로 대규모의 민간 자본을 이용한 유지관리나 서비스 PPP 계약을 맺는 특별한 경우들이 있다. 기존에 존재하는 User-pays 사업에서 인프라의 장기 리스나 Concession 혹은 자산의 유동화(Asset Monetization) 방식이 그런 예이다.

정부가 (보통 SOE를 통해서) 기존의 인프라(특히 교통시설)를 소유하고 운영하면서 사용자나 또 다른 경제적 운영자(공항의 비행사나 항구의 화물선주)로부터 사용에 대한 요금을 받을 때 그리고 해당 사업이 수익성이 있는 경우, 정부는 여러 가지 이유로 해당 인프라의 운영 및 유지관리에 민간 사업자를 참여시키고 싶어할 수도 있다. 예를 들어 사업에서 발생하는 현금은 유지하면서 비용이나 서비스의 질을 높이고자 할 때, 실제 유지관리 영역 중 일부를 입찰을 통해서 외주로 전환할 수 있다. 여기에 장기적인 유지관리나 대규모의 업그레이드가 포함될 수도 있다. 이때 민간 사업자에게 운영에 필요한 비용은 보전해주면서 초과로 발생하는 매출에 대해서는 민간 사업자의 소유를 인정함으로써 운영 성과와 보수를 연계시켜 PPP로 분류할 수도 있다.

대규모 유지보수(Major Maintenance)를 포함한 전체적인 O&M의 책임과 사업의 경제적인 권리를 함께 민간 사업자에게 넘길 수도 있다. 이때 요금 징수 권리도 민간 사업자가 소유하는 대신 정부는 인프라 운영이라는 재무적 가치를 검토한 민간 사업자로부터 그에 대한 대가를 받는다. 이를 자산의 유동화라고 부른다. 이런 사례의 전형은 Toll 도로 프로젝트이다. 이러한 형태가 정부에게 어떤 가치를 제공하는지는 '자산을 적당한 가격으로 평가 받았는가'와 무엇보다도 '그렇게 만들어진 수익금으로 무엇이 가능한지'에 달려있다. 자산의 유동화를 통해서 자금이 조달이 되면 정부는 다른 공공 수요가 존재하는 사업을 하거나 정부 부채의 수준을 낮춘다.

영업 이익금의 활용은 인프라 개발을 위해 지정된 펀드를 통해 관리될 수 있는데, 이런 Concession 매출의 이익금이 이런 개발 펀드의 주요 재원이 된다. 멕시코의 FONADIN이 그런 사례이다. 영업 이익금의 사용 방법을 조합한 다른 사례도 있지만, 가장 중요한 것은 이 재원을

가지고 어디다 적용할지 명확하고 합리적인 계획이 있을 때, 그리고 대중과 납세자와 적절한 의사소통이 있을 때 보다 넓은 대중의 동의 및 정치적 공감대 형성이 더 쉽다.
또한 아래와 같이 민간 사업자의 참여 및 프로젝트를 통해 펀드 기금 조성하는 다른 방식들도 존재한다.

- 정부는 Upfront Concession fee와 PPP 프로젝트 회사의 소수 주식을 받을 수 있다.
- 민간 사업자로부터 매출의 몇 퍼센트나 고정된 금액을 매년 받을 수 있다.
- 자산을 조금 더 빨리 반납 받기 위해 리스 계약기간을 줄일 수 있다.

이들 사업 중에는 버스운영 사업에서 새로운 버스로의 교체와 같이 초기에 큰 규모의 투자금을 필요로 하는 경우도 있다. 이런 계약은 DBFOM이 아닌 유지 계약이나 서비스 계약으로 분류되는데, 여기에서는 초기 투자금액 및 자금조달의 규모가 영향을 줄 수 있다. 예를 들어 대부분의 버스 Concession 사업은 매년 일정 규모의 버스만 교체하는 정도의 투자가 전부이고 정부나 민간 사업자에게 발생하는 비용의 대부분은 매년 고정 운영비이다. 반면 유지관리 계약이더라도 큰 규모의 초기 투자비용이 발생한다면 이는 민간금융(Private Finance) PPP로 분류될 수 있다. 하지만 여기서 주의할 점은 어떤 계약이든 간에 민간 사업자에게 운영 기간 동안 실제 비용을 온전히 보상하고 거기에 이윤을 더해주는 형식으로 대금이 지급되는 구조라면 여기에는 성과에 대한 리스크가 존재하지 않기 때문에 PPP라 할 수 없다.

(2) 단기 서비스 계약이나 일반적인 O&M 계약

서비스 PPP라고 하더라도 앞서 언급한 특징을 포함하지 않는다면 PPP로 분류되지는 않는다. 일반적인 O&M 계약은 보통 실비정산에 일정한 이윤을 더해주는 방식(Cost plus concept)을 사용하고, 서비스 제공의 성과보다는 투입된 비용에 초점을 맞추는 내용의 계약문서가 존재한다. 이런 단기 서비스 계약이나 일반적인 O&M 계약, 혹은 유지관리 계약은 PPP로 분류되지는 않지만 여러 상황에 적합하고 유연성이 있다는 장점이 있다.

4. 공공 인프라나 서비스에 민간 사업자가 참여하는 또 다른 형태들

(1) 민영화된 회사에 의한 완화된 규제 하에서의 운영(Operating in a liberalized and regulated market) - Regulated Investor Owned Utilities

민영화는 PPP방식 중에서도 특히 User-pays PPP와 헷갈릴 수 있다. 하지만 이 둘 사이에는 명확한 차이가 존재한다. 앞서 이야기한 것과 같이, 사실 민영화는 이전에는 정부가 소유하고 있던 자산과 최종 사용자에게 서비스를 제공해야 할 의무를 민간 사업자에게 영구적으로 이전하는 것을 포함한다. 반면 PPP는 반드시 공공부문이 파트너로서 민간 사업자와 계속적인 관계를 맺어야만 한다. 오스트리아나 프랑스, 영국, 미국과 같은 많은 나라에서 Utility 타입의 인프라(발전이나 배전, 통신 등)는 Concession보다는 민간 사업자가 완전히 소유하고 있는 경우가 더 많다. 이를 민간 투자자가 소유한 규제 Utility[2)](Regulated Investor-owned utilities)라고 한다. 이런 방식에서도 내재적으로 투자자에게 User-pays PPP와 같이 요금을 징수할 권리를 주지만 이것이 공공인프라의 조달 방식은 아니다. 왜냐하면 공공부문은 민간 사업자와 공공자산의 개발이나 관리 같은 특수한 목적을 가지고 계약을 하진 않기 때문이다. 대신 민간 사업자는 정부의 규제 하에서 기간의 제한 없이 사업을 영위할 수 있도록 승인을 받는다.

---

2) 이러한 자산을 인프라 금융시장에서는 규제자산(Regulated Asset)이라고도 부르며 국민생활에 필수적이며 자연 독점적인 자산에 대해 민간 사업자가 폭리를 취하는 것을 방지하기 위해 정부의 규제하에서 관리한다.

••• 민영화와 PPP의 주요 차이점

민영화	PPP
민간 사업자가 자산을 전부 소유한다.	보통 자산의 법적인 소유자는 정부이고 계약이 만료되면 정부에게 자산이 반납된다.
엄격한 의미의 계약이 존재하지 않고 각각의 시장에 대한 규제가 존재하는 상태에서 승인을 해준다.	각 이해당사자의 권리나 의무가 명확한 구체적인 계약이 존재한다.
자산을 운영하는 기한이 정해지지 않는다.	계약에 따라 자산을 운영할 기간이 정해져 있다
민영화는 정부가 민간 사업자의 서비스 결과물에 대해 관여하지 않기 때문에 확고한 목적의식의 정렬이 없다. 이는 물론 민간 사업자가 상품의 질이나 수량, 디자인이나 가격을 정할 수 있다.	정부가 요구되는 수준의 서비스 질이나 수량을 정한다.
사용자에게 징수되는 요금의 수준을 자유롭게 정할 수 있다.	Government-pays PPP에서는 서비스에 대해 사전에 합의한 비용을 받고, User-pays PPP에서 사용자 요금은 정부에 의해 지정되거나 매우 제한된 변동폭을 가지고 계약을 통해 합의한다.

민영화의 전형적인 예를 통신과 에너지 산업에서 찾을 수 있다. 정부가 독점기업을 소유하고 있다가 시장 자율화 시에 이를 민간 투자자에게 회사 전체나 ―혹은 경쟁을 유도하고자―지분을 나누어서 매각한다. 자율 시장에서 운영자는 정부로부터 특정한 규제의 영향을 받을 뿐 정부와 운영자 사이에 인프라 개발을 위한 계약서가 필요하지는 않다. 반면 각 운영자는 인프라 및 네트워크 등을 포함하여 자산을 자기 자본으로 개발할 자연적인 동기가 발생한다.

(2) 규제 하에서 공공 인프라의 투자 및 운영을 정부가 승인하는 형태

규제된 시장에서 기존의 자산을 민영화하는 것과 더불어 민간의 개발사가 인프라나 플랜트를 개발하고 정부가 제공하는 규제 하에서 운영하며 때로는 규제된 가격이나 보조금을 포함한 정부의 승인을 받아 인프라를 개발하는 경우도 있다. 이런 사업의 예는 신재생에너지 민자발전사(Independent Power Producer,

IPP)가 있는데, 민간 사업자가 직접 부지를 매입하고 보조금[3])이 존재하는 시스템 하에서 풍력 발전사업을 위한 허가를 신청한다. 여기에는 정부와 개발사 사이의 직접적인 요구나 계약이 존재하지 않는 대신 민간 사업자가 시스템에 전력을 판매할 수 있도록 허락하기 위한 일반적인 규제 조건이 존재한다. 반대로 정부가 생산되는 모든 전기의 구매를 약속하면서 의도적으로 DBFOM 플랜트 프로젝트를 추진할 수도 있는데, 이때 특정 조건하에서 장기적으로 전력의 구매를 약속하는 것을 Off take계약 혹은 PPA(Power Purchase Agreement)라고 하며 PPP로 분류된다. 대륙법 국가에서 비슷한 구도의 사업을 일컫는 말로 Public Domain Concession이 있으며 장기간 동안 (잠재적으로 99년까지) 부지의 사용을 허락하기는 하지만 사용에 제약이 있고 기간이 만료되면 다시 반납하는 구조이다. 다만, 민영화 및 공공 인프라와 관련된 자율적인 사업과 마찬가지로 정부 입장에서는 계약을 통해서 해야 할 역할이 존재하지 않으며 수동적일 수밖에 없기 때문에 PPP라고 분류될 수는 없다. PPP에서는 정부가 능동적으로 계약을 관리해야 한다는 점과 차이가 있다.

(3) 공공 운영권의 부분적 매각(Partial divesture)

마지막으로 민간 사업자가 기존 공공 회사나 운영사의 지분을 매입함으로써 특정 인프라의 운영에 대한 책임과 권한을 가질 수 있다. 여기에는 엄격한 의미에서 정부와 운영사, 민간 사업자 및 투자자 사이에 계약들이 존재하지 않는다. 이런 형태를 부분적 민영화라고 부르는데 IPO(Initial Public Offering)을 통해서 지분의 일부 또는 전체를 주식시장에 파는 행위를 통해서 이루어진다. 이 역시 PPP로 볼 수 없는데 엄격한 의미에서 계약이 존재하지 않고, 공공 회사를 통해 제공되는 서비스와 운영을 통제할 수 없기 때문이다.

3) 국내에서는 REC제도가 있다.

04 민관협력사업의 다양한 형태와 관련된 용어들

앞에서는 Government-pays PPP와 User-pays PPP에 대한 구분을 설명하였다면 여기서는 그 외에 PPP를 구분하는 기준들에 대해서 소개하려고 한다.

- **민간 사업자의 매출을 구성하는 자금의 출처**: User-pays PPP의 경우에는 대부분 사용자의 요금으로 구성되지만 Government-pays PPP의 경우에는 서비스 제공에 대해 정부가 비용을 지급한다.
- **SPV나 PPP 회사의 소유권**: 가장 일반적인 것이 민간 사업자가 100% 소유하는 형태이지만 Institutional PPP의 경우에는 JV나 Empresa mixtra 개념을 적용하여 공공부문이 일부 혹은 전체를 소유할 수도 있다.
- **계약의 범위나 목적**: 신규 인프라를 만들고 유지관리하는 Infrastructure PPP나 대규모 자본이 집중되는 PPP가 있으며, 여기에 민간 사업자가 서비스를 제공하고 운영하는 권리도 포함시키는 Integrated PPP, 인프라가 새롭게 만들어진 이후, 대규모 자본이 투입되지 않지만, 유지관리나 서비스 제공만 민간 사업자가 하는 O&M PPP나 Service PPP가 있다.
- **민간 자본 조달의 관련성**: 민간 자본만을 이용하는 일반적인 PPP와 많은 부분을 무상 지원(Grant) 형식으로 공공 예산을 투입하는 Co-financed PPP가 있다.

PPP는 또한 사업 부지의 과거 사용 이력을 통해서도 구분할 수 있는데, 투자자들은 아래와 같은 구분을 사용한다.

- Greenfield project: DBFOM 형식으로 최근에 수주하여 새롭게 건설중인 프로젝트 투자
- Brownfield project: 조달 시점에 이미 존재하는 자산으로 과거에 Greenfield였으나 현재 투자시점에는 운영중인 프로젝트 투자
- Yellowfield project: 기존 인프라의 대규모 개보수 및 확장공사에 해당하는 프로젝트 투자건

각각의 산업과 국가에서는 계약 구조와 특징이 비슷함에도 불구하고 서로 다른 명칭을 사용할 수도 있는데 이는 법적인 전통이나 법제도, 상식이나 표준 언어 등에 의해서 달라지는 것뿐이다. 다음의 표는 각 국가에서 PPP를 의미하면서 사용하는 용어를 정리한 것인데 대부분 User-pays PPP와 Government-Pays PPP 모두를 의미하지만 그 중 일부는 둘 중 하나만 지칭할 수도 있다. 어쨌든 상기에 언급한 PPP로서의 특징을 유지하는 한 어떠한 이름으로 불리더라도 민간 자본을 활용한 PPP라고 여겨도 좋다.

•• 민간자본을 활용하여 신규 사업이나 기존 인프라의 대규모 개보수/증설을 하는 PPP 프로젝트를 지칭하는 용어

용어	내용
DBFOM DBFM DCMF DBFO	몇몇 국가에서는 민간 사업자에게 이양되는 기능(Function)으로 계약의 형태를 구분한다. 예를 들어 DBFOM은 Design-Build-Financing-Operation-Maintenance가 민간 사업자에게 이양된 기능들이다. DBFO와 같이 때때로 Operation 기능 안에 암묵적으로 Maintenance를 포함하는 경우도 있으며 이 모든 컨셉은 동일하게 Government-pays PPP와 User-pays PPP를 의미한다. DBOM은 인프라 PPP에 포함되지만 민간 자본을 이용하지 않았기 때문에 민간금융(Private Finance) PPP는 아니다.
BOT BOOT BTO	이 용어는 법적인 소유권과 자산의 관리를 명시한 용어로 일부 대륙법 국가에서는 민간 사업자가 자산의 법적인 소유주가 되지 못한다. 자산의 법적인 소유주는 정부로 남아 있고, 대신 민간 사업자는 자산에 대

용어	내용
ROT	한 경제적 권리를 얻는다. 따라서 이런 용어는 때때로 유용하지 않을 수 있는데, 법적인 소유권이나 경제적 이용권, 세금과 같은 것들을 규정하기 위한 소유권의 기준이 달라서 혼선을 가져올 수 있기 때문이다. BOT와 BOOT는 잘 사용되지 않을 수 있으며, BTO의 경우 민간 사업자는 계약 초기와 건설기간만 자산을 소유할 수 있다. ROT는 Build를 의미하는 B 대신 Rehabilitate를 의미하는 R을 사용한 것으로 기존 인프라의 성능개선 및 증설을 위한 프로젝트이다. 이 개념은 Government-pays PPP와 User-pays PPP 개념 모두를 포함할 수 있다.
PFI	영국에서 사용하는 개념으로 주로 Government-pay PPP 종류에서 DBFOM PPP를 의미한다.
Concession (of public work)	Concession은 대륙법에서 전통적으로 사용되던 법적 용어이다. Concession의 핵심은 행정법에 따라서 기존 공공자산의 경제적인 사용 권리를 민간 사업자에게 양도하는 것이다. 원래 이 개념은 User-pays PPP의 DBFOM 방식 계약과 장기적인 O&M 계약에서 사용되었다. 이 경우 민간 사업자는 사용자로부터 요금을 징수할 수 있는 권리를 부여 받지만 동시에 장기간에 걸쳐 인프라를 유지관리하는 의무도 부담하게 된다. 이 용어는 public work이라는 단서를 붙임으로써 공공 서비스/운영. 프로젝트와 구분한다. 칠레나 스페인에서는 이 용어를 공공 서비스나 성과와 연계된 지급 방식을 갖춘 DBFOM 프로젝트에 모두 사용하는 반면 다른 대륙법 국가에서는 User-pays PPP에서만 사용한다.
Arrendamiento(Leasing of public work under a grant of public land)	이는 대륙법 국가에서 빌딩이나 시설물을 조달하는 방식 중 하나로 사용하고 있다. Arrendamiento는 스페인어로서 Government-pays DBFOM 계약의 법적인 대안 용어로 사용할 수 있는데. 이때 건물이 지어질 대지는 공공의 이용목적을 위한 것이 아니라 정부에 의해 처분될 수 있는 부지를 의미한다. 이는 행정법 보다는 민법에 영향을 받는 계약이다. 하지만 입찰 절차는 여전히 공법에 적용을 받는다.
개념이 아닌 법적인 용어로서의 PPP / APP (남미)	수많은 대륙법 국가들이 Government-pays PPP의 DBFOM 계약을 PPP로 정의하였으나 일부는 이를 규제하기 위해 특별법을 제정하였다. 이런 맥락에서 이 법적 용어는 대부분의 매출이 정부 예산이나 공공 서비스 지급금에서 발생하는 PPP 프로젝트를 일컫는다. 이는 영국의 국가 회계 기준(EU National Accounting standard, ESA 2010)

용어	내용
	에서도 적용된 내용이다. 그러나 브라질 같은 일부 국가에서는 PPP를 어떤 수준에서든 정부의 지급금이 발생하는 DBFOM프로젝트 모두를 일컫는다.
JV 혹은 Empresas mixtras	스페인어를 사용하는 국가에서, JV가 정부 소유 회사와 민간 사업자가 합작하여 만들어졌다면 이를 Empresa mixtra라고 지칭하며 이는 법적인 용어인 동시에 조달 방식으로도 이해된다. 공공 투자자는 아마도 기존에 존재하는 정부소유기업(SOE)으로 신규나 기존 프로젝트를 민간 투자자(Private shareholders)와 함께 개발하고 운영하고자 할 것이다. 또 다른 경우, 이런 SOE가 존재하지 않지만 정부가 프로젝트에 대해서 일정 부분의 투표권이나 심지어 회사를 통제하려고 할 때 사용되며, 이때는 Institutional PPP라고도 한다. 이 구조에서 민간 투자자는 경쟁을 통해서 선정되며, SPV는 공공 기관과 민간 사업자가 합작하여 만들어진다. 이런 법적인 구조는 DBFOM이나 O&M, 서비스 계약 등에서 볼 수 있으며, Government-pays PPP에서는 거의 찾아보기 힘들다.
Public service contract plus a project support agreement	이 개념은 동유럽에서 MDB가 참여하는 사업의(대부분 상수도 사업) 특정 구도를 설명하기 위해 EBRD에서 만든 용어다. 공공 서비스 계약이 PPP 계약과 같이 민간 사업자와 주무관청(Procuring agency) 사이에서 맺어진다. 프로젝트를 지원하는 (매출 부족이 발생할 경우 정부가 보장한다는) 추가 계약은 주무관청과 EBRD가 맺는다. 이러한 형태는 프로젝트 지원 계약이 명시적으로 있는 서비스 계약에서 볼 수 있다.
Institutional PPPs	이 용어는 대부분의 프로젝트 회사의 주식을 정부가 소유함으로써 프로젝트 회사를 통제하는 경우에 사용된다. 본 가이드에서는 Institutional PPP라고 하더라도 민간 자본이 상당부분 투입이 될 때만 민간금융(Private Finance) PPP라고 인정한다. 이때 민간자본이 상당 부분 투입된다는 것은 상당 부분의 주식을 민간 사업자가 갖고 프로젝트의 리스크 그리고 성과에 대한 리스크를 부담하는 것으로 이해할 수 있다. 서비스 계약이나 기존 인프라의 유지 계약 및 DBFOM 종류의 계약에서도 볼 수 있다.

다음은 광의의 PPP의 관점에서 기존 인프라나 공공 서비스를 관리하는 것에 초점을 맞춘 PPP의 형태들이다. 이들은 비자본집약적인(Non-capital intensive) 프로젝트들이다.

•• 기존 인프라의 관리나, 공공 서비스의 운영 PPP만을 의미하는 용어

용어	내용
Concession (of service)	이 용어는 초기에 대규모 투자가 발생하지 않는 O&M 계약을 의미한다. 이때 전부 혹은 대부분의 매출이 사용자로부터 발생하고, 또 공공 서비스나 물, 전기와 같은 공공재화를 공급하는 사업의 계약을 의미하는 법적 용어이다. Concession은 사용자에게 요금을 징수하는 기존 자산(도로나 공항) 운영 계약 PPP도 의미한다. 이때 정부는 민간 사업자로부터 Up-front fee를 받을 것을 기대하며 이는 때때로 유동화(Monetization)라고 불린다.
Leases	이는 Concession과 함께 공공자산의 경제적 이용권이나 경제적 소유권을 이양하는 것을 의미한다. 이는 기존 인프라에 대한 O&M 계약에서 쉽게 볼 수 있는데, 여기에는 대규모 자본이 투입되지 않고 보통 User-pays PPP에 적용이 된다. 몇몇 국가에서는 Lease라는 용어에 대해서 정부가 여전히 자금 지출에 대한 의무를 가지고 있고 민간 사업자는 오직 일상적인 유지 관리만 하는 계약을 의미하는 데 쓰이기도 한다.
Affermage	프랑스어로 기존 인프라의 경제적 운영권에 대한 계약은 맞으나, 운영 수익의 일부는 민간 운영자에게, 나머지는 주무관청에게 지급이 되므로 Government-pays PPP와는 무관하다.
Franchise	이는 Affermage, Lease, concession of service와 비슷한 의미이나 교통 사업에서만 사용된다. Franchise 계약은 인프라 투자자에게 거의 요구사항이 없으며, 별도의 계약에 따라 인프라의 관리는 정부가 맡는다. Franchise는 독점적인 철도 사업의 운영권이 포함될 수도 있고, 규제 하에서 사전에 정의된 서비스 범위에 대해서만 독점적인 권리를 인정할 수도 있다.
O&M	자금의 투자는 없고 Operation과 Maintenance만 포함하는 계약이다. 그러나 해당 계약이 장기이고 생애주기 비용에 대한 관리 리스크가 일정 크기만큼 민간 사업자에게 전가된다면 PPP로 분류한다. 이때 비용에 대한 리스크와 성과에 대한 지표도 포함되어야 한다. 일반적으로 오직 소수의 O&M 계약만이 PPP로 분류될 수 있다.
Service contracts	대륙법 하에서 사용되는 서비스 계약의 법률용어로 이는 상수도나 여객 운송과 같이 엄격한 법적인 규제가 필요한 공공 서비스의 운영권을 의미한다. 보통법 국가에서는 service contract라는 용어가 특별히 법률용어로 사용되지 않고-단지 아웃소싱하는-일반적으로 단기인 모든 계약에서 사용된다. 오직 소수의 service 계약만이 PPP로 분류될 수 있다.
Management contracts	관리 계약은 O&M 계약의 대안으로 사용되는 용어로 민간 사업자가 장기간에 걸쳐 인프라나 장비의 관리를 맡는 프로젝트에서 사용된다. 또 다른 경우로는 인프라 관리를 위한 영향과는 관계가 없는 서비스 계약을 의미하는데 주로

용어	내용
	상수도 사업에서 사용된다. O&M 및 서비스 계약과 함께, 관리 계약도 장기적이고 성과와 연계되어 있으며 리스크를 포함해야지만 PPP로 분류될 수 있다.

05 민관협력사업(PPP) 방식이 활용가능한 상황 및 시기

그럼 PPP방식은 언제 어디에서 사용되는 것이 좋을까? 상세한 이해를 위해서 우선 공공자산과 공공 인프라에 대한 개념부터 설명하고 시작하는 것이 좋겠다. PPP는 실재하는 공공자산을 PPP방식을 통해 조달하는 것을 이야기하는데, 이때 공공자산은 부동산으로서 공적인 이유나 공공 서비스를 제공하기 위해서 장기적으로 활용되는 것을 목적으로 한다. 인프라(infrastructure)에 대한 정의를 찾아보면 사회나 사업의 운영을 위해서 필요한 기본적이고 실존하는 구조물이나 시설(예를 들어 건물이나 도로, 발전)을 의미한다. 이는 시스템 전체를 의미할 수도 있고 그 부분을 의미할 수도 있는데 그 시설이 공공 서비스나 공적인 용도로 사용되면 된다.

- 법원이나 병원, 교육, 치안 및 문화시설(영화나 컨벤션)을 위한 시설물
- 공공 운송을 목적으로 하는 교통 구조물이나 시설물. 여기에는 도로나 교량 터널 및 공항과 같은 복잡한 시설물도 포함
- 자원의 운송을 위한 시설물. 예를 들어 가스나 수도의 운송, 승객의 운송 등과 같이 운영 사업자에 의해서 제공되는 공공 서비스와 연결된 시설물이나 시스템
- 전력이나 가스, 물과 같은 공공재화를 생산하는 하수처리 장치나 플랜트
- 저소득층을 위한 임대 주거시설
- 공무원이나 군인을 위한 주거시설
- 치안이나 국방, 사법시설과 같은 공공의 편익을 위해서 사용되는 시스템이나 장치

이러한 공공 인프라 전체가 모두 동일한 형태의 PPP를 적용할 수는 없다. PPP의 형태에 영향을 미치는 요인들을 정리하면 아래와 같다.

– 공공서비스의 제공이나 공적인 용도로 쓰이는 인프라일 것
– 일반적으로 효율성과 투명성, 평등 원칙을 유지하면서 공공조달법 하에서 입찰을 통해서 이루어질 것
– 인프라는 부동산의 형태일 것. 내용연한이 길고 장기간 현금흐름을 만들 수 있거나 장기간에 걸쳐 공공 서비스를 제공하거나 공적인 용도로 쓰일 수 있을 것
– 해당 자산이 위치하고 있는 부지나 땅 혹은 해당 자산 자체의 법적인 소유주가 최종적으로 정부일 것
– 하나의 독립적인 시스템이거나 전체 시스템 중에서도 독립적으로 운영될 수 있는 부분일 것

인프라는 크게 2종류로 나눠서 생각해볼 수 있다. 하나는 경제적 인프라(Economical infrastructure)이고 다른 하나는 사회적 인프라(Social infrastructure)이다. 경제적 인프라는 해당 인프라를 통해서 사업 활동을 할 수 있게 만드는 것으로 통신, 승객이나 화물 운송 및 물, 하수, 에너지 공급과 같은 공공재 네트워크(utilities network)도 포함된다. 이러한 인프라를 사용하는 비용은 사용자나 경제적 운영자가 지불하는 것이 일반적이다. 많은 국가에서 통신 인프라의 최종 법적 소유주는 민간 사업자가 되는 것이 일반적이다. 이 민간 사업자는 통신 인프라를 통해서 통신 서비스를 제공하는데 보통 이 시장은 경쟁시장이다. 그러나 만약 정부가 해당 인프라를 소유하고 있거나 통신 서비스를 정부기관이 제공하는 상황, 그리고 정부 투자를 통해서 특정 지역에 통신 네트워크를 활성화시키는 상황이라면 이 인프라는 공공 인프라라고 여겨도 좋을 것이다. 사회적 인프

라는 보통 빌딩의 형태를 띠고 있는데 사회적 서비스, 예를 들어 병원이나 학교, 대학, 감옥, 법원 등과 같은 서비스를 제공하는 시설물을 의미한다. 만약 공무원이나 그들의 가족 등의 주거를 위해 제공되는 시설물이 있다면 이는 보통 주거용 인프라라고 하여 공적으로 직접적인 서비스를 제공하지는 않지만 정부 활동을 위해 필요한 인프라(국방 등)는 때때로 정부 인프라라고도 부른다.

사회적 인프라와 경제적 인프라의 차이점

어떤 인프라가 공무원이나 군무원의 숙소 혹은 병원, 학교 및 감옥 등 사회적 서비스를 제공하기 위해 존재한다면 이는 사회적 인프라라고 정의한다. 사회적 인프라는 일반적으로 사용자에게 비용을 청구하지 않는다.

반면 해당 인프라가 교통이나 공공재(물이나 전력) 등을 공급하거나 특정 사용자나 일반 대중을 위해 이용되는 시설물이면 이는 경제적 인프라라고 한다.

인프라의 구분을 산업(Sector)별로 나눈다면 다양한 구분이 가능하며 2가지 고려사항이 존재한다. 하나는 특정 국가의 특정 산업에서 PPP든 아니든 민간 사업자의 참여가 있는 경우, 강력한 공공의 혹은 정치적인 반대에 부딪힐 수 있다는 점, 그리고 일부 국가에서는 보건 인프라나 서비스 등 몇몇 산업에 PPP를 적용할 수 없게끔 제도화하고 있다는 점이다. 이는 PPP를 사용하는 데 있어 발생할 수 있는 정치적 문제에 대한 공감대를 얻기 위해 적절한 타협안이 될 수 있다. 즉, PPP가 대부분의 인프라에 적용 가능한 것은 사실이지만 이 접근법이 특정한 프로젝트에 부합하지는 않는다.

인프라를 조달하는 데 있어서 PPP방식을 사용하는 데에는 다양한 이유가 존재하지만 크게 3가지로 나눠서 생각해 볼 수 있다.

1. PPP방식 자금조달의 성격과 정부 예산관리상의 특수성
(부외효과(off-balance-sheet)와 관련한 동기)
2. 프로젝트의 효율성과 유효성
3. 전체적인 정부 업무의 효율성 개선(부패를 관리하고 투명성을 높임)

•• 산업별 인프라의 구분

산업별	예시	
경제적 인프라 : 수송부분 - 도로	• 신설 도로 및 고속도로 • 접근도로	• 교량 및 터널 • 도로나 네트워크의 증설 및 확충
경제적 인프라 : 수송부분 - 철도	• 고속철 • Rapid link • 지하철 및 대량수송 프로젝트 • 지하철역사	• 운송철도 • 전동차의 운영 장기계약 • 운임료 징수 시스템
경제적 인프라 : 수송부분 - 기타	• 간선급행 버스체계(BRT) • 종합 수송교차로 및 허브	• 주차장
경제적 인프라 : 수송부분 - 공항, 항만	• 항만 증설	• 공항 증설
경제적 인프라: 수자원	• 담수화 공장 • 통합 상수도 공급 • 폐기물 에너지 공장 (쓰레기 소각장)	• 하수처리 공장 • 고형 폐기물 처리
경제적 인프라: 발전	• 독립발전 사업자(IPP) • 가스 수송관	• 송전 선로 • 에너지 효율화 (공공 빌딩 및 가로등)
경제적 인프라: 정보통신(ICT)	• 광 네트워크	• 통신 네트워크
경제적 인프라: 관광	• 국립공원	• 문화유산
경제적 인프라: 농업	• 곡물 저장소 PPP	• 관개수로
사회적 인프라: 병원, 교육, 치안, 감옥, 법원, 임대주택 등	• 병원 • 대학교 및 학교 시설 • 감옥	• 기숙사 • 법원 • 임대주택
사회적 인프라: 기타	• 스포츠센터 • 경찰서	• 소방서 • 공공기관
다른 형태의 잠재적 산업	• 방위산업(항공 시뮬레이션 등) • 국경 시설물	• 국방 시설

1. PPP방식 자금조달의 성격과 정부 예산관리상의 특수성

자금조달 측면에서 PPP를 적용할 만한 동기는 2가지 소분류로 나눌 수 있다. 우선은 국가의 통계나 회계적인 측면에서 민간자본은 부외효과(off-balance-sheet)를 만들 수 있다는 점이다. 하지만 이는 PPP활용에 대한 위험한 선입견을 가져올 수도 있다. 다른 하나는 순수한 현금 유동성 활용에 대한 동기이다. 회계상 정부 부채로 인식이 되든 아니든 인프라 개발을 위해 필요한 자금 조달 능력이 부족한 경우, 이를 대신할 외부 자원을 활용하는 것이다.

(1) 인프라 사업의 자금 조달을 위한 민간 자본의 대안적 활용으로서의 PPP

PPP는 신규 인프라 사업이나 기존 인프라의 대규모 증설에 필요한 자금을 조달하는 대안으로서 활용이 가능하다. 즉 정부 재원을 사용하는 대신 민간자본을 활용한다는 뜻으로 인프라 개발에 속도를 낼 수 있다. 이때 민간자본은 자기자본(Equity)과 타인자본(Debt)으로 구성이 된다. 정부 예산을 사용하지 않는다고 해서 이런 방식이 인프라 개발에 필요한 비용을 정부의 부채로 인식하지 않아도 된다는 의미는 아니다. 특히 Government-pays PPP의 경우 더욱 그러하다. 하지만 많은 PPP 프로젝트가 각국의 회계 기준상 정부 부채로 인식하지 않는 경우가 많이 존재한다. 그러므로, 정부의 대출이나 정부 부채가 법으로 정한 한도에 도달한 경우, PPP가 인프라 사업을 지속할 수 있는 대안이 될 수 있다. 즉 정부가 예산상의 한계를 극복하고 당초에 계획하던 사업을 지속할 수 있다는 의미이다.

다만 이런 환경에서 정부는 PPP를 별도의 재정적인 관리 유무와 상관 없이 장기 계약 하에서 상당한 양의 자원(resource)을 지급하도록 약속해야 한다는 것을 잊어서는 안 된다. Government-pays PPP의 경우, 정부가 민간 사업자에게 지불 해야 할 대금은 납세자가 낸 세금에 의지하며, User-pays PPP의 경우에는 해당 인프라를 사용하는 사용자가 직접 그 비용을 부담한다. 따라서, 정부의 재정적 제한사항을 피할 목적으로 남용되는 PPP는 잠재적으로 과도한 부담으로 사회에 떠넘기게 되는 것이고 직접적으로는 사용자의 요금으로서, 간접적으론 장기간에 걸친 미래의 정부 비용으로 나타날 것이다.4) 자금조달의 대안으로서 PPP를 사용할 때 정부는 효율성과 VfM 측면에서의 잠재적인 손실이 나지 않도록 주의하여야 한다. 만약 PPP 옵션이 VfM 측면에서 정당성을 얻지 못한다면 그 사업은 아마도 비용대비 효용을 얻을 수 없을 것이다.

•• PPP는 정부의 부채로 표시되지 않음에도 불구하고 지급에 대한 약속을 만든다.

Government-pays PPP 사업과 관련하여 발생한 자산(Asset)과 채무(liability)가 정부의 회계에 반영되지 않아 정부의 부채수준이 증가하지 않더라도, 정부 재원으로 비용을 지불해야 하는 장기적인 약속이 존재한다. 이러한 약속은 우발채무(Contingency liability)로 명시적이거나 암시적일 수도 있다. 즉, 장기적인 재무관리 측면에서 영향을 받을 수 있다는 의미이다. 이러한 이유 때문에 많은 국가는 PPP 조달 규모에 대한 상한선을 법제화하였는데 보통 PPP를 통해서 조달될 수 있는 전체 재정 지출의 비율이나 전체 GDP의 비율로 되어 있다.

(2) 순수 현금 유동성에 기인한 동기

또 다른 자금조달 측면에서의 동기는 정부의 부채에 대한 영향력과 상관없이 민간 사업자의 자금조달력이 정부보다 더 유연하다는 점에서 출발한다. 이것을 Cash motivation이라고 하며 많은 개발도상국(EMDEs, Emerging Market and Developing Economics)이 PPP를 선택하는 이유이기도 하다. 만약 PPP방식을 이

4) 정부예산이 부족한 많은 동남아 국가에서 Government-pays PPP보다 User-pays ppp가 더 많이 등장하는 이유이기도 하다.

용하여 인프라 건설을 하게 되면, 정부 입장에서는 단기적으로 인프라 건설을 위한 예산 편성이나 재무부 전략상 사업 자금 편성, 혹은 해당 사업을 위해서 추가적인 부채 협상을 할 필요가 없게 된다. PPP가 정부 부채로 인식되더라도 특정한 사업을 위해 지정된 자금 조달 방식이기에 투명하고 책임소재가 명확하다는 장점이 있다. 정부 부채에 미치는 영향과 상관없이, PPP방식은 인프라 개발에 투자되었어야 할 정부 재원을 다른 곳에 사용할 수 있게끔 해준다. 또한 PPP방식의 인프라 사업에 자금을 조달할 의향이 있는 투자자일지라도, 정부에 직접 자금을 빌려주고자 하지 않을 수도 있다는 사실도 기억해야 한다.

2. 효율성(Efficiency)과 유효성(Effectiveness): 인프라 사업의 효율성을 극대화하는 잠재적 방식의 PPP 적용

PPP를 사용하는 또 다른 이유는 바로 효율성과 유효성 측면에서 장기적으로 효용이 발생하기 때문이다. 이러한 결과를 얻기 위해서는 '적절한' 구조와 절차 하에서 '적절한' 프로젝트를 진행해야 하고 또 비용 및 시간을 효과적으로 사용해야만 한다. 프로젝트를 전통적인 방식으로 조달할 때보다 PPP 구조를 이용하여 조달하는 경우 사회에 보다 적은 비용을 발생시키거나 같은 비용이더라도 큰 효용을 만들어 낼 수 있다. 이런 결과는 PPP방식을 이용할 때 필요한 자금 조달 비용이 상대적으로 높다는 것을 고려함에도 불구하고 User-pays PPP에서 사용자에게 보다 낮은 요금을 청구하는 모습[5)]을 통해 볼 수 있다.

어떤 방식으로 인프라를 조달하더라도 최초에 제안된 기술적인 해결책(Technical Solution)은 비용-편익 분석(CBA)을 통해서 관리되어야만 한다. 이 해

---

5) 이런 이유로 인해 국내 민자고속도로의 요금을 재정도로와 비교하고, 이를 통해서 민자고속도로의 요금을 인하하는 동기로 작용한다.

•• PPP에서 효율성을 구성하는 유인들

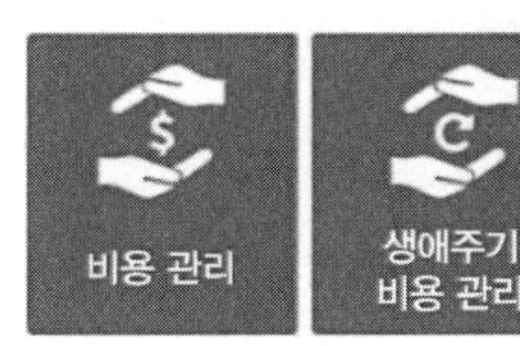

결책은 사회－경제적 결과물이라는 관점에서 합리적이고 가치가 있어야 한다. 바로 이때가 PPP방식을 적용할지 여부를 검토해야 할 순간인데, PPP가 전통적인 조달 방식보다 더 나은 효율성을 제공할 수 있는지에 대한 확인[6]은 VfM검토 과정을 통해서 이루어진다. PPP의 효율성을 높이는 데 영향을 미치는 요인들은 서로 간에 중대한 영향을 미치기도 한다.

(1) 비용 관리(Cost management)
: 이윤을 남기고자 하는 본질성과 비용 관리의 유연성

민간 사업자는 정부가 운영하는 방식보다 더 높은 유연성을 필요로 하기 때문에 정부 운영과는 다른 형태의 사업 체계를 가지고 있다. 민간 사업자는 정부의 조달법에 영향을 받지 않고 협력업체와 계약할 수 있고 월급 수준이나, 근무 조건, 피고용인 수와 같은 부분에서 정치/사회적인 압박을 덜 받으면서 보다 유연한 노무계약을 맺을 수 있다. 따라서 이들을 활용하여 보다 유연한 비용 관리 방식을 가질 수 있는 것이다. 자연적으로 아래에 이어질 내용들도 이러한 “이윤을 남기고자 하는 기업의 본질”의 영향을 받으며 이는 “이윤을 추구하지

6) 국내 민자사업에서는 이를 민자 적격성 조사라고 하며 KDI 공공투자관리센터(PIMAC)에서 발표한 「BTO/BTL 타당성분석 적격성 조사 세부요령」을 참고할 수 있다.

않는 정부 활동"과는 근본적으로 다른 부분이다.

(2) 생애주기 비용의 관리

민간부문이 자본을 조달하는 PPP방식에서 민간 사업자는 공사가 진행되는 동안에는 투입한 비용을 회수할 수 없으며 공사기간 동안 투입한 비용(CAPEX)은 운영기간을 통해서 회수한다. 이 방식은 사용자에게 요금을 징수(User-pays PPP)하거나 정부의 지급(Government-pays PPP)을 통해서 이루어지며 만약 계약상 약속된 서비스 품질 수준이나 자산의 운영성과를 충족하지 않으면 이런 보상은 줄어들 수 있다. 민간 사업자는 운영기간 동안 유지관리에 대한 리스크(정기 및 비정기 유지관리 및 반환시 조건을 유지하기 위한 인프라의 개보수)를 수용하면서 운영기간 동안 약속된 자산 운영 성과 및 서비스의 품질 수준을 유지해야 한다. 이런 이유로 민간 사업자는 장기적인 안목으로 전체 생애주기 비용을 낮추기 위해서 유지관리 및 개보수 리스크를 줄이는 방식으로 인프라를 설계하고 시공하게 되는 자연적인 동기(혹은 인센티브)를 갖게 된다.

민간자본을 활용하지 않는 PPP형태인 DBOM 계약의 경우, 시공사는 시공 및 유지관리에 대한 책임이 있지만 상기에 언급한 PPP로서의 자연적인 인센티브가 존재하지 않는다. 따라서 DBOM 계약에서 시공사는 시공 이윤(마진)을 늘리고자 공사비를 줄이는 부적절한 인센티브를 가질 수 있다. 왜냐하면 시공에 대한 기성금은 단지 공정률에 따라 지급되지 운영 성과와는 관련이 없기 때문이다.

(3) 리스크의 전가

민간 사업자는 공공부문에 비해 리스크를 관리하는 데 있어 더 적은 비용으로 보다 효율적인 관리가 가능하다고 여겨진다. 이때 리스크 관리란 리스크의 발생 가능성이나 발생시 그 결과의 규모를 완화시키고, 효율적인 수준의 비용으로 제3자에게 리스크를 전가하는 것을 의미한다. 그 결과, 민간 사업자는 정부가 리스크를 전가하지 않고 사업을 추진했을 때, 고려했을 수준의 리스크 프리미엄보다 더 낮은 프리미엄만 고려할 것이다. 즉, PPP방식은 민간 사업자에게 리스크를 전가함으로써 전체 사업비에 포함될 리스크 프리미엄을 줄일 수 있게 되는 것이다. 게다가 민간 사업자의 투자자들은 자신들이 투자한 비용만큼 리스크에 노출되기 때문에 그에 상응하는 실사(Due diligence)를 실시하게 되므로 프로젝트 리스크를 추가적으로 검토하는 효과도 만든다. 공기에 대한 리스크(프로젝트가 계획된 시간 내에 완공이 되어 서비스를 제공할 수 있을지에 대한 신뢰성) 또한 민간 사업자에게 지급 방식을 통해서 전가된다. 만약 리스크에 노출된 자금이 없다면 리스크의 전가가 효과적일 수 없다. 즉 민간 사업자에게 전가된 리스크가 현실화되었다고 하더라도 그 리스크를 통해 잃을 수 있는 자금이 없다면 아마도 문제를 해결하기보다는 약간의 손실을 감수하고 프로젝트에서 빠져나가고자 할 것이다. 그렇기 때문에 리스크에 노출된 자금이 생기도록 PPP 구조를 잘 갖추어야 한다. 리스크의 전가는 효율성 제고 및 VfM의 핵심 요소이다. 그렇다고 너무 미미한 수준의 리스크의 전가는 민간 사업자로 하여금 보다 나은 리스크 관리를 통해서 효율성을 제고할 동기가 되지 못하며, 차라리 이때는 전통적인 형태의 조달 방식을 활용하는 것이 낫다. 반면에 너무 많은 리스크를 전가하여도 마찬가지로 VfM 검토에 나쁜 영향을 준다.

(4) 혁신(Innovation)

성과에 초점을 맞춘 PPP 사업자는 혁신을 통한 추가적인 효용을 제공할 수 있다. PPP 계약에서 요구하는 성과물(output)이나 결과가 적절하다면, 민간 사업자는 그들이 갖고 있는 방법과 지식을 이용해서 어느 정도 사업 방식을 바꿈으로써 자원의 소모를 줄이고 효율성을 제고하는 형태의 혁신을 만들 수 있다. 즉, PPP계약상에서 투입물(인력이나 장비 등)이나 적용 방식(공법 등)에 집중하는 것이 아니라 성과물(통행량이나 서비스 품질 등)에 초점을 맞춰 요구수준이 명시되어 있다면 민간 사업자는 그들이 가지고 있는 혁신적인 기술이나 방식을 적용할 동기가 생길 것이다. 민간 사업자가 요구 수준을 맞출 수 있는 범위 내에서 비용을 최적화함으로써 만드는 효율성이 공공기관이나 납세자에게 돌아가게 하기 위해서 정부는 반드시 입찰 및 평가 단계를 거쳐야만 한다. 이 입찰 및 평가 단계에서는 주로 금액과 비용에 집중해야 한다.

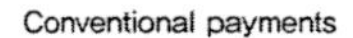

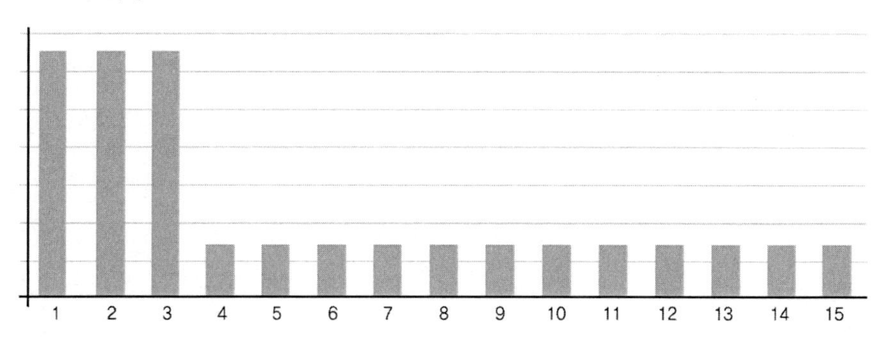

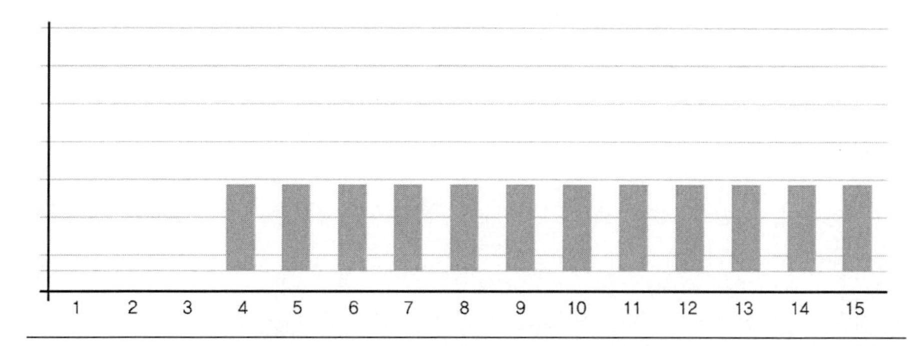

PPP에서, 정부는 자산이 사용되는 시점부터 건설과 O&M비용의 대금 지급을 시작한다. 이러한 방식으로 건설자금을 조달하는 동시에, 계약자가 예정된 공기에 맞추거나 더 빠르게 시공할 수 있도록 인센티브를 제공하고, 건설 작업의 보상과 함께 운영 및 유지보수 비용을 지불한다.

(5) 편익: 신뢰도와 유효성

효율성은 금융비용의 형태로 측정될 수 있지만 공공정책을 결정하는 데 있어서는 사회적인 비용과 편익도 고려되어야 한다. 일부 비용이나 편익은 금액으로 계량이 가능하지만 그렇게 되지 않는 부분에서는 최소한 정성적인 평가[7]가 되어야 한다. PPP방식은 편익을 증가시키는 방식으로 적용이 되거나 (계약에 의해 적절히 동기 부여가 된다면) 에너지의 효율적 활용이나 가스 방출 저감, 소음 공해 저감 등 사회적 비용을 줄이는 데 기여할 수도 있다. 또한 PPP방식은 예정되어 있던 공기를 단축시킴으로써 서비스를 조금 더 빨리 공급될 수 있게 하거나 프로젝트 완공 시기를 보다 정확하게 예측할 수 있게끔 하는 등 비용-편익 분석에 긍정적인 영향을 줄 수 있다. 사전에 약속된 수준의 서비스를 제공하는 것 역시 PPP의 효용성에서 중요한 부분이다. 공공기관에서 동일한 수준의 서비스를 제공하고 유지하려면 때때로 재정적인 압박이나 직원들의 교체, 공급라인의 부실에 의해서 영향을 받을 수 있다. 민간 사업자가 정부를 대신하여 서비스의 제공 수준을 유지시키기 위해서는 이를 독려하기 위한 추가적인 인센티브 즉, 보상의 지급과 성과를 연결시키는 방식이 필요하다. 일반적으로 PPP는 공기 및 프로젝트 목적(서비스의 질이나 수준 등)에 부합하기 위해 필요한 비용 측면에서 정부가 사업을 추진하는 것보다 추가적인 신뢰성을 제공할 수 있다. 즉 PPP는 효율성뿐만 아니라 유효성 측면에서도 편익을 제공한다.

(6) 자산의 최대 활용을 통한 효율성

사용자의 요금이 사업 매출에 많은 영향을 주는 사업 구조에서 높은 수준

7) PIMAC에서 국내 주요 인프라 사업을 대상으로 수행하는 적격성 조사보고서에는 이러한 사회적 비용 및 편익에 대한 내용이 포함된다.

의 효율성이 예상보다 높은 매출과 비용 효율성으로 나타날 수 있다. 이러한 프로젝트에서 민간 사업자는 해당 인프라의 공적인 활용을 최대한 높이려는 동기가 작동하여 인프라의 경제적 활용 가치를 높이고자 한다. 일부 사업에서는 호텔이나 레스토랑, 레저 센터 등과 다른 시너지가 날 수 있도록 공간이나 부지를 상업적으로 활용할 수 있다. 이런 동기는 민간 사업자로 하여금 능동적으로 자산을 운영하고 혁신적인 접근법과 전략을 적용시키게끔 한다. 이는 공공 기관이나 납세자에게 초과 매출 달성이나 예산 비용 절감하는 등 긍정적인 영향을 줄 수 있다. 일부 Government-pays PPP 역시 해당 인프라를 다른 용도로 활용함으로써 그 활용도를 극대화시킬 수도 있는데, 예를 들어 철도에 광통신 섬유를 설치하거나 운송 사업에서 상업적인 공간을 적극 활용하는 것이 해당된다.

••• PPP가 정말 더 효율적인가?

지금까지 정부나 감사 기관에서 PPP가 정말 VfM를 창출할 수 있는지에 대한 수많은 보고서를 만들었는데 대부분 PPP가 그런 효율성을 만들 수 있다는 결론을 내렸다. 영국에서 진행된 연구에서는 10~20% 정도의 비용을 PPP를 통해서 절감하였다고 발표하였다. 2002년 영국 국가감사기관(United Kingdom National Audit Office, NAO)에서 발표한 자료에 따르면 오직 21%의 PFI 프로젝트만 비용 초과가 발생하였고 24%는 공기 지연이 발생하였다고 하였다.
2006년 HM Treasury는 Scottish Executive by the Cambridge Economic Policy Associates (CEPA)의 연구를 토대로, PPP를 진행한 50%의 정부기관이 좋은 VfM를 얻어 냈고, 28%는 만족스러운 수준의 VfM를 얻었다고 보고하였다.
호주의 National PPP forum은 2008년 멜버른 대학에 25개의 PPP 사업과 42개의 전통적으로 조달된 사업을 비교하는 연구를 의뢰하였다. 그 연구에서는 전통적으로 조달된 사업의 10.1%가 보통수준의 비용 초과가 발생한 반면, PPP 프로젝트는 0.7%였고, 전통적으로 조달된 사업의 보통 수준 공기지연이 10.9%인 반면, PPP 프로젝트는 오직 5.6%만 공기 지연이 발생하였다고 언급한다. 그러나 주의할 점은 어떤 형태의 조달 방식을 사용할지에 대한 결정은 프로젝트마다 다르며, 특히 프로젝트의 가치에 따라 달라져야 한다는 것이다.

3. 정부에 전반적인 효율성을 제고한다는 측면에서의 효용성

PPP방식은 다음과 같은 추가적인 효율성을 만들 수 있다.

- 민간 사업자는 기술 및 유지관리 측면에서 신뢰성을 높이기 위해 사전에 자원을 투입하고 또 사업을 위해 장기적인 자원의 활용을 약속한다. 이는 인프라의 사용성이나 성능에 대한 신뢰도를 증가시킬 수 있다. 그러나 이러한 장점은 예산의 사용에 유연성을 감소시키는 문제와 함께 검토되어야만 한다.
- PPP는 “입증 효과(Demonstration effect)”를 가져올 수 있다. 민간 사업자는 다른 사업이나 공공 서비스에서 활용했던 혁신적인 방식을 해당 사업에서도 적용할 수 있다. 예를 들어 호주와 뉴질랜드 교도소 PPP에서는 민간 사업자는 교도소 운영을 개선하기 위한 기회를 제공하였고 정부는 그들로부터 그러한 방식을 배워서 정부가 운영하는 교도소에 적용하였다.
- PPP는 프로젝트 추진에 있어 정부나 민간 사업자, 시공사, 대주단 등 다양한 이해집단이 서로 맞물려 있기 때문에, 사업을 추진함에 있어 필요한 확실성과 투명성을 제고할 수 있다.

4. PPP방식을 적용 시 단점 및 위험

인프라를 조달하는 방식 중 하나로서 PPP는 여러 장점들이 존재하지만 동시에 약점이자 단점들도 가지고 있어 세심한 주의가 필요하다.

- PPP는 전통적인 조달 방식에 비해서 매우 복잡하다. 결과적으로 PPP 방식을 적용하기에 부적절한 사업에 적용이 되면 덜 복잡하거나 전통적인

조달 방식을 사용하는 것에 비해 불필요한 자원을 소모하게 될 리스크가 있다. PPP사업은 높은 전문성을 필요로 하며 정부의 세심한 관심이 요구된다. 따라서 다른 공공사업에 비해 PPP 사업의 준비 기간이 더 필요하며 만약 단기간에 결과가 필요한 상황이라면 PPP 방식을 사용하지 않는 것이 나을 수 있다. PPP방식의 복잡성은 구체적인 PPP Process 관리 가이드라인, 현실적인 시간 관리, PPP Unit[8]과 같은 적절한 지식과 자원을 겸비한 조직 구성 등을 통해서 관리될 수 있다.

- PPP 방식은 정치적인 영향력에 노출되어 있다. 정권 교체 후 새로운 행정부는 기존 정부가 추진해온 프로젝트들이 오직 그들의 이해관계에만 국한되어 있다고 판단하거나 사업을 위한 예산을 축소할 수도 있다. 이런 부정적인 상황은 적절한 의사소통 전략이나 PPP 모델을 사용하기 위한 정치적인 공감대 형성, PPP 프로그램의 확립 등 다양한 방법으로 완화시킬 수 있다.
- PPP가 새롭게 요금을 징수하거나 기존의 요금을 상승시킨다는 대중의 믿음 때문에 공적인 논란이 만들어질 수 있다. 이 경우 대중 및 노조는 PPP에 반대하는 입장을 취할 것이고 특히 민간 사업자가 공공 서비스를 직접적으로 공급할 경우 그 반대는 더욱 심해질 것이다. 이런 상황에서도 역시 효과적인 '의사소통 전략' 관리가 핵심이 된다. 게다가 비용 절감(Retrenchment)도 특별한 관리와 관심이 필요한 부분이 될 것이다.
- PPP조달 방식은 공공부문이나 민간 사업자 모두에게 큰 거래비용을 야기시킨다. 이런 비용은 PPP 조달 방식이 매우 복잡하기 때문인데, 특히 입찰단계 준비 및 평가, 모니터링 단계에서 그런 비용이 발생한다. 이러

8) 우리나라에서는 기획재정부 산하 한국개발연구원(KDI)에 공공투자관리센터(PIMAC)를 두고 그 역할을 수행하고 있다.

한 단점은 일정 수준 규모 이상의 프로젝트를 PPP로 추진할 경우에만 상대적으로 줄일 수 있는데 프로젝트가 적정 규모 이상으로 크다면 PPP 효율성은 이런 높은 거래비용을 상쇄시키고도 남을 것이다.

– PPP는 정부 입장에서도 이를 감시하기 위한 비용을 발생시키는데, 이는 실제로 효율성 및 품질을 유지하는지를 확인하기 위한 과정으로 신뢰성 있는 서비스 품질을 관리하기 위한 비용의 일부이다. 전통적으로 조달되는 프로젝트에서는 이런 품질 관리 비용을 낮게 책정하고 정부 기관에서는 "언제나 그러하듯"이란 자세로 관리하게 된다. 감사가 없다면 서비스의 품질이 하락하는 결과를 초래할 수 있다.

– PPP는 금융 조달 면에서도 더 많은 비용이 요구된다. 조달 비용은 민간 자본의 리스크 프리미엄인 이자율과 Equity 내부수익률(IRR) 등으로 구성되는데 이는 정부가 자금을 조달하는 방식에 비해서 비싼 금융 조달 형태이다. 사실 정부의 차입 비용은 프로젝트의 리스크를 부담하는 것에 대해 적절한 리스크 프리미엄을 보상하지 않기 때문에 실제 조달 비용보다는 낮게 책정된다고 할 수 있다. 만약 해당 사업이 PPP로 적합하지 않고, 구조화가 제대로 되어 있지 않으며, 조달 과정이나 계약이 적절하게 관리되지 못한다면, 민간의 참여를 통해 발생시킨 효율성들이 비싼 민간 자본의 조달 비용과 상쇄되어 결국 Affordability[9]에 나쁜 영향을 미칠 수 있다.

– 상대적으로 덜 복잡한 회계나 재정 관리 체제를 가지고 있는 나라에서는 PPP가 정부의 장기적인 재정 안정성에 큰 부담으로 작용할 수 있다. PPP를 정부의 부채로 인식하지 않는 회계 기준의 적용은 정부의 재정 안

9) Affordability는 크게 이용요금을 부담할 수 있는 사용자의 재정상태/소득을 의미하거나 정부 재정상 해당사업과 관련된 채무를 수용할 수 있는 능력을 의미하며 여기서는 후자에 해당된다.

정성에 대한 장기적인 영향을 무시하게 될 리스크가 있는데 그 결과 장기적인 정부 재정 안정성이 위협을 받을 수 있다. 이런 리스크는 일반적인 조달 방식을 사용할 때보다 더욱 확실한 평가와 PPP 사업 전체에 대한 정부의 재정적 약속을 관리할 적절한 체계가 있는 경우에 줄일 수 있다.

– 정부 입장에서 PPP라는 장기 계약은 정부 재정 관리 측면에서 유연성을 저해시키는 요인으로 될 수 있다. 정부 재정 관리 측면에서의 유연성이란 예상치 못한 경기 하락에 따라서 PPP계약의 재협상을 하면서 정부가 지급해야 할 비용을 낮추는 시도 또한 비용이 많이 든다는 것을 의미한다. 이러한 문제를 해결하는 유일한 방법은 PPP에 노출된 정부 재정약속의 총량을 관리하고 Affordability를 신중하게 분석하는 것이다.

– 최초에 PPP 계약이 맺어진 다음에도 여전히 계약 재협상은 빈번하게 발생할 수 있다. 재협상이 필요한 상황이 발생한 경우, 대 정부 협상력 측면에서 독점적 위치를 가지고 있는 민간 사업자는 일반 경쟁 시장에 놓여있는 민간 사업자보다 우위를 점하게 된다. 이 리스크를 저감하기 위한 유일한 방법은 계약서 안에 계약 변경의 유연성과 그 한계를 포함하는 것이다.

이러한 요인들이 PPP의 약점이자 단점으로 PPP 방식에 내재되어 있는 리스크이다. 따라서 정부시스템을 통해 이러한 리스크를 상당부분 완화시키거나 제거할 수 없는 어려운 사업이나 정부가 그런 시스템 자체를 갖추지 못한 경우, PPP가 적절한 방식이 아닐 수 있다. 결과적으로 각 사업들은 PPP 방식과 잘 어울려야 하며, 모든 인프라 사업에 PPP방식이 적합하지 않을 수 있다는 인식이 중요하다.

5. PPP의 효용을 얻기 위한 조건들: 적절한 PPP 절차와 요소 및 PPP Framework과 Governance의 필요성

앞서 어떻게 PPP 방식이 인프라 관리를 위해서 보다 나은 효용을 제공하고 효율성을 향상시키는지, 그리고 PPP의 약점과 PPP 선택을 위한 부적절한 요인들도 알아보았다. 정부는 PPP 방식의 잠재적 편익을 극대화하고 보호하는 한편 잠재적인 리스크를 줄여야 한다. 그렇지 않다면 PPP는 공공 서비스 및 공공업무에 있어 신뢰성과 효율성을 제고하기는커녕 납세자에게 과도한 짐이 될 수 있다. 특히 효율성과 관련된 이러한 편익은 사업과 계약의 내용이 다음과 같은 조건에 부합할 때 얻어질 수 있다.

- **프로젝트가 타당해야 한다**: PPP는 사업의 타당성 자체가 좋지 못한 프로젝트를 좋게 바꾸는 기적을 만들 수는 없다. 여기서 사업의 타당성이 좋지 않다는 것은 공공수요를 위해서 제시된 사업안이 비현실적이거나 부적절하다는 것을 의미한다.
- **프로젝트가 적절해야 한다**: 일부 프로젝트들은 PPP방식을 적용하기에 부적절할 수 있다. 따라서, PPP의 장점을 취하려면 PPP로 진행하기에 적절한 프로젝트를 선정해야 한다.
- **프로젝트를 잘 준비하고 평가해야 한다**: 특히, 상업적으로 타당하고(Commercially feasible)[10] Affordable해야 한다.
- **프로젝트가 잘 구조화되어야 한다**: PPP의 잠재적인 효율성을 끌어내기 위해서는 적절한 계약 구조를 통한 지속 가능한 형태를 도출해야 한다.

---

10) 상업적으로 타당(Commercially feasible)하다는 것은 프로젝트가 상업적으로 투자할 가치가 있고 기대되는 수익이 있음을 의미하며 효과적으로 양질의 입찰자, 투자자 및 대주단을 끌어들일 수 있는지 여부를 결정한다. 결과적으로 이는 투자자의 리스크와 수익 및 금융 지원 타당성(bankability)과도 연관되어 있다.

– **프로젝트 적절한 입찰 절차를 통해야 한다:** 입찰단계에서 견고하고 신뢰성 있는 경쟁상황을 만들지 못하면 PPP의 효율성을 제고할 수 없다.

– **프로젝트 생애주기 동안 능동적으로 관리하여야 한다:** 계약기간 동안 적절한 관리를 해야 PPP의 효율성을 유지할 수 있다.

이런 활동들은 모두 점진적이면서도 상호 영향을 주는데, 모두 PPP 추진 절차에 포함되어 있어야 한다. 요약하자면 성공적인 PPP를 위해서는 무엇보다도 적절한 프로젝트에 PPP 방법을 적용하기 위한 편익－리스크 분석이 필요하다. 그 후 프로젝트는 적절한 리스크와 인센티브 구조화를 통해서 평가 및 준비

••• 프로젝트의 성공을 위한 요인들

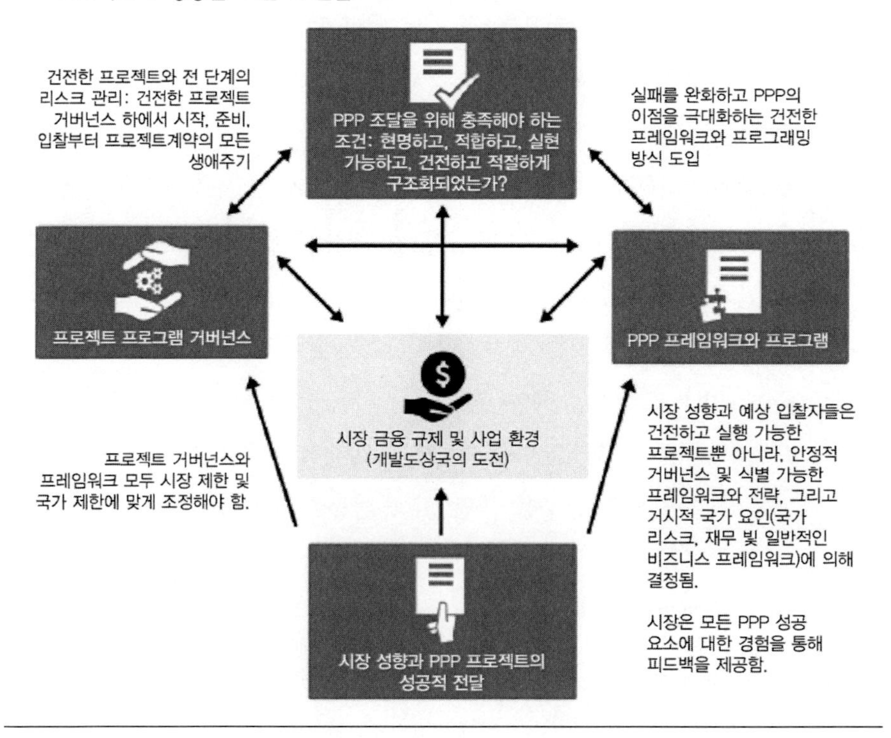

단계로 넘어가게 된다. 또한 신뢰성 있는 입찰자들을 대상으로 건전한 경쟁을 유도하여 효율성 및 투명성을 극대화할 수 있는 입찰 단계를 거쳐야 한다. 프로젝트를 위해 필요한 조건들(Investment decision)과 승인을 위한 계약들(Procurement decision)[11]은 모두 가이드라인 상에 명료하고 이해하기 쉽게 제시되어야 하며, 그런 조건들을 맞출 수 있도록 적절한 절차가 있어야 한다. 프로젝트와 계약은 유연하지만 예측 가능한 방식으로 리스크에 대응할 수 있도록 준비되어야 하는데 이는 민간 사업자에게 적절한 인센티브를 부여하고 동시에 무모함을 피하거나 감소시켜 경쟁의 질을 높일 수 있다.

적절하지 못한 프로젝트나 절차상 관리는 결국 프로젝트의 실패를 불러올 것인데 이렇게 되면 정부 입장에서 프로젝트를 통한 편익의 손실뿐만 아니라 대중이나 시장에 의해서, PPP 등 다양한 인프라 사업을 추진하는 주체로서, 정부에 대한 신뢰도에도 악영향을 미칠 수 있다. 올바른 프로젝트 절차 관리를 위해서는 견고하게 만들어진 프로젝트 거버넌스[12] 구조(Governance structure) 하에서 기술 및 기타 전문가를 포함한 충분한 역량을 필요로 한다. 그리고 이는 명확하고 철저한 프레임워크[13]를 통해 보호되어야 한다. 더 나아가서 견고한 프레임워크는 프로젝트의 실패 및 일반적인 PPP 리스크를 저감시켜줄 뿐만 아니라 민간 자본을 지속적으로 유치할 수 있는 더 높은 수준의 PPP를 만들어준다. 많은 프로젝트가 프로젝트 관리 단계에 해당하는 리스크 때문에 실패하는데 이

11) Investment Decision은 이 프로젝트가 투자할 가치가 있는지를 결정하는 것으로 국내에서는 타당성 조사를 통해 B/C 비율로 대변되며 procurement Decision은 어떤 조달방식이 최적인지를 판단하는 것으로 적격성 조사를 통해 이루어진다.

12) 거버넌스(Governmance)는 일종의 밑바탕을 의미하며 구체적이기보다 대원칙이나 원리를 담은 방향성이라고 할 수 있다.

13) 프레임워크(Framework)는 거버넌스에서 정의한 내용과 실제 추진에 필요한 요소들을 모두 통합하여 만든 사용설명서나 안내서라고 이해할 수 있다. 이러한 내용들을 더 구체화한 것이 계약이다.

는 오직 적절한 프로젝트 거버넌스(Governance)를 통해서만 관리될 수 있다. 거버넌스에는 다음과 같은 내용들이 포함된다.

- 상근직 프로젝트 관리자 및 적절한 자문사(Advisor) 그리고 적정한 규모의 충분한 역량을 가지고 있는 프로젝트 팀
- 프로젝트의 소유주와 대변인의 명확한 구분
- 프로젝트팀 외에 프로젝트를 지지해줄 수 있는 지지층의 존재
- 프로그램 거버넌스와 연결되어 있으며 프로젝트 이사회(Board)에 의해 조직화된 명확한 프레임워크 및 의사결정을 위한 연결고리(Decision Chain)
- 특히 프로젝트 초반부터 진행 상황에 대해 알아야 하는 이해관계자들을 중심으로 한 적절한 이해관계자 관리
- 대중을 포함한 적절하고 명료한 의사소통 관리 체계

튼튼한 프레임워크와 전략적으로 짜인 구성을 통한 PPP방식의 적용은 실패 리스크를 제거할 뿐만 아니라 PPP를 통해 만들어지는 가치 역시 창출할 수 있다. 다른 말로 프로젝트가 그 자체로 잘 준비되고 잘 관리되는 것뿐만 아니라 정부 스스로도 프로젝트를 리스크로부터 보호하고 PPP의 가치를 극대화할 수 있는 준비를 해야 한다는 것이다. 이런 고려사항들은 각각의 국가나 시장이 장기적인 금융 조달에 제한이 있든 없든, 그리고 정치 및 제도 그리고 경제적으로 안정이 되어 있든 아니든 상관없이 중요하다. 만약 국가나 시장이 장기적인 금융 조달에 심각한 제한이 있다면, 그리고 정치, 제도, 경제적 환경이 불안정하다면, 이러한 제한사항들이 PPP 프레임워크나 계약 구조화를 통해서 완화되고 또 개선되거나 혹은 국가의 PPP 전략이 그에 맞춰서 적절하게 수정되어야 한다.

•• 경쟁의 필요성: PPP는 어떻게 조달이 되는가?

VfM를 얻기 위해서는 경쟁이 필요하다. 직접 협상(Direct negotiation)에서 정부는 민간 사업자로부터 받게 될 서비스와 자산의 적절한 가격에 대해 관심이 있으나, 민간 사업자는 이윤을 많이 남기기 위해 보다 낮은 품질에 관심이 있을 것이다. 경쟁은 민간 사업자로 하여금 보다 효율적이고 능동적으로 리스크를 관리하고자 하는 동기를 자극하여 혁신을 이끌어낸다. 분명히 경쟁이 없다면 비슷한 프로젝트에서 입찰가격은 더욱 높을 것이다. 수의 계약이나 직접 협상은 예외적인 상황에서만 적절할 것이고 직접 협상의 정당성을 부여할 만한 이유들은 겉만 그럴싸할 수 있다. 직접 협상이 적절한 예외적인 상황이란 프로젝트를 수주할 수 있는 회사가 오직 하나뿐이거나 천재지변이나 응급상황 등 급박하게 사업을 추진해야 할 경우뿐이다. 이때 VfM는 부차적인 요소가 된다. 직접 협상은 단지 VfM만 해치는 것이 아니라 PPP 프로그램[14] 및 시장과 관련된 산업 내 이해관계에도 악영향을 미친다. 입찰자 사이의 관계에서 나오는 안정적이고 의미 있는 이해관계의 평가를 위해서는 투명성이 요구되기 때문이다. 이런 이유로 적절한 PPP 프레임워크에서 직접적인 협상을 예외사항으로 명확하게 기술하고 정부와 국가는 제한적인 상황에서만 절차에 따라 이를 사용해야 한다. 이상적으로는 공공이나 산업을 위해 필요한 경우가 분명한 때만 사용하여야 한다. 좋은 예로서 많은 국가의 프레임워크가 이런 직접 협상을 사용할 수 있는 제한적인 조건과 명료한 기준으로 규정하고 있고, 심지어는 이런 직접적인 협상 자체를 금지하는 경우도 존재한다. 경쟁 절차상 예외로 가능한 것이 있다면 바로 민간제안 사업(Unsolicited proposal or privately initiated project)이다. 이는 직접 협상과 경쟁 절차 가운데에 존재하는데 민간 제안 사업의 경우, 특정한 사회적 요구를 해결하기 위해 민간 사업자가 사업을 기획하여 먼저 정부에게 제안하는 것이다. 만약 이 민간 사업자의 제안이 정부의 투자 계획 및 조달 요구조건에 부합하면 정부는 민간 사업자와 직접적인 협상을 진행하여 수의계약(Direct awarding)과 비슷한 방식의 절차를 밟는다. 조금 더 나은 형태는 해당 프로젝트를 경쟁 입찰에 붙여 경쟁의 긴장감을 유도하되, 원 제안자에게 약간의 가점을 주는 것이다. 가점 수준은 상황이나 국가에 따라 다른데 이를 통해서 경쟁의 수준을 조절할 수 있다. 이때 경쟁 입찰의 절차는 표준화되어 있거나 중요한 편익을 불러올 수 있도록 일반적이고 공개적인 경쟁 입찰 절차를 활용하여야 한다.[15]

---

14) PMI의 PMP 지식체계에서 프로그램은 유사한 프로젝트들의 집합이며 다양한 프로그램의 집합이 최종적으로 포트폴리오라고 정의한다.

15) 국내 민자사업에서는 이를 “제3자 공고”라고 한다.

본 책에서 다루는 내용은 여러 입찰자가 존재하는 경쟁 상황하에서 PPP가 조달되는 것을 가정한다. 따라서 모든 PPP Cycle은 이런 표준화되고 투명한 접근법을 토대로 한다. 입찰 절차는 조달 프레임워크를 통해서 만들어진 순서와 규칙을 따라 진행되어야 하며 이러한 규정들이 입찰 절차상 서로 다른 단계에서 다양한 선택지를 관리할 수 있는 기준이 되어야 한다. 여기에는 일반적으로 자격심사(Qualification), 입찰서 제출, 평가, 선정 및 계약이 포함된다. 전세계적으로 다양한 입찰 절차들이 존재하지만 대부분 대동소이하다. 다음은 입찰 절차의 설계 및 적용에 영향을 미치는 주요 인자들이다.

- Qualification 접근방식: Request for Qualification (RFQ)의 시점을 언제로 할 것인지. Request for proposal(RFP) 이전으로 할 것인지 아닌지, 입찰자를 선정하는 Short-list(or Pre-select) 방식을 취할 것인지, 아니면 단지 Pass/fail을 적용할 것인지
- Request for Proposal 접근방식: RFP작성 완료 시점과 발표 및 계약 시점을 언제로 할 것인지. Dialogue나 interaction 기간을 갖고 난 다음으로 할 것인지 아니면 소수의 Clarification만 허용할 것인지
- 입찰서의 제출과 평가 접근 방식: 협상 단계를 둘 것인지 아닌지, 재차 입찰서 제출을 요구할 것인지 아닌지

입찰 전략을 구성하는 요소들을 서로 다르게 조합하면 다양한 입찰 절차의 종류나 모델이 탄생한다.
입찰자 선정 절차에 영향을 미치는 또 다른 측면은 바로 평가 기준(Evaluation criteria)인데 평가 기준은 가격만 볼 것인지 가격적인 기준과 가격 및 기술 혹은 다른 정량적인 기준들을 적용한 복합적인 기준을 적용할 것인지에 따라 달라진다.

6. 일부 EMDE 국가 및 저개발 국가에서 발생할 수 있는 문제: 거시 경제 및 금융 시장의 제한사항을 고려하여 PPP 접근법을 수정해야 할 필요성

(1) 장기적인 금융 조달의 가능성에 대한 문제

민간자본을 활용한 PPP는 장기적인 금융 조달을 필요로 하는데 기어링(Gearing)[16]을 통한 금융 효율성을 극대화하기 위해서 대출의 형태로 이루어진다. 견고한 금융 구조는 차주가 만들어내는 매출과 동일한 통화로 만들어지는 것이 좋다. 여기서 차주는 프로젝트 회사인 SPV를 의미한다. 그러므로 PPP의 매출이 현지화라면 대출도 현지 대주단에 의해서 만들어져야 한다. 해당 통화가 유로화 같은 국제적인 통화라고 하면 상관이 없지만 그렇지 않다면 매우 관리하기 어렵고 영향력이 강한 리스크 중의 하나인 환율 리스크(Foreign Exchange Risk)에 노출되게 된다. 만약 외국 통화로 대출이 진행되었는데 현지화의 가치가 하락하여 현지 통화로 대출 금액이 늘어나게 되면 이는 환율에 따라서 가치가 하락된 매출로 외국 통화인 원리금을 상환해야 한다는 의미이다. 예를 들어 10년 이상의 장기 대출로 큰 금액을 빌릴 수 있는 (상대적으로) 발전한 금융 시스템이 존재하지 않은 국가는 미국 달러나 유로화 같은 경화(Hard currency)를 이용한 국제 금융에 의존해야 하는데 다음의 조건에 부합하거나 그 정도 수준으로 믿을 만한 상황일 때 가능하다.

- **환율 리스크 헷징 Mechanism, 예를 들어서 통화 스왑(Cross Currency Swaps, CCS)나 통화선물환(Currency Forward)이 가능한 경우:** 금융시장이 충분히 발달하지 않은 국가에서는 보통 어렵지만 CCS에 국제금융기구(Multilateral development manks, MDBs)가 참여하여 어떠한 역할을 하는 구조 하에서

---

16) 기어링(Gearing)이란 레버리지(Leverage)의 다른 표현으로 사업에 필요한 자금을 충당함에 있어 타인자본(대출)을 활용하여 자기자본의 수익률을 높이는 것을 말한다.

는 가능할 수 있다.

- **정부가 현지통화가치 하락에 대한 보험이나 보증이 가능한 경우**: 하락한 가치를 보전할 다른 수단이 이용될 수도 있는데 가장 높은 수준의 Case는 Government-pays PPP 사업에서 지급통화를 경화로 하는 것이다. 더 일반적으로는 대출금(Debt)에 한해서만 정부가 대주단에게 Direct guarantee와 같은 직접적인 보호막을 제공하는 것이다. 가장 낮은 수준으로 본다면 계약을 통해서 일정 수준까지의 현지 통화 가치 하락에 대한 보상을 해주는 것이다. 이런 방법들이 효과적이기 위해서는 주무관청(Procuring authority)에 의해 제공되는 이 보증들이 반드시 명료하고 강제성(예를 들어 무조건적이거나 변경할 수 없는 수준)을 가져야만 하고 정부나 주무관청이 이런 의무를 위반할 리스크가 대주단 입장에서 수용 가능해야 한다. 만약 그렇지 않다면 대주단은 정치적 리스크 보험(Political Risk guarantee)[17]을 이용할 수 있다. 이런 정치적 리스크 보험은 ECA 등에서 제공한다. 다른 방법으로는 A/B Loan 구조를 통해서 MDB를 이용하여 대주단을 구성할 수도 있다. User-pays PPP 프로젝트에서 환리스크를 완화하기 위해 보다 덜 효과적인 방법은 소비자 물가지수(Consumer Price Index, CPI)를 환율과 연동하여 요금(Tariff)을 높일 수 있는 권리를 민간 사업자에게 주고 환율변동에 대한 리스크를 사용자에게 전가하는 방법이다.
- 프로젝트를 위해 필요한 자금 중에서 민간 자본의 투입 크기를 줄이고 그 대신 정부가 직접 그 자금을 조달하거나 공공대출(Public Loan)의 형태로 대체하는 방식은 또 다른 정부 지원과 보증, 직접 계약의 형태이다. 예를 들어 남부 아프리카에 있는 레소토 왕국에서 150만 달러의 국

17) Political Risk Insurance, PRI라고도 부르며 대표적으로 World Bank 산하의 MIGA에서 제공할 수 있는 상품이다.

립 병원 신축 사업을 18년 장기 계약의 PPP로 진행하였다. 정부는 사업비의 37%를 조달하였고 남아프리카 개발은행으로부터 나머지 분에 대한 대출을 받으면서 정부가 직접 대주단에게 Direct lender agreement를 제공하여 신용도를 보강하였다. 현지화로 사용자에게 요금을 징수하는 사업에서는 요금을 인상함으로써 사용자에게 환율 리스크를 전가하는 형태를 이용한다. 그러나 심각한 통화 가치 하락으로 수요가 감소하거나 과도한 요금인상으로 반대 시위가 발생하는 경우를 고려할 때 크게 효과적이지는 못한 보호수단이다.

정부가 만약 환율 리스크를 수용한다면 이것이 어쩌면 정부의 부채를 높일 수 있다는 것을 염두해야 하며 또한 이 리스크가 VfM와 같이 분석되게 해야 한다. 위에서 언급한 그 어떤 전략도 적용할 수 없는 상황 혹은 정부가 이 리스크를 수용하는 것이 효율적이지 못하다고 결론 내린 상황에서는 다음과 같은 부차적인 방법도 가능하다.

- 경화로 매출을 발생시킬 수 있는 프로젝트(예를 들어 항만이나 공항 등)에만 민간 자본을 이용한 PPP가 사용될 수 있도록 집중 혹은 제한한다. 이를 통해서 국제금융(Cross-border financing)과 매출이 환매치가 되도록 한다. 예를 들어 사하라 남쪽 아프리카에서는 1996년부터 2007년까지 대부분의 민간 자본을 활용한 인프라 사업은 항만이었다.
- PPP사업을 민간 자본의 참여가 거의 없는 프로젝트로 집중하거나 제한한다. 이를 통해서 정부는 PPP 모델의 관리 역량이나 지식을 얻을 수 있는 동시에 장기적인 금융에 영향을 받지 않는 PPP 모델(DBFOM 대신 DBOM을 적용하거나 서비스 및 유지관리 계약에 PPP를 적용)을 통해서 VfM를 만들어낼 수 있다.

(2) 정부 예산 및 금융조달 능력의 제한

현지 화폐로 장기적인 금융조달을 할 수 있는지 여부와 상관없이 PPP 계약은 납세자나 사용자에 의해서 유지되며, 정부는 이런 인프라가 모두 자본집약적 사업(Capital intensive business)이라는 것을 인지하여야만 한다. 저소득 국가(Low income countries, LIC)나 정부 예산에 심각한 제한이 있는 국가에서는 정부 예산에 PPP의 재정적 영향력이 반드시 고려되어야만 한다. 그리고 User-pays PPP 프로젝트에서는 민간 사용자의 Affordability도 고려해야 한다. PPP가 민간 자본을 활용한다는 특징으로 인해 발생한 요금이 일부 국가에서는 사용자에게 부담이 될 수 있으며, 이 경우 정부 예산을 이용하여 전통적인 형태의 조달 방식을 쓰는 것이 더 나을 수도 있다. 이때 개발 은행을 활용하는 것도 좋다. 만약 예산상 제약이 있지만 동시에 현지 통화로 장기 금융의 합리적인 이용이 가능하다면, User-pays PPP와 민간 자본을 활용한 PPP가 충분한 매출을 만들 수 있을 가능성이 여전히 존재하는데 이는 정부가 사용자의 요금 지불 의사(willingness)와 대중의 지급 여력(Affordability)에 대한 사회-경제 분석(Socio-economic Appraisal)을 충분히 했을 때 가능하다. 물론 여전히 비자본집약적 PPP나 서비스 PPP에 집중하는 것도 또한 적절한 전략이다.

••• 현지 정부의 도전과제

일반적으로 지방자치단체나 기관은 적절한 조건의 민간 자본을 이용하기 어렵다. 개발도상국에서는 주로 주(State)나 도(Region)뿐만 아니라 특히 지방자체단체 급에서 이러한 경우가 발생할 가능성이 있다. 이러한 상황은 지방분권화 양상이 증가하면서 더욱 악화되었다. 지방 자치 단체입장에서는 보다 신중하고 현실적인 준비가 더욱 중요해졌는데, 반드시 프로젝트 매출에 부합하는 장기적인 약속이 필요하다. 더 나아가서 지방자치단체의 서비스 수준에 어울리는 요금의 적절성과 특정 공공 서비스를 위한 지원 자금의 규모 및 구조에 대해서도 신중해야만 한다. 리스크 입장에서 본다면, 지방자치단체의 실제 능력이 과대평가될 수도 있다. 중앙정부는 지방 정부에 의해 추진되는 프로젝트의 개발을 위해서 지원금을 지급하는 일종의 방법을 가지고 있어야 하는데 이는 일부 산업과 특정 프로젝트에서는 반드시 필요하다. 이런 이유 때문에, 적절한 PPP 정책에는 중앙 정부차원의 지원과 지방정부에서 추진하는 PPP 개발 방식이 반드시 포함되어야 한다. 예를 들어 무상 지원(Grant)을 이용한 Co-financing이나 Public Loan, credit wrap 등이 있다. 동시에 프레임 워크에서는 지방정부의 과도한 노출이나 부적절한 프로젝트의 개발을 막기 위해서 적절한 관리 방법을 가지고 있어야 한다.

(3) 국가 리스크 식별

국가 리스크는 환율이나 경제(GDP 발전 및 인플레이션 리스크), 송금(투자자에게 지급해야 하는 현금이나, 수익에 대한 본국으로의 송금 등), 정치적인 리스크, 사회적인 리스크(일반적인 폭동 리스크 등), 규제와 법적인 리스크(본국보다 더 과도하거나, 외국인 투자자에게 영향을 미치는 법적인 리스크 등), 부패, 국가가 채무를 지급해야 하는 리스크(Sovereign risk) 등을 포함한다. 일반적인 사업에 영향을 미치는 세금이나, 사법 시스템, 노동법과 같은 일반적이고 보편적인 제도를 포함하여 부정적인 영향을 미칠 수 있는 사업 환경(Business climate), 사업에 필요한 인프라 현황, 일정 능력을 갖춘 노동력의 공급이나 지불 능력이 있는 협력업체 공급과 같은 공급 시장의 제약 사항도 국가 리스크의 일부로 인식될 수도 있고, 투자자 입장에서는 어쨌든 개발도상국을 평가할 때 고려해야 할 요소로 인식될 수 있다. 일부는 그 분류에 따라서는, 국가 리스크 요소나 국가 리스크로 인정되는 부분적인 일부 리스크들이 다르게 사용되거나 중첩될 수도 있는데, 예를 들어 정치적인 리스크는 전쟁이나, 일반적인 폭동, 송금이나 환전 가능성 등을 포함하여 보험업계에서 수용할 수 있다. 정치적 리스크에는 몰수나 국유화, 징발도 포함될 수 있는 사건들이며 Sovereign risk도 정치적 리스크의 잠재적인 교집합이라고 볼 수도 있다. 일반적으로 높은 국가 리스크와 낮은 신용 등급은 충분한 금융 시장이 발전하지 못하고 재정 건전성이 좋지 않음과 연관이 있다.

높은 국가 리스크(특히 높은 수준의 부정부패나 정치, 사회적인 불안정성, 사회적 소요 등)는 특히 낮은 신용등급(이는 외국 투자자에게는 높은 Sovereign risk로 인식된다)과 함께 민간 자본을 활용한 PPP에 큰 장애물이 된다. 이런 국가에서는 비자본집약적인 PPP 그리고 서비스만 공급하는 프로젝트가 더욱 활용도 높고 가치 있을 것인데 MDB나 ECA가 제공하는 정치적 리스크 보험에 대한 명확한 접근이 없는 이상 이런 비자본접약적 사업에 집중해야 할 것이다. 결론적으로 국민 소득이 낮고 정치 및 사회적으로 매우 불안정하며 현지 금융 시장이 작은 국가에서는 신규 인프라의 개발을 위해서 민간 금융을 조달하는 PPP방식의 적용은 매우 세심한 주의를 요한다. PPP 전략을 세울 때 LDC[18]는 수요가 현실적인지도 잘 검토해야 한다. 이미 방글라데시 같은 국가에서는 정부의 PPP 전략을 시장의 제한사항 및 국가 예산의 능력에 맞춰 수정 적용하고 있다.

18) LDC(Least Developed Countries)로 최빈개도국들을 의미하며 1971년부터 UN에서 1인당 GDP 등을 고려하여 지정한다. 아시아에는 방글라데시, 부탄, 캄보디아 등이 속해 있다.

Chapter

02

민관협력사업을 위한 구조 및 자금조달

01 민관협력사업의 기본적인 구조

1. 기본적인 민관협력사업의 구조

본 장에서는 앞에서 설명한 DBFOM을 가정하여, 민간 자본을 이용한 PPP 사업의 기본적인 구조에 대해 설명하고자 한다. 아래의 그림은 일반적인 PPP 사업에서 모든 출자금이 민간 사업자로부터 나오는 기본적인 사업 구조를 보여준다. 이 구조는 User-pays PPP든 Government-pays PPP든 상관없이 쓰일 수 있는데, 여기에서는 일부 User-pays PPP사업에서 과도한 이익이 예상됨에 따라 오히려 정부에게 일부 수익을 지불하는(Payment to Government) 개념은 제외되었다. 이런 특이사항들은 사업 구조에 내재되어 있는 현금흐름과 주요 사업 관계를 설명하면서 다루기로 한다. 넓은 의미에서, 프로젝트 사업 구조는 계약 관계와 현금흐름 설계를 통해 이루어지는데 이는 프로젝트의 개발과 생애주기에 큰 영향을 미친다. 주요 사업 관계 및 구조상 핵심적인 요소는 PPP 계약(PPP agreement or PPP contract)이며 여기서는 Upstream 계약이라고 정의한다. 이 계약은 주무관청과 민간 사업자 사이의 계약으로 주무관청에 의해 만들어지고 계약을 통해서 민간 사업자가 인프라 자산을 개발하고 관리할 권리와 의무의 위임 내용을 규정한다. 이 계약은 결과적으로 프로젝트 구조상 핵심적인 부분이므로 앞서 언급한 PPP 프로젝트 구조와 PPP 프로젝트 계약과 같은 의미라고 이해하면 되겠다. 따라서 PPP 프로젝트 구조는 계약서상 규정하는 사업 범위에 1차적인 영향을 받는다. 이는 민간 사업자의 책임의 범위도 같이 규정하는데, 같은 종류의 인프라나 산업이라 하더라도 프로젝트마다 사업 범위나 구조가 모두 다를 수 있다. 프로젝트 구조는 당연히 재무 구조(Financial structure, 민간 사업자가 어떻게 보상을 받거나 대금을 지급 받는지)와 PPP 계약상 리스크 구조(리스크 관점에서 어떻게 책임 소재를 나눌 것인가) 및 다른 요소에도 영향을 미친다. 앞서 PPP 계약의 구조화에 대해서 언급하였는데, 대금 지급 방식(Payment Mechanism)은 이런

•• 기본적인 PPP 사업의 구조 모식도

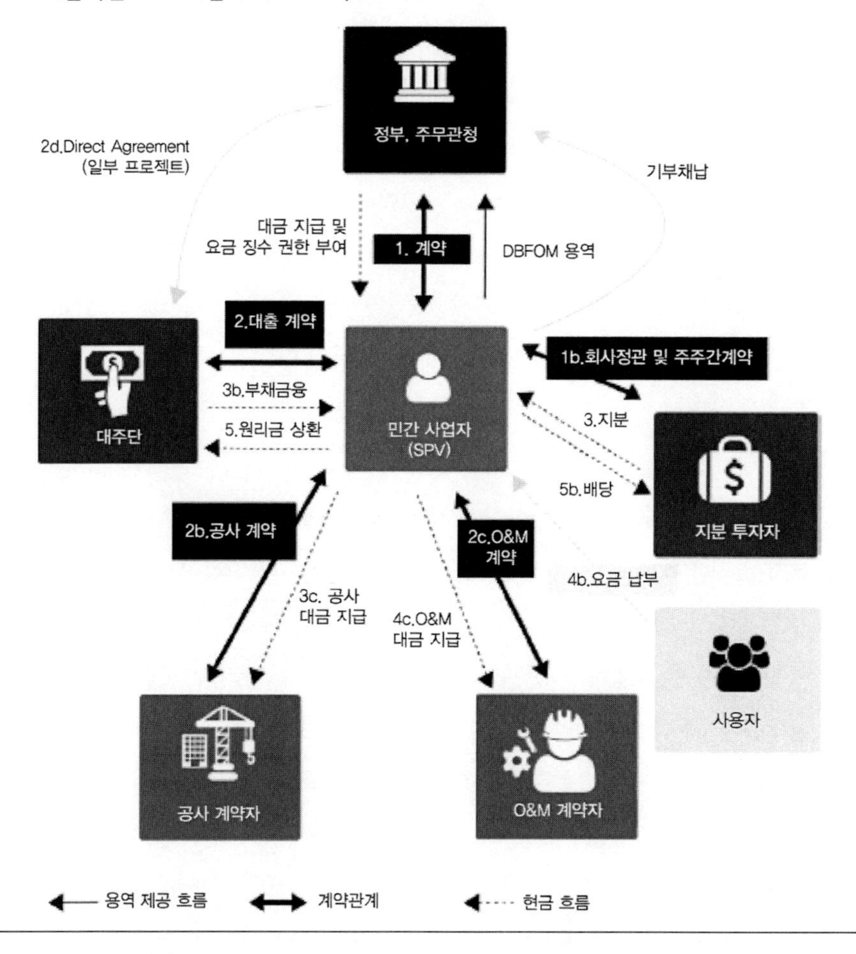

Note: DBFOM=Design–Build–Finance–Operate–Maintain; EPC=Engineering, Procurement, Construction: O&M=Operation and Maintenance: SPV=Special Purpose Vehicle

재무 및 리스크 구조의 핵심이다. 민간 사업자는 사업의 개발과 관리를 위해 만들어진 SPV의 형태로 사업에 참여를 하는데 SPV는 대부분의 권리와 의무를 Downstream 계약구조를 통해서 다른 이해당사자에게 전가한다. 이를 통해 SPV는 서로 다른 참여자에게 각각 다른 계약으로 책임소재 및 의무, 리스크, 현금흐름 등을 나눈다. 이런 Downstream 계약에는 다음과 같은 것들이 존재한다.

- (특히 재무적 투자자와 맺은) 주주간 협약(Shareholders agreement)
- 자금 조달 및 대출 협약서
- EPC와 같은 건설 계약
- O&M 계약
- 보험 및 보증 계약

건설 계약 및 O&M 계약, 혹은 투자회사 등이 보통 SPV의 주주로 참여한다. 여기에는 특히 재무적 투자자도 존재할 수 있는데, 출자금에 투자할 뿐 사업에서 특별한 역할을 하지는 않는다. 출자자가 꼭 프로젝트 구조상 다른 계약자(contractor)로 반드시 참여할 필요는 없지만 일부 정부나 사업에서는 이런 구도를 요구하기도 한다.[1]

(1) 컨소시엄이 구성하는 SPV와 계약의 주체

정부 혹은 주무관청은 민간 사업자와 새로운(혹은 리모델링이나 증설하는) 인프라의 DBFOM 계약을 맺는다. 일반적으로 정부는 1개 회사나 여러 회사의 협력체인 컨소시엄(Consortium)에게 사업을 주는데 계약 이후에 컨소시엄은 그 나라에서 회사를 만드는 데 필요한 관련 법규에 따라서 특수한 형태의 회사를 만든

1) 국내 민자사업에서는 건설 출자자(CI)의 출자를 의무로 규정해 놓는 경우가 있다.

다. 이를 특수목적법인(SPV, Special Purpose Vehicle)이라고 한다. SPV는 주무관청과 계약을 맺고 이를 마일스톤상으로는 Commercial close라고 한다. 그리고 컨소시엄에 참여한 회사들은 SPV를 만들기 위해 주주간 협약[2](#1b)을 맺는다. 민간 사업자는 계약에서 명시한 다음과 같은 의무를 지게 된다.

- 인프라의 설계 및 시공 혹은 개발을 마무리한다. 이때 필요한 모든 인허가도 계약에 따라서 민간 사업자가 수행한다.
- 개발 비용이나 사업 비용을 마무리한다. 일반적으로는 모든 비용을 의미하나 정부의 Grant financing과 함께 Co-finance 구조라면 해당 비율만큼만 적용된다.
- 시운전 테스트를 통과하고, 관련된 승인과 허가를 얻어 자산의 운영 및 유지 관리(O & M)를 수행한다.

(2) SPV가 시행하는 금융 조달 및 Downstream 프로젝트 계약

계약 이후에 SPV는 다음과 같은 업무를 수행한다.

- 이행보증(Performance bond)을 위한 보증 계약
- 보험 계약 및 증서
- 금융 약정(Financial agreement, Loan agreement) 이를 보통 금융종결(Financial close #2)이라고 한다.
- Downstream 계약, 즉 시공자와의 건설 계약, 운영자와의 O&M 계약 등(#2b와 #2c)

2) Shareholders Agreement(SHA)라고도 부른다.

일부 프로젝트에서 주무관청은 대주단과 Direct agreement(#2d)를 맺기도 한다. Downstream 계약을 통해서 민간 사업자는 책임과 리스크를 제3자에게 전가하고 그에 대한 대가를 지불한다. 이때 제3자는 SPV를 구성하는 주주 중 하나가 될 수도 있다. 대부분의 경우, 하나의 건설 계약이 존재하며, 해당 계약의 당사자는 1개의 회사이거나 JV와 같은 회사의 연합이 될 수 있다. 그러나 보다 복잡한 프로젝트에서는 다수의 건설 계약이 존재할 수도 있다. 예를 들어 경전철 프로젝트에서는 공급과 설치, 건설 작업이 존재하는 경우, SPV는 1개의 JV와 건설 계약을 맺고 그 JV가 내부적으로 업무를 나눌 수도 있지만, SPV가 인프라 시스템에 들어가는 각각의 업무(토목공사, 선로, 전기 및 신호통신 시스템, 전동차 등)들을 서로 다른 다수의 계약으로 진행할 수도 있다. 전자의 경우 건설 기간 중 각각의 계약 사이사이에서 남아있는 리스크는 JV에게 전가 되지만, 후자에 경우는 SPV에 남아있게 된다.

(3) 건설기간의 시작 및 자본(자기자본 및 타인자본)의 지출(#3, #3b) 그리고 SPV가 건설 계약자에게 지급하는 대금(#3c)

건설기간(공기)은 주무관청이 착공지시서(Notice to Proceed, NTP)를 발급하면서 보통 시작된다. 착공지시서는 프로젝트 설계 완료 및 다른 필요조건들이 충족이 되었을 때인데 필요조건 중 몇몇은 주무관청의 책임일 수도 있다. 예를 들어서 토지수용 및 접근권리(right of way) 등이 해당된다. 또한 그 중 일부는 필요한 인허가의 최종 승인과 같은 대주단의 요구조건일 수도 있다. 일부 국가에서는 SPV의 출자자들로 하여금 대주단으로부터의 타인자본 인출 전에 출자금 먼저 투입할 것을 요구하고 또 어떤 나라에서는 출자금과 타인자본을 비율에 따라 동시에 자금집행이 요구되기도 한다. 건설 계약자는 계약에서 명시한 대로 기성금(interim payment) 형태로 공사 대금을 받게 되는데 일부 국가에서는 자재나 장비, 설비 등을 초기에 구매하기 위해서 선급금(advance payment)을 주기도 하고 유보금(retention) 조항에 따라 완공시점에 유보금을 주기도 한다. 그러나 대부분의 경우, 작업한 내용에 따라서 월별로 대금이 지급되는데 청구된 기성 작업은 보통 대주단의 기술자문단에 의해서 검토된다. SPV와 대주단에게 적절한 이행에 대한 보증을 제공하기 위해 건설 계약자는 은행으로부터나 모 회사로부터의 보증을 요구 받을 수도 있다. 상기 그림에서처럼 모든 자본금이 자기자본이나 타인자본의 형태로 모두 민간 영역에서 나오는 전형적인 PPP에서 민간 사업자는 공사가 완공되고 시운전을 통과할 때까지 정부나 사용자로부터 어떠한 대금도 받을 수가 없다. 그러나 여러 시설이 동시에 존재하는, 일부 Government−pays PPP라면 정부는 각각의 시설물이 순차적으로 운영에 들어감에 따라 순차적으로 부분 지급을 할 수도 있고 모든 시설물이 순차적으로 운영에 들어가게 되는 시점에 전체 대금을 지급할 수도 있다. 게다가 앞서 설명한 것처럼 민간 자본과 공공 자본이 섞인 PPP(Co−financing 방식)에서는 정부가 건설 기간 중이든 완공 시점이든 계약에 따라 대금을 지급할 수도 있다.

(4) 운영기간의 시작(#4) 그리고 SPV는 정부나 사용자로부터 요금을 징수(#4b) 및 O&M 계약자에게 대금 지급(#4c)

대부분의 프로젝트에서 주무관청만이 완공 및 시운전 완료 후, 운영개시에 대해 승인할 수 있다. User−pays PPP인 경우 SPV가 사용자에게 요금 징수를 시작할 수 있으며(기존 시설을 증설하는 프로젝트의 경우는 공사 중에도 요금을 징수할 수도 있다), Government−Pays PPP인 경우에는 계약에 명시되어 있는 주기와 방식에 따라서 SPV가 주무관청에 대금을 청구할 수 있다. 대금의 지급은 청구된 금액에서 분쟁 중이거나 공제된 금액을 제하고 지급이 된다. 이렇게 자금(Fund)이 확보되면 SPV는 O&M 계약자의 청구 비용을 우선적으로 지급하고 다음으로

세금이나 법, 계약에서 요구하는 여유자금(Reserve)으로 확보해 놓는다. 나머지는 원리금을 상환하거나 배당금으로 사용된다.[3] O&M 계약자에게 지급되는 대금은 매년 고정적일 수도 있고 매출이 사용량이나 수요에 따라 달라지면 그 비율에 맞춰서 달라질 수도 있다. 이런 대금은 O&M 계약자의 운영 성과(performance) 리스크가 전부 혹은 일부가 전가되는 것을 고려하여 O&M 계약자의 운영 리스크가 SPV의 매출에 영향을 줄 경우 그에 맞춰서 공제금이나 지체보상금의 영향을 받을 수도 있다. 운영 기간 중에는 재투자나 주요 관리비용, 생애주기 비용과 같은 이름으로 수많은 투자가 발생하게 되는데, 이 비용들은 모두 계약기간 동안 시설물을 적절한 상태로 유지하기 위한 것이다. 이런 일들은 모두 O&M 계약자가 계약에 따라서 집행하지만 개보수의 경우에는 별도의 계약에 따라서 진행이 될 수도 있다.

(5) 원리금 상환(#5)과 배당

원리금의 상환 계획은 금융 약정시 사전에 정의되는데 이는 Debt Service Cover Ratio(DSCR)에 맞춰서 만들어진다. 배당금은 운영비용과 세금, 원리금 상환이 예정대로 되고 필요한 유보금(Reserve)이 마련이 된 후에야 지급이 되는데, 금융 약정상에는 배당금을 지급하는 데 있어 추가적인 제약조건(Covenant 등)을 포함하는 것이 일반적이다. 기본적으로 주주에게 돌아가는 수익의 대부분은 배당금의 형태(#5b)로 계약의 맨 마지막 단계에 가서야 지급되는 것이 보통이다.

(6) 기부채납(Hand-back)

민간 사업자의 잘못이나 천재지변, 주무관청의 일방적인 결정에 따라서 계약이 당초에 맺어진 기간보다 조기에 종료되는 조기 계약 타절 상황이 발생하

3) 이러한 지급의 순서를 waterfall이라고 하며 사업 및 계약의 특성에 따라 변경될 수 있다.

지 않는 이상 계약서에 명기되어 있는 기간 직후에 계약은 종료가 된다. 종료 시점에서 인프라에 대한 소유권은 다시 정부에 이양되는데[4] 자산의 관리 계약을 위해 신규 입찰을 진행할 수도 있고 계약기간이 짧은 운영 계약을 맺을 수도 있으며, 정부가 직접 자산을 관리하기로 결정할 수도 있다. 이렇게 정부에게 소유권이 돌아가는 것을 기부 채납(Hand back)이라고 한다. 민간 사업자는 기부 채납시에 약속된 상태 및 수준으로 인프라를 다시 개보수하는 것이 일반적이며, 그 요구조건에 맞추기 위해서 민간 사업자는 기부채납 전 보통 1~3년 사이 추가적인 비용을 투자한다.

••• PPP의 일반적인 특징인 특수목적법인 SPV(SPC)

SPV는 각각의 PPP 계약을 맺으면서 만들어지는 회사이다. 보통 여러 회사의 연합인 컨소시엄인 우선협상 대상자가 계약의 수주 이후에 SPV를 구성한다. 이 컨소시엄의 구성원들은 입찰서 제출 시점에 회사의 지분 비율에 대해 합의하고, 이 SPV가 주무관청과 계약을 하는 주체가 된다. 일부 국가에서는 컨소시엄이 SPV를 만드는 것을 의무화하지는 않았지만 SPV를 만드는 것은 다음과 같은 이점을 가져다 주기 때문 많은 가이드에서 이를 권장한다.

- SPV는 프로젝트 파이낸싱(PF)이라는 금융 조달 기법을 사용하기 위한 대주단의 요구조건이 되는 것이 보통이다. 이는 신용 리스크 관리에 더 유리하다. 프로젝트 파이낸싱 기법은 출자자가 리스크에 노출되는 것을 제한하고 모기업의 보증 제공 필요가 없이 더 높은 레버리지를 얻게 해준다. 이 금융 기법은 출자자의 입장에서는 부외(Off balance sheet)의 자산으로 인식된다.
- 정부입장에서도 SPV의 존재는 이점이 있다. 정부는 여러 민간 사업자를 대신하여 SPV하고만 하나의 계약을 맺으면 되고, 정부 및 대주단은 SPV가 또 다른 PPP 사업을 하는 것을 금지하여 오직 하나의 목표에 집중할 수 있게끔 만든다.

보통 후자의 이유로 정부가 SPV의 설립을 요구하는 것은 일반적이다. 이런 요구조건이 어디서나

4) BOT, BTO에서 'T'에 해당하는 Transfer를 의미하며 국내의 경우 인프라의 물리적 소유권을 완공 이후, 정부가 가져가지만 운영을 통한 매출을 확보할 수 있는 무형의 권리를 제공하는 BTO, BTL이 일반적이다.

통용되는 것은 아니다. 소규모 프로젝트에서 프로젝트 파이낸싱 기법을 이용하지 않고 PPP 프로젝트에 불필요한 거래 비용을 만들지 않거나, 정부가 가지고 있는 기존의 회사와 계약을 맺는, PPP Joint venture구조를 통한 Empresa mixta의 경우가 SPV가 필요 없을 수도 있는 경우라 할 수 있다.

2. Upstream PPP 계약 구조와 지급조건 Mechanism

Upstream PPP 계약의 구조는 주무관청에 의해서 정의된다. 앞서 설명하였지만 계약의 구조화에는 사업 범위와 책임, 금융 구조, 리스크 구조 등 다양한 요소들이 반영된다. 이 계약이 계약상 상업적인 조건들을 정의하고, 이는 민간 사업자가 어떻게 대금을 지급 받는지를 의미하는 PPP 재무 구조(Financial structure)나 재무 계약조건(Financial terms)의 밑바탕이 된다. 또한 당사자들 간에 리스크가 어떻게 분배가 되는지를 의미하는 PPP 계약상 리스크의 할당 조항(Risk allocation terms)이나 리스크 구조(Risk structure)도 포함한다. Government-pays PPP 프로젝트에서 대금의 지급 방식은 재무 및 리스크 구조의 핵심이다. 재무구조(Financial structure)는 민간 사업자의 투자나 발생한 비용을 어떻게 보상 받는지를 의미한다. Government-pays PPP에서 대부분의 매출은 운영 성과와 연결이 되고 민간 사업자에게 보상이 되는 방식을 대금 지급 방식(Payment Mechanism)이라고 한다. 대금 지급 방식은 민간 사업자가 수행한 역무나 서비스(설계, 시공 및 다른 개발 업무, 생애주기 관리, 운영 및 정기적인 보수 등)에 대한 주요 매출원이다. 다른 잠재적인 매출은 시공이나 운영을 위한 보조금이나 직접적인 대금의 지급, 사용자로부터 요금의 징수 권리, 부속사업 운영을 통한 매출 등이 있다. User-pays PPP에서 사용자에게 요금을 징수할 권리 또한 대금 지급 방식 중 하나이다. 본 책에서는 혼란을 막고자 '대금 지급 방식(Payment Mechanism)'이라는 용어를 Government-pays PPP나 정부가 대금을 지급할 명백한 이유가 있는 User-pays PPP에서만 사용하고자 한다. Government-pays PPP에서 대금 지급 방식(Payment Mechanism)의 설계는 여러 가지 이유로 핵심적인 부분인데, 이는 양 당사자간의 이해관계를 정렬시키고 효과적인 리스크 전가와 관련이 있기 때문이다.

- PPP는 건설 기간을 포함한 건설 리스크를 전가한다. 대금은 해당 자산이 운영 가능한 시점이 되어야 지급이 되는데, 이런 공공의 자산이 사용자들에게 가치를 창출하는 순간일 때를 의미한다.
- 특히 Government-pays PPP 프로젝트에서는 서비스와도 관련이 있다. 대금은 해당 자산이 운영 가능한 범위 내에서 지급이 되거나 민간 사업자에 의해서 사용자에게 서비스를 제공할 때만 지급이 된다. 인프라는 단순히 건설되는 것이 아니라 일정 수준의 서비스 질을 유지하기 위해서 지속적으로 관리되어야 하므로 제공되는 서비스도 성능 요구조건을 만족시켜야 한다.

또한 대금의 지급은 O&M 비용 및 개보수뿐만 아니라 최초 투자금을 모두 합친 형태로 지급이 되어야 한다. 이는 바꿔 말해서 최초의 투자금이 운영 성과 및 서비스의 품질 리스크에 노출되어 있음을 의미한다.

- PPP에서는 대금의 지급이 성과와 연결되어 있다. 이는 가격효율적인 방식으로 최적화된 서비스를 제공하기 위한 혁신 수준과 관련이 있다. 따라서 대금의 지급은 민간 사업자가 지출한 비용이 아닌 결과물 요구조건(Output Specification, 이는 PPP에서 성능 요구조건과는 다른 개념이다)[5]을 만족

5) 성능과 결과물의 차이점은 컴퓨터의 성능과 컴퓨터를 이용하여 만들어내는 보고서(결과물)로 이해할 수 있으며, 단순히 성능이 좋은 컴퓨터를 생산하는 것에서 그치지 않고, 그 컴퓨터를 이용하여 최종적으로 요구되는 보고서를 작성해야 한다.

시키는지 여부에 따라 달라진다.

대금 지급 방식(Payment Mechanism)에는 크게 2가지 방식이 존재한다.

- Availability payments: 이 방식은 자산이 활용 가능한 기간 동안 대금 지급이 되고 사용가능성, 공제금이나 분쟁중인 비용에 따라 달라진다. 사용가능성(Availability)은 2가지의 의미를 갖는다. 하나는 사용할 수 있는 것(Availability to use), 다른 하나는 사용할 수 있다고 여겨지는 것(deemed availability). 전자는 실제로 사용자가 해당 자산을 사용할 수 있는 능력을 의미한다. 예를 들어 합리적으로 안전한 수준의 상태 하에서의 도로의 이용과 같은 것이다. 후자는 계약에서 요구하는 수준의 서비스 수준을 달성하였음을 의미한다. 예를 들어 1개 이하의 도로 혹은 3개 중 1개의 도로만 폐쇄하는 등의 경우와 같은 기준을 의미한다. 대금의 지급은 결과물의 품질적 요구조건의 달성과 관련이 있다. 일부 프로젝트에서 결과물의 품질에 대한 문제는 사용성과 함께 고려가 될 수 있다. 다른 경우엔 품질적 요구조건을 사용성 요구조건과 별개로 구분할 수도 있다. Availability payment PPP에서 정부는 품질적인 요소가 대금 지급 방식에 포함이 되어있는지를 세심하게 보아야 한다. 이는 품질적인 기준을 통해서 Unavailability한 상태를 규정하거나 별도의 기준을 이용하여 공제금을 적용함으로써 가능하다.
- Volume payments: 대금의 지급이 사용자의 수(예를 들어 톨비가 없는 고속도로에서 Shadow 톨비 등) 또는 부피나 양으로서 측정이 가능한 결과물(하수 처리 프로젝트에서 처리용량 등)과 연결된다.

대금 지급 방식(Payment Mechanism)은 각 당사자의 '이해관계의 정렬'을 보호하고 극대화시켜야 한다. 따라서 대금 지급 방식에 대해서 진지하게 고민해야 하는데 예를 들어서 병원 PPP 사업에서 정부는 매출의 발생이 의료 서비스를 받기 위한 환자 수요에 의지하는 것이 아니라 병원의 사용성에 대한 적정한 기준이나 편안함, 안전, 청결 및 다른 질적인 기준들에 집중하여야 한다. Volume과 연관된 대금의 지급은 자산의 활용도를 극대화할 목적이 있는 경우 매우 예민한 문제가 될 수 있다. User-pays PPP에서는 해당 인프라를 이용하는 대중으로부터 매출을 발생시키는 탓에 대중이 인프라를 사용하게끔 만들어야겠다는 강한 동기가 작용한다. 그러나 질적인 결과물이 사용량에 영향을 미치지 않는다면 당연히 그런 동기는 줄어들 것이다. 예를 들어 Toll 요금을 받는 PPP 도로에서 민간 사업자는 굳이 도로를 깨끗하게 정리하고 침수가 되지 않도록 할 동기가 부여되지는 않을 것이다. 이런 문제를 해결하기 위해 일부 User-pays PPP에서는 최소한의 서비스나 품질 기준을 추가하고 민간 사업자가 요구된 조건을 충족하지 못하는 경우 공공부문에 벌금이나 약정보상금(Liquidated Damages)을 지불하거나 사용자에게 요금의 할인을 제공하도록 한다.

3. 서로 다른 사업범위 및 구조의 예

계약의 범위와 구조는 같은 산업이라도 프로젝트마다 다를 수 있는데 다음은 3가지 산업에서 나타나는 전형적인 활용 예들(variation)이다.

– 철도: PPP 사업범위에 다음과 같은 내용이 포함될 수 있다.

- 인프라의 건설만 포함(정부가 소유한 회사를 통해 운영을 하거나 운영권을 별개의 계약을 통해 다른 민간 사업자에게 의무와 책임을 전가한다)
- 인프라의 건설, 전동차 공급 및 운영을 통합
- 금융을 포함하거나 포함하지 않는 전동차의 공급 및 유지보수, 서비스

운영. 혹은 인프라에 속한 특정 시스템의 운영(예를 들어 신호 통신 등)

– 상하수도: 상하수도 PPP에서는 다음 중 하나와 관련이 있을 수 있다.

- 지역이나 지방 상수도 공급 시설과의 Off taker 계약 하에서, 상수 처리 플랜트의 시공
- O&M 플랜트 및 건축물 전체, 상수도 공급 배관 네트워크의 유지보수, 각 가정까지 물 공급을 위한 시스템과 같은 기존 시스템의 전체적인 개량
- 상수도 공급을 위한 관리 서비스만 제공(Tariff 관리)

– 의료시설: 다음의 내용을 포함할 수 있음

- 시설물의 공급과 관리 및 의료서비스를 포함한 통합적인 공급
- 인프라의 공급 및 관리만 하고, 의료서비스는 공공부문에서 하도록 함 (이는 캐나다나 남아프리카, 스페인 및 영국 등에서 일반화되어 있다)
- 의료 서비스만 제공
- 의료 장비만 공급

02 민관 협력 사업의 자금조달

••• Funding과 Financing의 차이점

여기서 말하는 Financing(자금조달)은 인프라 건설을 위해서 필요한 비용을 충당하기 위해 사전에 요구되는 자금이다. 전통적인 인프라의 조달에는 자금조달은 일반적으로 정부의 대출이나 잔여 예산 등 정부를 통해서 조달되지만 PPP에서는 민간 사업자의 대출과 투자금을 통해 이루어진다.

반면 Funding(자금)은 일반적으로 민간 사업자에게 대가를 지급하기 위해 필요한 자금이다. PPP에서는 이를 장기간에 걸쳐서 민간 사업자의 투자, 운영비, 유지 관리비를 충당하기 위해 필요한 자금으로 해석하며, 보통 Government-pays PPP에서는 세금으로 User-pays PPP에서는 사용자의 요금으로 만들어진다. 정부는 또한 특수한 형태의 자금을 이용할 수도 있는데, 그 중 하나는 Land value capture[6)]이다.

민간 사업자는 설계 및 시공을 시작으로 준공에 이르기까지의 인프라 개발을 위해서 자금을 조달할 의무가 있다. 물론 정부가 같이 자금을 지원하는 Co-financing의 형태라면 정부 지원금을 제외한 부분에 한해서만 의미가 존재하겠지만 어쨌든 민간 자본을 이용한 조달 방식이므로 투자되는 사업비 전부 혹은 대부분의 자금 조달은 민간 사업자에 의해서 이루어진다. PPP는 일반적으로 사업을 진행하기 위해 SPV를 만들게 된다. 이 SPV는 계약을 통해서 모든 권리와 의무를 갖는데 결과적으로 사업을 통해 발생하는 모든 현금흐름은 SPV를 통하게 되며 자산(Asset)과 부채(Liability)로 재무제표(Balance sheet)에 기록된다.

6) Land Value Capture는 특히 교통 프로젝트에서 인프라를 건설함에 따라 접근성의 향상이나 혹은 직접적인 인프라의 개발로 인해서 해당 인프라 주변의 부동산 가치가 상승하는 것을 의미한다.

이를 일반적으로 현금흐름의 Ring-fencing 효과라고 부른다. 다른 모든 민간 사업자처럼 프로젝트의 개발 투자를 위한 사업비는 부채와 자본의 조합으로 구성되며 이는 세금의 효율성을 가져오므로 이를 Tax shield라고 한다. 이런 전반적인 효율성은 자금 조달의 비용(Weighted Average Cost of Capital, WACC)을 낮춤으로써 발생한다. 가장 빈번하고 효율적인 자금 조달 기법은 프로젝트 파이낸싱(Project Financing)기법이다. 프로젝트 파이낸싱은 대주단에 의해서 사업의 거버넌스(Governance)와 성과(Performance) 관리의 수준을 높여주고 프로젝트에 투자한 출자자는 대주단에게 직접적인 채무를 갖지 않으며, 제3자의 자금을 이용할 수 있는 등 여러 가지 장점을 제공한다. 그러나 이 기법을 사용하기 위해서는 프로젝트가 몇 가지 조건에 부합하여야 하는데 특히 높은 거래 비용을 상쇄시킬 만큼 규모가 큰 사업이어야 하고 대주단 입장에서 금융지원이 타당한(Bankable) 사업이어야 한다. 따라서, 이 조건에 부합하지 않는 일부 프로젝트는 기업 금융(Corporate Loans, Corporate Financing)을 통해서 자금을 조달한다. 이는 SPV에 의한 대출의 상환을 출자자(Equity investor)가 전적으로 보장한다는 의미거나 자금의 전부가 출자한 기업에서 나왔으며 투자금(equity와 후순위 대출)의 형태로 프로젝트에 조달되었다는 것을 의미한다.

여기서는 기어링(gearing)이 어떻게 프로젝트 비용 효율성에 기여하며, PPP에서 대부분의 자금조달 구조가 프로젝트 파이낸싱 기법을 사용하는지 그리고 주무관청(Procuring authority)이 어떻게 상업적 타당성(Commercial Feasibility)을 관리해야 하며 프로젝트를 준비하고 평가할 때 민간 투자자가 부채(Debt)를 어떻게 평가할지, 금융 지원이 타당한(Bankable) 사업인지에 대해서 알아볼 것이다. 이어서 성격이 다른 자금(자본과 부채)에 대한 내용과 PPP 사업에서 보이는 다양한 종류의 자금원, 잠재적인 자금의 조달원 및 프로젝트 파이낸싱에서 MDB와 ECA의 역할에 대해서 알아볼 것이다. 또한 정부가 민간 금융 조달 구조에서 어

•• 단순화된 대차대조표(Balance sheet)

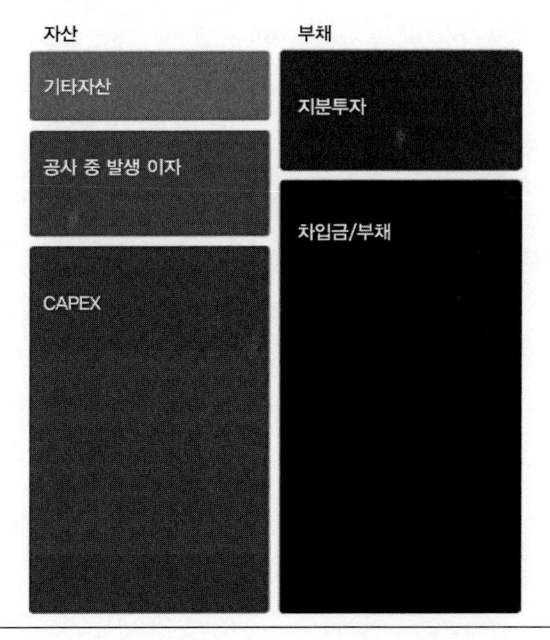

Note: CAPEX=capital expenditures(자본적 지출)[7]

떻게 추가적으로 금융지원 타당성(Bankability)을 관리하는지, 어떻게 그리고 왜 정부가 민간 사업자의 부채와 자본 외에 무상 지원(Grant)의 형태로 자금을 제공하는지 알아볼 것이다. 마지막으로 어떻게 주무관청(Procuring authority)이 프로젝트 파이낸싱 구조에 영향을 미칠 수 있으며 상업적 타당성(Commercial Feasibility)을 높이고 보호하기 위해서 왜 그래야 하는지 알아볼 것이다. 이는 affordability를 높이거나 타당성을 높이는 분명한 수단이 된다.

7) 자본적 지출이라 함은 해당지출이 발생하였을 때 지출된 현금이 다른 형태의 자산으로 바뀌는 것을 의미하며 공사비는 완공과 함께 현금이 비유동자산으로 바뀌는 대표적인 예이다. 단순히 소모되는 비용인 운영비(Operating Expenditure, OPEX)에 대비되는 개념이다.

1. 민간 자본(Private Finance)과 프로젝트 파이낸싱(Project Finance)

민간 자본을 이용한 방식은 사업비 충당을 위한 전부 혹은 대부분의 자금이 민간 영역에서 만들어진다. PPP 구조에서 계약을 통해 지정된 민간 사업자는 개발을 진행하고 사업을 영위하거나 공공 자산을 통해서 이윤을 만들어내는데 이때 일정한 규제나 조건 등이 붙는다. 민간 사업자는 보통 유한회사(Limited liability company)인 SPV를 만든다. 이 SPV의 목적은 특정 인프라 사업을 개발하고 나서 그 인프라를 이용하여 운영을 하는 것이다. 민간 사업자는 정부가 자본금을 투자하거나(Equity provider) 대주단의 일부로서(Co-lender) 혹은 더 일반적으로 Co-financing 역할을 하는 부분을 제외한 자금에 대해 사업 추진에 필요한 자금을 조달할 의무가 있다. 대부분의 자본집약적 산업에서 출자자는 투자에 레버리지를 활용하기 위해서 부채를 사용한다. 이는 투자 규모와 대출의 비용 효율성 때문이며 이때 적절한 이자율이나 조건이 요구된다. 일반적으로 프로젝트 파이낸싱 기법이 이용되는데 프로젝트 파이낸싱은 비소구권(Non-recourse) 금융 기법으로 대주단은 SPV의 매출을 통해서만 원리금 상환을 받을 수 있고 SPV에 출자한 모회사와는 아무런 관계를 맺지 않는다. 프로젝트 회사의 책임은 모회사와 분리되어 "Ring Fenced"되었다고 표현하기도 한다. 부채의 상환은 프로젝트의 현금흐름에 의해서 보장된다. 금융 조달은 자기자본(회사의 주주, 즉 다른 말로 우선 협상 대상자로 선정된 컨소시엄의 구성원들)과 타인자본 혹은 차입금(상업은행 등)으로 구성된다. 자기자본은 언제나 차입금보다 손실에 대해 우선 노출되며 자기자본의 수익 역시 대출보다 후순위이다. 차입금은 원금과 이자를 더하여 계약상 지급 일정으로 고정시켜놓는다. 따라서 자기자본은 대출보다 더 높은 수익률을 요구하는 것이 일반적이다. 프로젝트 파이낸싱은 미래의 현금흐름의 신뢰성이 기초한 금융 기법으로서, 대주단이 SPV 투자자에게 요구하는 것은 차입금 상환을 위한 핵심적인 몇몇 조항들과 Cover Ratio와 관련된 일반적인 제한

조건(Covenant)들이다. 여기서 일반적인 Cover Ratio는 LLCR[8])과 DSCR[9])이 있다. 전형적인 금융 구조는 부채와 자기자본의 비율이 60:40에서 80:20 사이이며, 조금 더 공격적이거나 보수적으로 접근할 수도 있다. 부채는 일반적으로 자기자본보다 낮은 수익을 요구하는데 이때의 수익이 바로 이자이다. 그래서 정부나 공공기관의 입장에서 레버리지(Leverage)는 가중평균자본비용(WACC)를 낮추는 데 긍정적인 역할을 한다. 그에 따라 정부가 지출해야 할 비용도 같이 낮아지게 되며, User-pays PPP의 경우에는 프로젝트가 자립할 수 있을 확률을 높여준다. 프로젝트 파이낸싱은 다음과 같은 중요한 이점들이 있다.

- 대주단 자체적으로 프로젝트 거버넌스나 성과에 대해 감시해야 하므로 이를 통해 정부는 추가적인 이득을 얻을 수 있다. 프로젝트 파이낸싱에서는 미래의 현금 흐름을 통해서만 대출의 원리금 상환이 가능하므로 현금흐름의 신뢰성이 가장 중요하다. 따라서 대주단은 정부나 사업자의 실사에 추가적으로 대주단 실사(Due diligence)를 하게 된다.
- 프로젝트 파이낸싱은 출자자로 하여금 대주단과 직접적인 관계를 맺지 않은 상태에서 제3자의 자금을 융통할 수 있는 기회를 제공한다. 따라서 회사나 지주사 입장에서 재정 건전성을 유지하면서도 보다 많은 프로젝트에 투자할 수 있는 여유를 준다.

이런 이유 때문에, 정부는 프로젝트의 평가 및 구조화를 할 때 프로젝트가 금융지원이 타당한지(Bankable)에 대해서 유의하여야 한다. 금융지원 타당성

8) LLCR(Loan Life Coverage Ratio): 누적대출 원리금 상환계수로 차입 전 기간에 있어서 원리금 상환을 위한 현금흐름의 현재가치가 차입원금의 몇 배에 해당하는지 나타내는 지표.

9) DSCR(Debt Service Coverage Ratio): 매 기간별 현금흐름이 대출원리금(Debt Service) 상환 가능 여부를 판단하는 지표.

(Bankability)은 상업적 타당성(commercial Feasibility)의 핵심이기 때문이다. 프로젝트의 금융지원타당성(Bankability)은 대주단 입장에서 프로젝트에 자금을 제공할 의지의 정도로 정의할 수 있다. 즉 얼마큼의 금액을 어떤 조건하에 대출해줄 것인가를 의미한다. 높은 금융지원 타당성(Bankability)은 대출 비용이나 조건, 금액 면에서 보다 나은 조건과 보다 많은 금액을 대출 받을 수 있다는 것을 의미한다. 따라서 대출 금액과 기어링(Gearing)은 프로젝트의 매년 예상 현금흐름과 그 신뢰성에 따라 달라지고 이는 예상되는 매출액과 대주단 및 자문사가 실사를 통해서 검증한 결과에 따라 달라진다. 만약 대주단 입장에서 프로젝트의 불확실성과 리스크가 받아들일 수 있는 수준이 아니라면 그들은 프로젝트에 자금을 공급하지 않을 것이고 이는, 즉 프로젝트가 Bankable하지 않다고 할 수 있다.

대주단 입장에서 주요 관심사

- 프로젝트의 현금 흐름이 Debt Service 요구조건에 부합하는지에 대한 확실성
- 주주들에게 예상되는 혹은 합리적인 수준의 수익을 줄 수 있을 만큼 충분한 프로젝트 예상 현금흐름
- 공공 부분의 신용도
- PPP의 법적 프레임워크의 견고함 및 안정성
- PPP 및 그와 관련된 계약들의 유효성과 강제성
- 규제 체계의 신뢰성
- 프로젝트가 실패할 경우 Step-in right의 대신 사업을 추진할 사업자의 존재 여부
- 사업을 추진할 회사들의 능력 및 품질 관리 수준
- 사업을 추진할 회사들의 신용도와 보장성
- 리스크가 이해할 수 있고, 관리가능하며 최종적이고 적절히 분산되어있어야 함
- 계약종료시 체계에 대해 받아들일 수 있는지(부채를 충분히 보호할 수 있는지)
- 사회나 환경적으로 프로젝트를 추진하면서 받을 명성에 대한 영향력
- 보험 보장범위에 가능성과 유효성

•• DSCR의 예

DSCR=1.4X

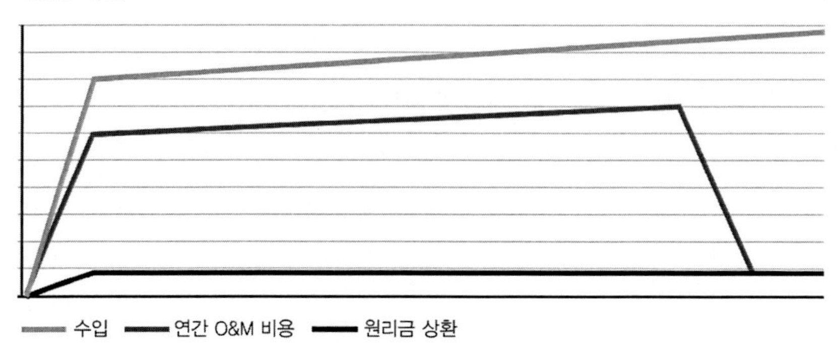

DSCR=1.2X

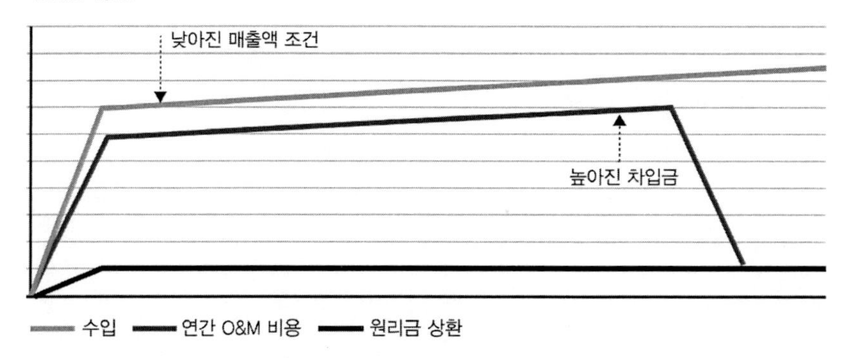

DSCR 1.2의 경우보다 많은 차입을 허용함으로써 레버리지를 높이고 자기자본 수익률도 높이게 되며 결과적으로 결국 사업을 위해 입찰자들의 필요로 하는 매출 수준이 낮아지게 된다.

리스크가 낮고 현금흐름의 신뢰도나 예측 가능성이 높을수록 대주단 입장에서는 보다 많은 자금의 대출이 가능하고 레버리지를 높일 수 있다. 이런 관점에서 Government-pays PPP 중에 하나인 Availability payment 방식은 보통

DSCR의 요구조건이 낮고 높은 수준의 레버리지를 적용할 수 있다.

그러나 과도한 레버리지는 SPV가 파산 및 부도의 가능성을 높여 PPP 사업 전체의 안정성과 지속가능성을 위협할 수 있다. 이런 이유로 PPP 계약은 보통 최소한의 자기자본 비율이나 레버리지의 상한선을 제시한다. PPP를 위한 자금 조달은 따라서 레버리지가 높은 자기자본과 부채의 조합이다. 선진국의 일부 프로젝트에서는 거의 90:10 정도의 매우 높은 레버리지부터 60:40 정도의 낮은 레버리지까지 다양하게 볼 수 있는데 이는 모두 프로젝트 리스크에 따라 달라진다. 일반적으로 높은 수요(demand)리스크가 있는 사업은 미래의 현금 흐름 예측이 어렵고 따라서 낮은 레버리지를 구성하게 되는 반면, Availability payment와 같이 리스크가 낮고 현금 흐름의 안정성이 확보되어 있다면 높은 레버리지를 갖출 수 있다. 개발도상국에서 레버리지의 범위는 50~80% 정도 된다.

이어서 다양한 부채의 종류와 민간 사업자가 효율성을 높이기 위해 사용하는 금융 구조의 전략, 다양한 종류의 자기자본의 형태에 대해서 알아보자.

PPP 프로젝트 금융구조의 주요사항

- 전형적인 금융 구조는 비소수권/제한적 소구권의 프로젝트 파이낸싱 기법을 이용한다. 이는 투자자의 리스크 노출을 제한하고 대주단 입장에서 추가적인 실사를 요구한다.
- SPV는 자기자본과 부채의 조합으로 프로젝트 자금을 조달한다.
- PPP 프로젝트 회사는 일반 회사보다 높은 수준의 레버리지를 얻는데 이는 PPP 사업의 내재된 성격상 다른 사업보다 매출의 예측 가능성이 높기 때문이다.
- 자본의 조달 비용 측면에서 높은 수준의 부채는 효율성을 제고한다. 이는 출자자로 하여금 다른 사업이나 프로젝트에 투자할 여유를 준다.
- 금융지원 타당성(Bankability)은 PPP 조달의 타당성에서 매우 중요한 요소 중에 하나이다. 계약의 구조는 자금의 Bankability를 보호해야 하는데 그렇지 않으면 VfM를 얻는 데 실패할 수도 있다. 반면 프로젝트의 현금흐름이 안정적이지 않음에도 과도한 수준의 부채를 이용한다면 장기적으로 프로젝트를 위험에 빠뜨릴 수도 있다.

2. 금융 구조: 각각 금융 조달 형태 및 민간 사업자의 금융 조달 전략

(1) 자금원(Source of Funds)

기업 금융과 마찬가지로 프로젝트 회사가 자금을 조달할 때에는 두 종류의 자금원을 이용하는데 부채(Debt)와 자기자본(Equity)이다. 부채는 채권이나 대출의 형태이고 자기자본은 순수한 자기자본이나 주식, Quasi-equity 상품(Junior, Subordinate, Mezzanine 대출과 같은 후순위)일 것이다. 이들 후순위 대출은 상환이나 배당에서 주주보다는 우선하지만 선순위 대출보다는 뒤에 위치한다.

구분	소 구분	주요 공급원 및 특성
자기자본 (Equity)	Capital share (주식)	일반적으로 건설이나 운영에 관심이 있는 개발자들(Contractors or Industrial developer)이 참여한다. 때로는 재무적 투자자(Financial investor)가 Co-investor로 참여하기도 하고 정부기관 Fund나 다른 리스크 자본 투자자, 인프라 개발을 위한 Fund에서도 참여할 수 있다. 정부가 SPV에 주주로서 참여하여 재무적 partner로 활동할 수도 있는데 이때 자금은 주무관청(Procuring authority)에서 직접 조달하거나 전략적 투자용 펀드 및 신탁을 통해서 될 수 있다. 일부 매우 복잡한 시장에서는 Retail investor(소매 투자자) IPO(Initial Public offerings, 기업공개, 신규 상장)를 통해서 프로젝트 구조에 참여하는 경우도 존재한다.
	Junior/subordinated debt, Mezzanine debt (후순위 대출)	일반적으로 건설이나 운영에 관심이 있는 개발자들이 세금 효율성을 목적으로 제공한다. 정부 기관 등을 포함한 재무적 투자자에 의해서도 가능한데, 이때는 주주로서 참여하는 것보다 안정성을 보장받으면서도 일반적인 대출보다는 높은 이자를 받기 위해서이다.
부채 (Senior debt)	Loan (대출); Bridge Loan, Short-term or Miniperms, long-term Loan	상업은행이나 투자은행이 주요 대출 공급자이다. 그 외에는 다음과 같은 공급원들이 존재한다. • MDBs: World bank나 IFC, ADB 같은 다자간 개발은행들을 의미한다. • ECAs: 양자간 개발 은행이나 수출신용기관 등을 의미한다. • National Development Bank(NDBs): 국토 개발을 위한 펀드를

구분	소 구분	주요 공급원 및 특성
		의미하며, MDB, ECA와 마찬가지로 NDB도 실제 자금의 조달 뿐만 아니라 보장(Guarantee)의 형태로 지원할 수도 있다. • Institutional Investor: 최근의 보다 복잡한 시장에서 볼 수 있는 기관 투자자로서 연금이나 보험사, Sovereign 펀드들도 PPP에 대출을 진행할 수 있다. 보통은 프로젝트 채권을 이용하기도 한다. • Shadow lender and debt funds: 일부 특수한 인프라 펀드들도 PPP에 대출을 진행할 수 있다. 프로젝트 대출에서 대부분의 전통적인 개념은 장기 대출이다. 그러나 어떤 프로젝트에서 민간 사업자는 자금재조달(Refinancing)을 목적으로 단기 금융을 이용하는 것이 적합할 수 도 있는데 이는 장기 금융을 해줄 수 있는 시장의 능력에 따라 달라진다. 단기 금융이나 자금재조달을 목적으로 하는 금융을 프로젝트 파이낸싱에서는 Mini-perm이라고 하는데 이는 순수하게 프로젝트의 신용도에 따라 지급되고, 출자자가 전적으로 보증하는 경우에는 보통 Bridge Loan이라고 한다.
	Bond or Project bond (채권)	채권은 자본시장에서 부채를 끌어오는 수단이다. 즉 기관 투자자(연금, 보험사, Sovereign 펀드 등) 등이 IPO나 직접 발행을 통해서 마련한다. 일부 시장이나 어떤 프로젝트에서는 채권을 Retail 투자자(Retail investor)를 통해서 발행되기도 한다. 일부 개발도상국(칠레, 멕시코, 페루 등)의 금융시장에서는 현지 기관 투자자나 국제 투자자를 통해서 사업을 위한 자금을 조달하는 방식으로 채권의 활용이 늘고 있다. 또한 다자간 개발기구나 국가기관도 인프라 자본시장을 활성화시키기 위해서 투자자나 구매자의 역할을 할 수도 있다.
	기타	PPP 프로젝트에서는 다른 형태의 자금조달 수단이나 구조를 이용할 수도 있다. 특히 대부분의 CAPEX가 장비나 기자재와 관련이 있는 경우 그렇다. 이런 경우 장기임대나 공급자 신용, 공급자 금융(공급자가 장비의 대금 지연 납입을 인정하는 구조나 상환청구권(소구권, recourse)이 있든 없든 할인을 해주는 경우이다) 혹은 이슬람 금융을 이용할 수도 있다.

개발 도상국에서 새로운 프로젝트를 하기 위해서는 대부분 자기자본의 공급자가 계약자(Contractor)들이다. 대부분의 건설 그룹사는 PPP 사업을 관리하면서 그들의 SPV로 투자하는 계열사를 가지고 있다. 그러나 순수 재무적 투자자(PPP 프로젝트에 대한 관심은 없고 단지 자기자본 투자에만 관심이 있음) 역시 자기자본 투자자가 될 수 있다. 대부분의 일반적 상황에서 재무적 투자자는 인프라 펀드이다. 이런 펀드들은 다른 투자 펀드와 동일한 구조를 가지고 있는데 여러 투자자들 유한책임사원(Limited Partners, LP)이 자금을 모으고 이를 관리하는 회사인 무한책임사원(General Partners, GP)은 모인 자금을 LP를 대신해서 투자를 하고 펀드의 생애주기 동안 자산을 관리한다. LP로서 참여하는 투자자들은 보통 기관 투자자(연금, Sovereign fund, 보험사 등)이지만 Family office나 자산이 많은 개인 투자자, 은행이 될 수도 있다. 일부 LP들은 큰 프로젝트에 한해서 그들만의 platform을 이용해 직접투자를 하기도 한다. PPP와 인프라 사업에서 인프라 펀드 등 재무적 투자자들은 이미 상업 운영중인 프로젝트에 더 관심이 있는데 이런 프로젝트들은 건설 리스크가 배제되어 있고 즉각적인 수입을 얻을 수 있기 때문이다. 운영중인 프로젝트에 투자하는 것은 개발자에게도 좋은 일인데, 이를 통해 자금을 회수하여 새로운 프로젝트에 투자할 현금을 만들 수 있기 때문이다. 그러므로 PPP 프로그램 하에서 Greenfield 프로젝트에 투자하는 개발사들의 역량 강화를 위해 정부에서 독려해야만 한다. 특수화된 재무적 투자자는 정부가 PPP 프로그램을 독려할 때 이를 긍정적으로 고려할 수 있는데 이때 자기자본 투자자들의 참여를 활성화하기 위해서 주식 매매의 합리적 유연성을 보장하는 등 계약 구조에 유의하여야 한다.

(2) 금융 구조화 및 금융 전략(financial strategy)

민간 사업자나 출자자 입장에서 금융 구조화는 프로젝트에 필요한 자금을 조달하기 위해서 어떤 자금을 어떻게 조합할 것인가 하는 문제를 의미한다. 특히 얼마큼의 부채를 어떤 상환 Profile로 상환할 것인지를 의미한다. 이는 민간 사업자의 자기자본(Equity) IRR[10]을 극대화시켜주거나 정해진 IRR을 유지하면서

10) IRR(internal rate of return): 어떤 사업에 대해 사업기간 동안의 현금수익 흐름을 현재가치로 환산하여 합한 값이 투자지출과 같아지도록 할인하는 이자율로 내부수익률이라고 함.

입찰 과정에서 가격경쟁력을 만들어 준다. 특히 부채에 해당하는 여러 자금원이 모두 존재하는 경우 대출이나 채권으로 할지 잠재적인 대출 약정과 서로 다른 Tranche (예를 들어 후순위대출이 선순위대출보다 비싸지만 유연성이 더 있으므로 후순위 대출을 포함할 것인지 아닌지 등)에 대한 분석과 결정을 포함한다. 보다 구체적으로 보면 금융 구조화는 여러 가지 요소들을 결정하여야 한다. 대출의 시기와 순서, 서로 다른 자금원 상환 일정에 대한 Profile, 출자자나 주요 협력업체로부터 요구되는 재정적 지원(예를 들어 모회사의 보증이나 은행 보증 등)이 있다. 자기자본은 보통 입찰서 제출 전에 확정되는데, 입찰서를 제출할 때에는 RFP나 기타 제출한 금융 계획에 따라서 입찰자들이 자금을 투자할 것을 확약하는 내용이 요구된다.[11] 부채도 입찰서에서 요청하면 입찰 전에 확정이 될 수도 있다. 이러한 요청은 dialogue나 Interactive process, 몇몇 Pre-selected shortlist 입찰 방식에서는 일반적이다. 하지만 공개 입찰 방식에서 보다 일반적인 접근법은 자금을 확보할 수 있다는 충분한 증거만 제출하는 것이다. 입찰자는 입찰 준비기간이나 입찰을 계획하는 초기 단계 의사결정과정에서 활용 가능한 자금원의 가능성에 대해서 조사/분석할 것이다. 입찰자는 이러한 금융 구조화를 위한 선택지들과 적용 방법을 조합하여 재무적 Base case를 정의한다.

금융 전략은 금융 구조화와 혼동될 수 있다. 금융 전략은 자금원, 특히 대주단들을 언제 어떻게 접근할 것인가를 결정하는 것을 의미한다. 예를 들어 입찰서 제출시 금융(Financial) package를 제출하지 않아도 될 때 이러한 전략이 필요하다. 또한 금융 전략은 부채를 일으키는 것과 구조화에 관련된 두 가지 잠재적인 선택지들의 분석을 포함한다.

11) LoI(Letter of Intention), LoC(Letter of Commitment)를 요구할 수 있는데 금융회사 입장에서는 보다 낮은 수준의 약속인 LoI를 선호한다.

– 보통 건설기간 이후에 자금재조달(Refinancing) 리스크를 수용하면서 단기 금융(Bridge Loan이나 Mini-Perm)을 선택할 것인가(프로젝트 파이낸싱을 전제로 단기 금융을 주선하는 경우). 이는 완공 이후 프로젝트의 리스크를 낮춤으로써 긍정적인 효과를 불러올 수 있는데 대출과 자본시장 사이에 변화를 주거나 이자율을 낮추는 효과 등이 있다.

– 프로젝트의 시작부터 장기금융을 이용할 수 있다. 이때는 이자율 스왑(swap)을 통해 보다 낮은 수준의 유연성만 허락된다(이는 보통 이자율 리스크를 낮추기 위해서 대주단이 요구하는 방식이다). 그러나 이 방식은 보다 높은 확실성과 낮은 리스크 또한 제공한다. 자본시장에 채권을 발행하여 프로젝트의 자금을 조달할 때, 금융 Package는 보다 복잡해진다. 탈금융중개화(Disintermediation)나 자본시장을 이용한 자금의 조달은 해당 국가 내 기관 투자자(연금이나 보험회사 등)나 (신용등급회사로부터 신용 등급을 받기를 요구하는) 국제 기관 투자자들이 존재하는 경우에만 가능하다.

공공부문 관점에서, Bankability는 성공적인 PPP를 위한 주요 요소이다. 시장에 충분한 자금 여력이 없는 국가(예를 들어 10년 이상의 장기금융이 가능한 대주단이 얼마 없는 경우)에서는 PPP가 작동하지 않을 것이다. 일부 제한적인 상황에서 정부가 국가 기관이나 국가 은행을 통해서 대주단이 채우지 못한 gap을 채우는 형식으로 도와줄 수도 있다. 정부가 프로젝트를 위해 해외의 자금을 동원한다면 정부가 직접 환율 리스크를 수용하거나 해외 은행과 이를 나눌 수도 있다. 그렇지 않은 경우 국제 금융 기구(MDB, ECA 등)의 지원이 꼭 필요하다. 그러나 금융 시장이 주요 부채를 제공하기에 충분한 상황이더라도, 프로젝트가 시장에서 받아들일 수 없는 수준의 리스크 Profile을 가지고 있거나 구조화가 잘못되어 있다면 프로젝트가 진행되지 않을 수도 있다. 또는 프로젝트의 규모가 금융 시장에서 감당할 수 있는 범위를 넘을 수도 있다. 금융 구조화와 금융 전략은 민간 투자자의 책임이다. 그러므로 정부는 민간 투자자가 어디서 금융을 조달할지(예를 들어서 현지 은행만 쓰라고 주장한다는 등), 어떤 금융 방법이나 구조를 사용할지, 협상해야 한다든지 등 제한사항을 만들어서는 안 되지만 최대 레버리지 한도나 대주단 경쟁을 의무화하는 정도는 가능하다.

(3) 다자간 개발은행(Multilateral Development Bank, MDB)의 역할

개발도상국(EMDE)에서 PPP를 할 경우, MDB의 역할이 크다. 이런 국제 금융기구에는 World bank(보통 IFC를 이용), Inter-America, Development Bank (직접적이나 간접적으로 Inter-American Investment Corporation, ICC를 통하여), Asian Development Bank(ADB), European Bank for Reconstruction and Development(EBRD), European Investment Bank(EIB), African Bank for Development(AfDB) 그리고 Islamic Development Bank(IsDB) 등이 있으며 보다 지역적으로는 CAF Bank나 중앙 아메리카의 BCIE 등이 있다. MDB는 PPP나 다른 공공/민간 사업에 경화(hard currency)로 장기 금융을 제공한다. 이들은 프로젝트 금융 구조화시에 충분한 대출 기간이나 금액을 제공하지 못하는 일반 상업 은행보다 더 장기간의 대출이 가능하다. 또한 MDB는 신용도가 우수하기 때문에 이런 기관의 참여는 A/B론을 통해서 상업 은행의 보호막으로도 활용된다. A Loan은 MDB가 B loan은 상업은행들이 신디케이트 방식을 통해서 대출을 진행한다. 이 둘은 상호 채무 불이행 조항(cross-default-clause)을 이용하여 간접적으로 보호 받는다. MDB의 참여는 개발도상국에서 프로젝트 리스크를 수용하므로써 국제 상업은행들의 자금을 이용하는 데도 필수적이며 추가적으로 MDB는 부분적 프로젝트 리스크 보증이나 상업 은행과 투자자를 위한 정치적 리스크를 수용하는 보증(Guarantee) 등을 제공할 수 있다.

페루의 IIRSA 프로젝트에서 IDB의 참여가 흥미로운 사례인데, IIRSA Amazonas Norte 프로젝트는 960km의 유료 도로 사업으로 페루의 북쪽에 위치

하고 있으며 페루 동쪽 내륙의 Amazonian 지역과 Pacific coast를 연결한다. 이 프로젝트는 프로젝트 채권을 224백만 달러를 조달하였고 정부에 의해서 매년 지급이 보장된다. 여기서 IDB는 60만 달러의 부분 보증을 제공한다. 이 사례는 어떻게 MDB가 개발도상국에서 복잡한 금융 구조를 이용하여 지원하는지 보여주는 사례이다.

최근에는 이런 기관들이 스스로 인프라 펀드를 만들어(IFC는 2011년 1 Bil USD의 인프라 펀드를 설립하였다) 다른 LP처럼 민간이 운영하는 인프라 펀드에 자금을 공급하기도 한다. 그러나 PPP 방식에서 MDB의 지원사항은 재정적 지원 외에도 다양하며, 그 예는 다음과 같다.

- 프로젝트의 식별과 선정시의 지원
- PPP 구조화시에, 정부 입장에서 자문사 역할을 하거나 보다 나은 PPP를 설계하기 위해서 필요한 자문사를 고용할 자금 지원
- PPP 프레임워크나 정책을 강화하기 위한 정책적 조언

양자간 재정적 지원: ECA의 역할

국제 프로젝트의 자금 조달에 있어서 MDB만 활동하는 것은 아니다. 대부분의 선진국과 몇몇 개발도상국은 Export Credit Agencies(ECA)를 설립하여 운영한다. 이들은 금융(혹은 보험) 기관으로 자국의 회사가 추진하는 프로젝트에 재정적 지원을 한다. 이런 지원은 보통 수출계약에서 활용되며 외국 구매자나 정부, 민간 사업자에게 금융을 제공한다. 그와 별개로 ECA 역시 PPP를 포함한 프로젝트 금융 구조에도 참여하기도 한다. ECA의 참여는 당연히 해당 국가의 기업이 입찰에 참여하는 것에 따라 결정되는데 이때 ECA는 프로젝트에 금융이나 보증(일부 ECA는 둘 다, 일부는 신용 리스크에 대한 보증이나 보험만)을 제공한다. 미국의 Export import Bank(EXIM), Overseas Private Investment Corporation(OPIC), 스페인의 CESCE, 독일의 Hermes, 이탈리아의 SACE, 일본의 Japan Bank for International Cooperation(JBIC), 한국의 Export-import Bank of Korea(KEXIM) 등이 있다. 이들의 지원은 OECD Consensus 조건들의 영향을 받는데 이 Consensus는 잠재적인 금융 보조금을 관리함으로써 가입국들 간에 금융 덤핑 경쟁을 피하기 위한 조건들을 규제하기 위해서 존재한다.

(4) 이슬람 금융의 특징

이슬람 국가에서 금융을 조달할 때에는 종교적 특수성을 고려해야 한다. 은행과 대주단은 일반적으로 샤리아 율법에 맞춰서 운영이 되어야 하는데, 샤리아 율법은 이자의 수취가 허용되지 않지만 대출을 해준 사업체와의 손실과 수익의 분배는 합법적으로 인정하는 등 허용되는 투자의 형태와 금융 거래 방식에 모두 영향을 미친다.

3. 정부의 전통적인 금융조달 방식과 민간 자본을 조합한 Co-financing

그러나 사용자의 요금을 기초로 한 프로젝트의 예상 매출이 프로젝트의 상업성(Commercially)을 위해서 충분하지 않을 수 있는데, 수요의 문제일 수도 있지만 이런 공공 서비스로서 사회적으로나 정치적으로 받아들일 수 있는 가격 수준이어야 한다는 것이 문제일 수도 있다. 따라서 정부는 경제적(Economically)으로 타당한 User-pays PPP 프로젝트를 재정적으로 지원할 방법을 모색할 수도 있는데 이것을 Viability Gap Funding(VGF)라고 한다. 그러나 PPP 매출의 형태(User-pays인지 Government-pays인지)와 상관없이, 정부는 프로젝트에 다음과 같은 여러 가지 이유로 재정적인 지원을 결정할 수도 있다.

- 민간 대출이 구조적이나 일시적으로 부족할 수 있다.
- 프로젝트가 너무 크거나 너무 위험해서 상업적인 타당성이나 금융 지원 타당성(Bankability)이 위협을 받을 수도 있다.
- 프로젝트 계획을 보다 Affordable할 수 있도록 하기 위해서 WACC를 낮추려고 할 수도 있다.

민간 자본의 활용 가능성이 어렵다고 판단되는 경우에는 입찰 과정에서 경쟁이 부족해지는 것뿐만 아니라 재정적인 지원이 있다 하더라도 PPP 방식을 적용하는 것에 주의해야 한다. 특히 어떤 경우에서도 직접적/간접적인 재정적 참여나 지원(De-risk 방식 접근 방식을 포함하여)은 PPP 방식의 장점인 VfM를 침해하지 않도록 세심하게 평가되어야 한다. 인프라 프로젝트를 계획중인 현지의 금융 시장에 장기적인 금융이 부족할 수 있는데, 이러한 부족 상황은 현지 금융시장이 전반적으로 약해서일 수도 있지만 단기적인 금융 환경 때문일 수도 있다. 이런 부족 상황은 특히 대형프로젝트나 대규모 PPP 프로그램을 할 경우에 발생하므로 이때는 정부의 재정적인 지원이 필요하다.

정부는 민간 사업자가 필요로 하는 자금을 일부 완화시켜줌으로써 프로젝트에 필요한 자금을 공급할 수 있다. 이런 경우 정부는 프로젝트의 최초 투자금 중 일부를 공공 자금으로 공급하는데, 이를 hybrid 방식(Co-financed PPPs)이라고 한다. 이런 방식은 이상적으로 다른 일반적인 PPP 방식과 비슷한 특성을 지니지만 건설 기간 동안 일정 부분은 갚아야 한다는 차이가 존재한다. 순수 Co-financing은 Grant financing의 형태로 대표된다. 이 공공 자금은 건설기간 동안 사업비의 일부를 월별, 분기별로 때로는 특정 Milestone에 따르거나 공사 종료시 혹은 운영기간 중 지연지급(Deferred payment)이 될 수도 있다. 정부는 이 지원금을 운영 기간 중에 돌려받는데 프로젝트 운영 성과와는 무관하며 무조건적으로 상환하여야 한다. 지연 지급(Deferred payment)은 정부가 프로젝트를 위한 사업비의 일부를 Co-financing할 의도는 있으나 자체적인 유동성이 부족한 경우에 사용한다. SPV는 정부가 지급할 예정인 무상 지원(Grant) 부분만큼의 자금을 추가로 확보하는데 이미 정부가 지급을 약속한 부분만큼 Pre-finance하는 것이 보다 쉽다. 어떤 경우든 무상 지원(Grant) 금액은 PPP 계약을 하면서 보통 정해진다. 이 자금은 공사 중이든 지연 지급이 더 효과적이든 보통 프로젝트의 공정률과 지급 비율에 따르거나 일정 Milestone에 따라 누적되어 지급한다.

PPP에서 사용하는 Co-financing의 규모는 PPP의 지연된 성과 연계 보상 시스템(Deferred performance-linked compensation scheme)과 연결된 이해관계로 인해 VfM가 훼손되지 않는 범위 내에서 사용되어야 한다. 너무 많은 공적 자금의 투입은 민간 사업자로 하여금 프로젝트를 적절하게 운영할 만한 동기와 리스크를 줄임으로써 리스크와 인센티브 측면에서 전통적인 조달 방식과 별 차이가 없게 만들 수도 있다. Co-financing은 프로젝트의 회계측면에도 영향을 미칠 수 있는데 민간 자본이 정부의 부채로 인식되는 결과를 가져올 수도 있다. 이런 Co-financing의 의사결정과 그 금액의 크기에 대한 문제는 금융 구조화 과정에서 검토되어야 할 문제이다.

4. 금융 조달에서 이용되는 다른 형태의 정부 참여 및 상업적 타당성(Commercial Feasibility)을 증가시키는 방법

Grant financing이나 Co-financing이 프로젝트의 상업적 타당성(Commercial Feasibility)이나 금융 지원 타당성(Bankability)을 높이는 유일한 방법은 아니다. 공적 대출이나 Co-lending 방식의 Revolving 자금의 형태, De-risking이나 신용보강(Credit enhancement)과 같은 방식도 이용될 수 있다. 전자는 자금조달의 Gap을 메우는 데 도움이 되고 후자는 금융시장의 접근성을 높이는데 쓰인다. 이런 재정적인 지원은 선진국이나 개발 도상국 모두에서 사용가능하며 특히 개발도상국의 경우 보통 장기 금융 활용에 대한 제한사항 및 결핍이 있을 수 있으므로 중요하게 작용한다.

(1) Revolving 방식[12]: Affordability를 높이고, 금융 시장의 부족상황을 채우는 또 다른 방식

무상 지원(Grant) 외에 자금을 조달하고 사업의 타당성(Viability)을 지원하며 Affordability를 높이는 보다 복잡한 방법들이 있다. Grant Financing와는 다르게 이런 방식은 공적 금융은 아닌데 여기서 공적 금융이란 공공부문의 예산을 투자함으로써 진행하는 것을 말한다. 어쨌든 이런 방식에서 정부는 시장의 대주나 투자자의 역할을 하게 되는데 보통 Revolving의 형태이므로 투자된 자금을 언젠가 회수한다. 때때로 시장에서 형성된 가격이나 조건으로 지급되기도 하고 때로는 보다 나은 조건(Soft condition, Concessional condition)으로 지급되기도 한다. 후자의 경우는 Affordability의 어려움을 극복하고자 하는 것인 반면에 시장가격으로 자금을 조달하는 방식은 2008년 금융위기와 같이 단기적인 자금의 부족이나 시장의 요청에 의해서 이루어진다.

- **장기 공공 대출(Soft/Not soft)**: 공공이나 국가 재정 기관(예를 들어 브라질의 BNDES, 영국의 Infrastructure fund Unit(TIFU), 멕시코의 Banobras - 보통 시장조건 하에서 민간 금융도 동반한다) 혹은 비슷한 기관이나 특수한 예산을 가지고 있는 펀드(미국의 Transportation infrastructure Finance and Innovation Act(TIFIA) - 항상 민간 금융을 동반하며 보증이나 계약요건 상 후순위를 적용받는다)
- **후순위 공공 대출**: 보통 Soft term의 성격을 띤다(예를 들어 타당성이 떨어지는 toll 도로에 대출을 하는 스페인의 Participative Loan).
- **자기자본 투자(Equity)**: 특수한 공공 인프라 펀드나 전략적 펀드를 통한 투

12) Revolving이란 언제든 입출금이 가능한 일반 예금통장 혹은 마이너스통장으로 이해할 수 있으며 때문에 무상지원(Grant)과 다르게 상환의 의무가 존재한다.

자(멕시코의 Fonadin – 보통 시장 조건을 따르며 관리 회사에 의해서 별도로 관리된다)

– **프로젝트를 위한 1회성(Ad-hoc) 자기자본 투자:** 이는 RFP에서 제시될 수 있으며, 이런 접근법에는 잠재적인 리스크가 존재하다.

무상 지원(Grant)과 비슷하게 Affordability를 높이기 위한 목적이라면 정부는 Co-financing을 통해서 발생할 수 있는 리스크 전가의 효율성 저하와 VfM 하락에 신경을 써야 한다.

앞서 설명한 것처럼 PPP 구조에서 정부와 민간이 동시에 자기자본에 투자하는 방식도 존재한다. 이 경우 공공 부분은 상당 부분의 주식을 소유하고 회사를 능동적으로 관리하거나 전략적 결정 하에서 특정한 통제 권리(Control Right)를 누린다. 이런 구조는 Joint venture, Mixed equity companies, Institutionalized PPP 등 다양한 이름으로 불린다. 그러나 정부가 PPP 회사의 지분 투자를 통해 민간 사업자가 투자해야 할 자본금을 줄여줌으로써 PPP 프로젝트의 상업적 타당성을 높이거나 투자금의 현금흐름의 일정 부분을 통해서 프로젝트 자금 조달 비용을 낮추고 Affordability를 높이는, 단지 재무적 투자자(Financial investor)의 역할만 할 수도 있다. 이 경우는 Joint Venture나 Institutional PPP로 분류하지는 않지만 일반적인 PPP의 다른 형태로 볼 수 있다. 이런 형태에서 정부가 Co-investor로 참여하는 이유는 프로젝트 회사의 경영에 직접적인 관여를 할 권리를 통해 회사에 대한 통제력이나 프로젝트 정보에 대한 전체적인 권리를 높이는 데에 있다. 이런 방식은 정치적인 개입을 걱정하는 잠재적인 투자자들이 투자를 꺼려할 수 있기 때문에 유의해야 한다. 왜냐하면 정부가 민간회사의 프로젝트 관리 책임과 능력에 대해 과도하게 개입하여 민간의 효율성을 제한하는 리스크가 있기 때문이다. 만약 지분 투자를 통해서 정부가 SPV 이사회에 참석할 권리를 얻는다면 이는 잠재적인 이해 상충의 원인이 될 수 있다. 따라서 이러한 투자는 주무관청 자체가 아닌 특별한 기관이나 단체를 통해서 투자가 되는 것이 더 바람직하다. 무엇보다 정부는 지분의 투자가 대출보다 더 많은 리스크를 가지고 온다는 점을 인식하여야 한다.

(2) De-risk, 신용보강(Credit enhancement)과 리스크 완화 기법

정부는 상업적인 타당성(Commercial Feasibility)과 금융 지원 타당성(Bankability)을 프로젝트의 시작(프로젝트 준비와 구조화)부터 고려해야 한다. 타당성(viable)이 없는 프로젝트는 단순히 공공 자본을 투자한다고 해서 타당해지는 것이 아니기 때문이다. 리스크의 구조화와 할당이 민간부문(투자자와 대주단)에게 받아들여질 수 있어야 한다. 그러나, 엄청난 숫자의 리스크나 심각한 잠재적 영향력이 있는 몇몇 리스크를 민간부문에서 충분히 수용하지 못하지만 그럼에도 불구하고 정부에서는 여전히 PPP가 합리적인 방식이라고 여기는 상황들이 존재할 수 있다. 또한 금융 위기와 같이 금융 시장이 안 좋은 시기나 개발도상국에서 자본시장의 활성화 같은 정부의 목표가 있는 경우처럼 어려운 환경에서도 프로젝트 입찰이 추진될 수도 있다. 이런 상황에서 정부는 대출을 일으키는 것을 독려하기 위해서 De-risk 방식을 선택할 수 있다. 다음은 De-risk 방식의 예이다.

- **대주단에게 제공하는 직접적인 보증(Direct guarantee)**[13]: 이는 NDB(National Development Bank)나 재무부를 통해서 제공될 수 있으며 무조건적이고 되돌릴 수 없는(unconditional and irrevocable) 특징이 있다. 영국의 경우 재무부가 건설 기간 동안 보증을 해주는데 이는 프로젝트 건설 리스크를 정부가 수용한다는 의미이다.

---

13) Direct Agreement라고도 불리며 주무관청이나 정부가 SPV를 거치지 않고 직접 대주단과 맺는 계약으로 Bankability를 높여줄 수 있다.

– 최소 서비스 비용 지급의 보증(Guaranteed portion of service payments): 완공 이후의 성능이 예상보다 적게 나오는 경우 지급금의 공제율 상한선을 정한다. (예를 들어 20%)

– 고정 지연 지급(Fixed deferred payments): 이는 앞서 언급한 Co-financing에서 지연 무상 지원(Grant) 금융과 같으며 De-risk 기법으로도 쓰일 수 있다. 무조건적이고 되돌릴 수 없는 특성이 있으며 프랑스와 스페인의 High Speed Rail(HSR) 프로젝트에서 사용된 방식과 비슷하다.

– Guarantee funds: PPP 계약하에서 정부의 지급 의무에 대한 보증을 제공한다.

– 에스크로우 계좌(Escrow account)와 trustee structure(신탁 구조): 예를 들어 상수도 공급 프로젝트의 정부 지급 비용이 사용자 요금과 연계되어 있는 경우, 이 자금들은 신탁사에 의해서 별도 계좌에 관리되는 구조 등이 있다.

– Contingent나 계약적 보증: 프로젝트 회사(User-pays PPP에서 최소 교통량 보증)[14]나 대주단(조기 타절 등의 사유가 발생시 대출금의 특정 비율만큼을 정부가 보전해주는 보증, Debt underpinning이라고도 불린다)을 보호한 수단이다.

현지 금융이 부족한 부분만큼 국제 금융을 활용하기 위해서 환율 리스크(Forex risk)를 완화시켜야 할 필요가 있는 경우, 이런 리스크를 완화시켜주는 특정 보증이나 방식이 필요하다. 이는 계약적인 보증(예를 들어 User-pays PPP에서 환율 변동에 따른 요금을 조정해주거나 특정 환율 한계치를 넘어서 가치 하락에 따라 발생하는 손실의 전체나 일부를 직접적으로 보상해주는 권리 등)을 통해 가능하다. 또 다른

14) 과거 국내 민자도로 및 철도에서 사용되었던 MRG(Minimum Revenue Guarantee)와 유사한 개념이며 교통량(volume)만 보장하는 경우 MVC(Minimum Volume Commitment)라고도 부른다.

방식으로는 정부가 대주단에게 직접 발행해주는 보증이나 Government-pays PPP 사업에서 정부가 민간 사업자에게 경화를 지급함으로써 통제할 수도 있다. 추가적으로 정부가 대주단에게 Direct letter를 제공하는 것도 일종의 Soft guarantee로 작용하여 추가적이고 직접적인 안정성을 제공할 수 있다. 예를 들어 대주단은 주무관청으로부터 계약의 수주에 대해서 추가적인 Challenge가 없을 것이라는 확신을 얻는 것으로 대체 가능할지도 모른다. 앞서 언급한 Revolving 형태의 정부 자금을 Soft term 방식으로 프로젝트의 자금 조달 비용을 낮출 수도 있으나 그를 대신하여 혹은 추가적으로, 신용 등급을 높임으로써, 대주단에게 보다 높은 보호막을 제공할 수도 있다. 미국의 TIFIA Loan (Transportation Infrastructure Finance and Innovation Act Loan)이나 최근 EU Commission에 의해 만들어지고 EIB에 의해 관리되는 Project Bonds Credit Enhancement(PBCE) 형태 등이 좋은 예이다. PBCE 방식에서 EIB는 프로젝트의 최초 손실(보통 사업비의 20%까지)을 후순위 대출이나 보증으로 보호한다. 따라서 프로젝트의 신용이 증가하고 보다 나은 조건의 자금이나 전체 시장의 자금을 활용할 수 있도록 해준다.

5. PPP 프로젝트와 계약에 영향을 미치는 프로젝트 회사의 금융 방식의 기타 고려사항

Bankability에 관한 기본적인 사항 외에도 정부가 고려해야 할, 프로젝트 계약 구조화에 영향을 미칠 민간 자본에 관한 사항들이 존재한다. 이들은 계약서 및 RFP에 포함되어 있는 입찰 절차 규정에 영향을 미친다. 이런 고려사항들 중 일부는 대주단에 받아들일 수 있는 수준의 적절한 리스크 구조화의 필요성과 원리금 상환을 위한 충분한 매출 발생의 필요성을 넘어서 미묘하게

Bankability와도 관련이 있다. 대주단 입장에서는 프로젝트가 파산할 위기에 놓이거나 충분한 성과물이 나오지 않는 경우 민간 사업자의 관리 방식에 영향을 줄 수 있도록 할 특정한 권리를 요구할 수 있는데 이를 대주의 권리(Lender's right)라고도 한다. 정부의 고려사항으로는 보다 효과적인 금융 조달 방식을 활용하는 것과 재무적으로 신뢰성 있고 회복 가능한 민간 사업자를 확보하는 두 가지 상반된 목적의 균형을 유지하는 것이 필요하다. 이는 아래의 "레버리지 수준의 제한과 최소자기자본의 요구(Limiting leverage and requesting minimum equi–ty)"와 "주식의 양도 및 소유권 변동(Transfer of shares and changes in control)"에서 한 번 더 다루도록 하겠다. 또 다른 고려사항은 금융 재구조화를 통해서 얻어지는 잠재적인 과도한 이익을 고려하는 것으로 이는 "자금 재조달을 통한 이익(Refinancing gain)"에서 언급할 것이다. 여기에는 또한 경쟁을 유지하는 한편 금융종결(Financing close)에 대한 리스크를 관리하고자 하는 것 사이의 긴장감도 존재한다. 그 결과로 어떻게 그리고 언제 민간 사업자가 금융종결을 할 것인지에 관련된 고려사항들은 존재하는 것이 일반적이다. 일부 국가에서 정부는 금융협상가들에게 수주 이후나 혹은 계약 이후라도 추가적인 협상을 할 수 있도록 허용하고 있는 반면 일부 국가에서는 입찰 제출시에 모든 금융 조달 내용이 확약되길 요구하기도 한다. 이러한 내용은 "사전에 자금조달을 완료하라고 요구하거나 수주 이후 재협상을 허용하는 것: 금융종결 리스크(Requiring the financial package upfront or allowing for Post-award negotiation, Risk of financial close)"에서 언급할 것이다. 최근 시장에서는 세심한 관리를 위해서 Preferred bidder debt funding competition을 활용하기도 한다.

(1) 대주의 권리(Lenders' rights)

투자자와 대주단이 받아들일 수 있을 만한 수준의 적절한 리스크 구조화의 필요를 넘어서, 잘 설계된 PPP에서는 대주단의 권리가 중요한 고려사항이 된다. 대주단을 위한 주요 보증은 프로젝트 계약 하의 경제적인 권리로 구성이 되는데, 이는 즉 사업에 대한 경제적 가치를 의미한다. 제도적 프레임워크와 계약서 상에서 민간 사업자는 보증 Package나 대출협약서 등을 통해서 경제적인 권리(매출이나 주식, 보상금 등)를 대주단에게 담보로 제공할 수 있는 가능성이 보장되어야 한다. 또한 대주단에게 Step-in Right를 허용하는 것도 좋은 방식이다. Step-in Right는 만약 출자한 모회사나 투자자가 해야 할 의무를 심각할 정도로 제대로 하지 못하거나 프로젝트 회사의 재정적 안정성이 위험에 빠진 경우, 대주단이 프로젝트 계약의 통제권을 가져가는 권리를 의미한다. 정부는 PPP 계약이 해지되기 전에 이 권리가 집행이 되도록 허용해야 한다. 일부 국가에서는 주무관청이 프로젝트의 해지 요청하기 전에 대주단에게 Remedy plan을 제안하는 것만 허용하기도 한다. 여기에는 기존의 민간 사업자를 대신해서 자산을 운영할 새로운 계약자를 제안할 권리도 포함한다. 그러나 대부분의 경우 이러한 권리는 새로운 사업동반자를 선정하여 기존의 투자자를 대체하기 위한 공식적인 절차를 따를 때만 가능하다.

(2) 레버리지 수준의 제한 및 최소 자기자본의 요구
(Limiting leverage and requiring minimum equity commitments)

레버리지는 WACC을 감소시킴으로써 재무 구조상 효율성을 제공한다. 따라서 이는 Affordability를 높이고 주무관청이 지급해야 할 비용을 낮춰주거나(Government-pays PPP인 경우) Equity 현금흐름의 NPV를 높여준다(User-pays PPP인 경우). 그러나 과도한 레버리지는 PPP 프로젝트의 안정성을 위협하여 SPV가 파산할 리스크를 높인다. 정부는 민간 사업자가 재정적으로 프로젝트의 성과와 실패 직접적으로 노출되어 있게 함으로써 출자자로부터 효율성이라는 이익을 얻을 수 있다. 따라서 출자금을 통해서 충분한 재정적 리스크를 전가시키기 위해 정부는 종종 계약상 타인자본의 한도를 설정하고 입찰자나 출자자들에게 최소 수준의 출자금을 요구한다. 예를 들어 스페인에서는 출자자가 최소 15~20% 정도의 출자금을 무조건 요구하는 것이 일반적이며, 완공 이후나 프로젝트가 운영을 시작한 이후 2~3년 후에 그 비율을 조정해주기도 한다. 또한 투자자이면서 계약자이거나 주요 파트너사로 참여하는 기업에게 최소의 출자금 수준을 요구하는 국가도 있다. 이는 해당 컨소시엄이 입찰자 명단에 들어가기 위해서 갖추어야 할 기본 사항으로 프로젝트에 필요한 적절한 역량과 경험을 이용하는 데 그 목적이 있다.

(3) 주식의 양도 및 소유권 변동(Transfer of shares and changes in control)

또 하나의 정부 측 우려사항은 PPP 회사의 소유권인 주식을 팔고 프로젝트에서 빠져나갈 수 있는 법적인 가능성에 대한 것이다. 이는 상업적인 타당성과 관련된 목적(주식을 팔기 쉽게 하면 보다 많은 유동성을 얻을 수 있고 투자자들에게 매력적이게 되는 것)과 기회주의적인 행동을 막고자 하는 것(우선협상자가 된 후에 주식을 매각하여 사업을 개발할 권리를 넘기는 것) 사이의 갈등과 같은 부분이다. 주식 양도의 규제는 조달 절차상의 공정성 및 투명성과 연결되는 부분으로 입찰서 평가시 프로젝트 회사의 소유권도 평가요소에서 고려될 수 있기 때문이다. 보통 주식의 양도를 통해 회사의 소유권이 변경될 경우에는 사전에 주무관청의 승인을 얻어야 가능하다. 이는 입찰 과정에서 선정된 회사가 더 이상 프로젝트 회사를 소유하지 않는 것을 막기 위해서다. 파산과 같은 특별한 상황을 제외하고 대부분의 계약서에서는 건설 기간 동안 이런 소유권의 변동을 강력하게 제한하고 있다. 그러나 정부나 주무관청에게 미리 승인을 받는다는 전제하에 통제권에 변화가 없거나 프로젝트 회사의 신용 및 능력에 영향을 미치지 않는 범위 내에서는 주식의 양도를 허용하기도 한다. 만약 정부나 주무관청의 승인이 필요하다면, 계약에 기술되어 있는 전제 조건들에 부합하여야 하는데, 이러한 요구사항들은 검토하고서 주무관청은 합리적인 이유와 함께 승인을 거절할 수도 있다. 이런 경우 민간 사업자는 소유권의 변화가 프로젝트의 신용도나 기술적인 역량에 부정적인 영향을 미치지 않는다는 내용으로 주무관청을 만족시켜야 할 것이다. 일부 국가에서는 최초의 RFQ상에서 주 출자자가 충분한 수준의 조건을 만족하여 Pass/fail 조건을 넘도록 하고 있다. 주무관청은 다음의 사항들에 대해서는 약간의 유연성이 필요하다는 것을 알고 있어야 한다.

- 원래 투자자에게 유동성을 제공하기 위해서 추진하는 프로젝트 회사의 소유권 변동
- 최소한 완공 후라도, 통제권의 변화가 없는 한 사전 동의 없이 주식의 양도를 할 수 있게 조건을 완화해주는 것

(4) 자금재조달을 통한 이익(Refinancing gains)

일부 국가에서는 계약상 자금재조달(Refinancing)을 통한 이익을 공유하는 조항이 포함되어 있다. 이는 보통 몇 년간 운영 후에 보다 나은 대출 조건을 얻고자 하는 재협상이나 보다 나은 금융 조건을 제안하는 새로운 대주를 통해서 기존의 대주와 금융약정을 교체함으로써 발생한다. 일반적으로 민간 사업자는 자금재조달을 통해서 얻어지는 Equity IRR의 상승의 일정 비율을 정부와 공유하여야 한다.

(5) 사전에 자금조달을 완료하기 전 요구하거나 수주 이후 재협상을 허용하는 것: 금융종결의 리스크(Requiring the financial package Up-front or allowing for post-award negotiation. Risk of financial cloes)

일반적인 관점에서 현지 금융 시장이 프로젝트에 자금을 조달할 수 있는 충분한 역량(규모나 대출 기간 등)을 갖추었다고 가정하면, 정부는 입찰서 제출 시점에 자금조달 확약을 요구할지 결정할 선택지가 존재한다. 주무관청은 논리적으로 프로젝트와 출자자가 대출의 형태로 필요한 자금을 조달할 수 있는지에 대해 우려하는데 특히 프로젝트가 높은 리스크 profile을 갖고 있는 경우 더욱 그렇다. 그러나 입찰서 제출 시점이나 계약 이전에 금융 Package의 확약 요청은 각각의 입찰자가 모두 자금 조달 확약을 할 수 있을 만큼 현지 금융 시장의 크기가 충분하지 않은 경우 경쟁에 영향을 미칠 수 있다. European PPP Experties Centre(EPEC)에 따르면, 유동성 감소와 같이 상황이 좋지 않은 금융시장 조건에서는 입찰시 온전한 금융 조달 확약을 받는 것이 어려울 수 있다고 조언한다. 이는 PPP 계약이 된 직후 바로 금융 계약이 맺어지지 않는다는 것을 의미한다. 또한 과거에는 PPP 금융 조달의 대부분이 신디케이션(syndication)을 통해서 조달되었는데 이는 소수의 은행이 금융 조달을 보증하고 금융 종결 이후에 이를 다시 신디케이트 은행들에게 되파는 구조이다. 대부분의 PPP 프로젝트가 현재 클럽딜(Club deal) 형태로 자금이 조달되고 있는데, 각 은행이 만기까지 프로젝트 대출의 일부분씩을 보유하고 있는 것이다. 일부에서는 이런 클럽딜(Club deal) 방식이 우선협상 대상자가 선정된 이후에나 가능하다. 이를 Post preferred bidder book-building이라고 하는데 이 경우에는 입찰서 준비시 수주하지 못한 입찰자를 지원했던 은행도 대주단을 구성하는 데 참여할 수 있게 된다. 입찰서를 통해서 사전에 금융 조달 확약을 요구하는 것은 입찰서 제출을 위해서 많은 시간을 필요로 하기도 한다. 이는 입찰서 제출일 이전에 은행으로 하여금 추가적인 실사와 적절한 구조화를 할 시간을 주어야 하기 때문이다. 따라서 이런 접근법은 사전에 Short list되는 조달 방식을 사용할 때에 일반적이며 함께 참여할 대주가 부족해지는 잠재적인 문제를 줄여준다. 그렇다고 해서 이런 방식이 모든 상황에 적용 가능한 것은 아니며, 각국의 금융 시장 및 조달 방식에 따라 달라질 수 있다. 일반적으로는 2가지 타입이 존재한다.

- Competitive dialogue나 다른 형태의 양방향 협상 절차가 일반적이고 금융 Package 확약을 미리 하는 것이 보통인 경우
- 별도의 Short list 절차가 없이 One stage로 조달이 이루어지며 따라서 금융 조달 확약이 계약(Commercial close) 이후로 미루어지는 경우

시장에서 적절한 경쟁을 만들기 위한 합리적인 숫자의 입찰자들이 지원할 만큼 충분한 대주단이나 은행이 부족하고 정부가 별도의 Short list 없이 open tender 접근법을 사용하고자 한다면, 주무관청은 입찰서에 금융 조달 확약을 요구하지 않는 것이 좋다. 그렇지만 적어도 금융 조달을 할 수 있다는 적절한 수준의 증빙은 요구해야 한다(예를 들어 Indicative letter from banks). 아래에서 설명할 Preferred bidder funding competition의 대치되는 개념으로, 일반적인 금융종결(financing close) 절차에서 입찰자는 금융종결이 될 시점에 협상의 대상이 되는 실제 금융 조건들이 입찰시 가정한 조건들과 차이가 발생하는 리스크가 존재한다. 따라서 주무관청은 협상시에 최소한 앞으로 부정적이거나 예상치 못한 금융 시장의 변화(예를 들어 제안을 철회하거나 계약을 포기하는 등)가 있지 않을 것이라는 일종의 안도감을 민간 사업자에게 주는 것이 좋다. 또한, 금융 조달시 금리 조건의 변동성(Volatility) 리스크를 주무관청이 부담하거나 서로 나누는 것이 좋은 방식이다. 이를 입찰서 제출 시점과 금융종결 사이의 Interest base rate의 움직임이라고 한다.

(6) 우선협상자의 자금 조달 경쟁

(Preferred bidder debt funding competitions)

금융 조달상 문제가 없고 자본시장에서 해당 PPP사업이 좋은 투자 자산으로 알려져서 자금공급에 대한 경쟁이 심해진 상황과는 대조적으로 정부는 추가적인 통제를 얻고 금융종결(Financial close)시에 얻을 수 있는 금융 조건과 관련된 리스크 및 보상의 일부 혹은 전부를 수용하려고 할 수도 있다. 이런 상황에서(특히 대규모 PPP 사업) 정부는 우선협상 대상자에게 대주단의 자금 조달을 위한 경쟁(Debt funding competition)을 통해서 보다 경쟁적인 금융 조건을 확보하라고 요구할 수 있다. 이 경쟁시장은 잠재적인 대주들 사이에서 보다 나은 금융 조건을 얻고자 할 때 사용되며 정부는 이를 통해 얻어지는 이득의 전부 혹은 대부분을 취하고자 할 수 있다. 이 경우 정부가 관련된 리스크를 수용한다. 그러나 EPEC 가이드에서도 언급하였듯, 자금 조달 경쟁은 입찰자의 경쟁력에 재무적 혁신(Financial innovation)부분이 큰 역할을 할 것으로 여겨지는 시장이나 사업에서는 적절하지 않다. 또한 시장의 유동성(Liquidity)이 제한된 상황에서도 사용이 어렵다.

Chapter

03

민관협력사업을 위한 제도적 장치 및 정책

01 민관협력사업 프레임워크(Framework)의 개념과 고려사항

프레임워크(Framework)를 옥스퍼드 영어사전에서는 다음과 같이 정의한다. "체계, 개념 또는 문서에 근본이 되는 기본 구조" 스페인 사전에는 "어떠한 이슈 또는 이야기가 진행되는 기간 동안에 일어나는 상황 또는 범위"로서 정의 하고 있다. PPP는 적절한 프로젝트들을 추진하기 위한 반복적인(iterative) 과정이므로 PPP방식을 잘 수립하기 위해서는 정치적이고, 사회적이며 국가 재정 및 금융과 관련된 복잡한 프로세스 관리 및 프로그램적 접근이 필요하다. 인프라를 조달하기 위한 전략적인 방식 중 하나로 PPP를 사용함으로써 전체적인 VfM을 도출하고 또 이를 보호하기 위해 시스템적인 PPP 접근 방법이 필요하다. 성공적인 PPP를 위한 프로그램적 접근을 적용한 대부분의 국가들은 PPP 프레임워크(Framework) 프로그램을 활용하고 있다. PPP Reference Guide, V 2.0(World Bank, 2014)에는 "투명하고 분명한 PPP 프레임워크를 수립하는 것은 바로 PPP 사업에 대한 정부의 약속을 전하는 것이다"라고 되어 있다. 프레임워크는 또한 프로젝트들이 어떻게 실행되며–훌륭한 관리 방식인–PPP에 대한 확신을 주는 데 즉, "효율, 책임, 투명성, 적절성, 공평성 그리고 PPP에 대한 공공부문의 인식 및 민간의 관심을 이끌기 위해 도움이 된다. 복잡한 PPP 방식은 추진 절차와 문서 표준화를 필요로 하며 이는 PPP방식을 적용하는 데 필요한 준비 및 실행/구조화를 위한 시간과 노력을 줄여 줄 수 있다. 이는 또한 사업의 추진 절차를 통일하기 위해서 필요하며 PPP방식을 위해 필요한 조건이 무엇인지를 확실하게 해준다. PPP방식 적용은 국회 임기 이상의 장기간에 걸친 예산의 집행을 의미하고 공공 자산 관리를 위해 편성된 총액 대비 높은 효율성을 도출해야 하는 목표가 존재하므로 정부 책임하에 적절하고 구체적인 거버넌스 접근이 분명하게 필요로 한다. 게다가, 권장사항이지만 프로그램적인 접근을 채택하는 경우, 민간부문의 관심을 이끌어내고 유지하는 것이 가장 중요하다. 따라서 안정적이고 지속적인 프레임워크(Framework)를 위해서라도 적절하고 강력한 거버넌스적인 접근이 필요함을 의미한다. 프레임워크는 그 틀 안에서 사업을 추진할 참여자들을 결속시키는 공식적인 문서들로 반드시 보완되어야 하는데 제도적으로 프레임워크가 명시하는 범위를 법률용어로 표현함으로써 프레임워크를 규정한다. 각각의 국가들은 저마다 프레임워크를 문서화하는 방식을 가지고 있는데 보통 두 가지 요소로 이루어진다.

- 법적 시스템 또는 그 국가의 법적인 전통(영미법 국가와 대륙법 국가의 주요 차이점)
- PPP사업 경험을 토대로 한 프레임워크 개발 정도(보통 Concession 형태의 프로젝트로 PPP사업의 사례를 가진 국가와 그렇지 않은 국가)

PPP 프레임워크는 PPP사업을 관리하는 특정 요소들을 위한 하부 프레임워크들의 집합체로서 묘사된다. 이러한 경우에, PPP 정책 또는 PPP 법적 프레임워크는 전체 프레임워크의 또 다른 요소가 된다.

••• 프레임워크는 무엇으로 구성되었는가?

WBRG[1]에 따르면, PPP 프레임워크는 정책적이고 법률적인 프레임워크로 구성되어 있다. 3가지 주요 구성 요소들 또는 규정들이 있는데 그것은 추진 절차 및 각 정부기관의 책임, 정부 재정관리 그리고 PPP 프로그램 거버넌스이다.

반면 “Attracting Investors to African PPPs(World Bank, 2009)” 지침서는 PPP 프레임워크가 어떻게 구성되었는지 설명할 때 4가지 영역으로 구분한다. ① PPP 정책, ② 법적 프레임워크, ③

1) World bank PPP Reference Guide

승인 절차를 포함한 투자 프레임워크가 있고 마지막으로 ④ 전체의 추진 절차를 통한 업무 및 관리 영역을 다루는 운영 프레임워크가 있다.

여기서는 PPP Reference Guide V 2.0(World Bank 2014)에서 제안된 프레임워크의 정의를 활용할 예정이며 원문은 다음과 같다.

"PPP Framework means the policy, procedure, institutions, and rules that together define how PPPs will be implemented - that is, how they will be identified, assessed, selected, budgeted for, procured, monitored, and accounted for"

이후에는 프레임워크의 실행과 문서화에 대한 이슈를 고려하여 프레임워크가 무엇으로 구성되는지 설명할 것이고 최종적으로는 민간부문의 입장과 어떻게 프레임워크와 프로그램이 경쟁력 있고 안정적인 방식으로 PPP 산업에 상당한 영향력을 주는지 다루어볼 것이다.

1. 프레임워크를 구성하는 요소 및 범위

인프라를 조달하고 관리하기 위한 방법인, PPP를 통제하는 프레임워크에는 자체적인 제한사항 또는 규칙에 해당하는 많은 요소가 있다. 다음은 조달 방법으로서 PPP의 주요 특징에 대한 것이다.

- PPP 조달은 공공 조달과 관련되므로 조달 규정에 의해 제한될 수 있다.
- 공공 자산 및 공공 서비스를 제공하고 관리하기 위한 옵션으로서 PPP는 공공 계약 규정에 영향을 받는다.

- PPP는 다른 민간사업과 동일한 법에 영향을 받는 민간 경제 운영자이다.
- PPP는 재정적인 요구를 만족시키기 위한 자금의 제공자로서, 공공기관 및 정부의 예산을 대체하여 정부에 장기 자금 조달을 제공하는 대안이다. 따라서 이 프로세스는 정부 재정 관리 및 통제 규칙 또는 정책 수단 안에 통합되어야 한다.
- 민간 금융의 한 분야로서 프레임워크 관점뿐만 아니라 프로세스 전반에 걸쳐 투자가의 기대를 충족시켜야 한다. 이는 또한 적절한 의사소통과 홍보 정책의 필요를 의미한다.
- PPP는 프로세스 관리 프레임워크 또는 운영 프레임워크가 필요한 프로젝트 결정 및 프로젝트 관리와도 관련이 있다.
- PPP 프레임워크는 일반적으로 정부 내의 서로 다른 기관과 부서들 사이에서의 책임 할당을 필요로 하므로, 정부 기관들 사이에서의 구조 및 조직이라고 할 수 있다.

PPP의 전반적인 거버넌스에 영향을 미치는 많은 요소들은 서로 중첩되며 그 중 일부는 같은 그룹으로 분류될 수도 있다. 따라서 정확한 용어로 PPP 프레임워크의 구성 요소 및 그것들을 정의하는 것은 어렵다. 그러나 여기서는 이해를 돕고자 본질적으로 PPP 프레임워크를 구성하는 주요 요소를 다음과 같이 정리하고자 한다.

2. PPP 프레임워크에 반드시 포함될 요소들

우선, 조달 옵션으로서 전반적인 PPP방식 적용을 통제하고 범위를 정하는 전략적이고 기본적인 틀들의 집합, 즉 이 방식의 사용에 대한 전반적인 목적,

어떤 종류의 프로젝트와 Sector에 적용할건지에 대한 범위, 조달/입찰 프로세스 규정을 포함한 "추진 원칙(Implementing Principle)" (PPP 어떻게 추진 되는지) 등이 포함된다. 일부 국가에서는 이러한 전략 및 추진 원칙(일반적으로 PPP 법이라고 함)을 규정하는 특정한 법의 형식을 이용하는 반면 다른 국가에서는 특정한 정책 문서(Policy document, 일반적으로 PPP 정책이라고 함)의 방식을 이용한다.[2] 일부 국가에서는 특정 PPP 법이나 정책이 필요하지 않다. 대부분의 경우 산업(Sector)별 법과 같이 PPP방식의 사용 및 통제에 실질적인 영향을 미칠 수 있는 넓은 범위의 법이 있을 것이며 이러한 모든 법률과 함께 PPP의 법적 프레임워크(Legal Framework)을 구성한다. 특정 PPP 법이나 PPP 정책 문서 이외에 PPP 옵션 사용에 영향을 미치는 광범위한 정부 정책이 있을 수도 있다.

둘째로 프로젝트를 식별하고, 준비 및 평가(Assess/Appraise)하고 PPP 계약 구조 및 RFP 구조를 개발하고 입찰 프로세스 및 계약 관리를 규정하는 일련의 규칙 및 절차들(rule and procedure)이 있다. 이러한 규칙과 절차는 일반적으로 운영 프레임워크(Operational Framework) 또는 프로세스 관리 프레임워크(Process Management Framework)라고 한다. 이러한 규칙과 절차 중 일부 요소는 공공 투자 프레임워크(Public Investment Framework) 또는 계획 프레임워크(Planning Framework)의 일부로 여겨질 수도 있으며 다른 구분이 적용될 수 있다. 규칙과 절차는 일반적으로 서로 다른 수준의 구속력을 가진 가이드라인(Guideline)의 형태로 구성된다.

세 번째로 투자 승인의 측면에서 투자 절차에 영향을 미치는 것을 포함하여 PPP방식 적용에 관련된 자금들을 관리하고자 필요한 일련의 규칙과 절차들

---

2) 이는 국가의 법을 구성하는 근간에 따라 다를 수 있는데, 보통 대륙법과 영미법으로 구분되며, 그 특성에 따라서 PPP도 법으로 지정될 수도, 정책문서로 지정될 수 있다. 뒤에서 다시 한 번 언급될 예정이다.

이 있는데 이를 일반적으로 재정 관리 프레임워크(Fiscal Management Framework)라고 부른다.

넷째로 PPP 옵션의 관리 및 통제에 영향을 줄 수 있는 정부 조직들 간의 구조가 필요한데 즉, 일반적으로 정부 조직 구조상 프레임워크(Institutional Framework)라고 한다.

마지막으로 PPP 정책 및 프로젝트의 전반적인 품질 보증, 투명성 문제 및 의사 소통과 같은 기타 거버넌스(Other governance)와 관련된 사항을 정리한 다양한 규칙, 절차 및 책임 부분이 있다.

때로는 프레임워크의 일부 요소를 정부의 "PPP 프로그램"이라고도 한다. 이러한 부분들 또는 그 하위 프레임워크는 상당히 중첩될 수 있는데 예를 들어, 전반적인 정책 프레임워크(Policy Framework)와 PPP 법적 프레임워크(Legal Framework) 자체만으로도 분명한 잠재적 중첩이 있다. 비슷한 의미에서 정부 조직구조상 프레임워크(Institutional Framework)는 PPP 프로세스 관리를 위한 운영 규칙 및 절차에 영향을 미치며 각 정부 조직들의 책임과 구조는 PPP 방식 적용에 의한 정부 재정상 결과를 관리 감독하는 시스템 또는 접근 방식에 영향을 미친다. 추가로 정부 재정 관리(Fiscal management)는 프로젝트의 특정 프로세스에도 영향을 미칠 것이다.

3. 프레임워크의 정립(Implant) 혹은 명문화하는 방법(다른 법적인 전통)

일반적인 정책 프레임워크나 전반적인 프레임워크에 한정된 논의와 별개로 프레임워크 안에 포함한 규칙들과 절차들은 법적인 강제성(enforceability) 혹은 정부의 추진 절차(Process)의 일관된 적용 등 구속력이 있는 문서의 형태로 정립되어야 한다. 본 책에서는 어떤 국가 및 글로벌한 관점에서 유효한 개념 및 지식을 바탕으로 PPP방식에 대한 표준 지식체계를 제공하지만 동시에 PPP의 여러 가지 측면에서 각 국가별로 그들의 법이나 이미 정립된 관습에 따라서 쉽게 바꿀 수 없는 큰 차이가 있음을 인지하는 것 또한 중요하다. 따라서 PPP 프레임워크가 국가마다 어떻게 그리고 왜 다른지를 이해하고 인식하는 것이 중요하다. 그런 의미에서, 특히 PPP 프레임워크 관점에서 볼 때, 관련된 차이점들에 영향을 미치는 가장 중요한 요소는 각국의 법적인 관습이나 전통이다. 여기서는 크게 2가지 법률 시스템을 고려하는데 하나는 영미법/보통법(Common Law)을 근간으로 하고 나머지 하나는 대륙법/성문법(Civil Law)을 바탕으로 한다. 일반적이고 넓은 의미로 PPP 프레임워크를 명문화 할 때 전자는 “정책 진술(Policy statement)”이나 정책 문서(Policy document)에 더 의존하고 한편 후자는 법(law)에 크게 의존한다. 법에 바탕을 둔 법적 프레임워크 또는 프레임워크는 안정성 측면에서 유리한 것으로 여겨지지만 유연하지 못한 부정적인 요인도 있다.

명확하게 지침을 제공하는 일부 가이드라인(Guide line)도 프레임워크를 명문화하고 구성하는 또 다른 방식이라고 고려할 수도 있다. 그러나 특히 대륙법 국가에서는 많은 규정들이 법에 의지하거나 속해있고 또는 규제의 성격을 갖는 법의 발전에 따라 영향을 받는다. 그와는 다르게, “매뉴얼”이나 “핸드북”의 형태의 가이드라인이 법에 속해있지 않는 경우도 있는데 비록 기존에 있는 내용이 현재 공무원이나 PPP 실무자에게 구속력을 부여한다고 하더라도 이는 때때로 바뀔 수 있다. 마찬가지로 많은 보통법 국가에서 정책(Policy)은 가이드라인을 통해서 보완되는데, 만약 PPP 승인 및 거버넌스 프로세스를 통한 지침 외의 승인이 주어지지 않는 이상, 이 가이드라인은 종종 공무원 및 PPP 실무자에게 구속력을 갖는 것으로 여겨진다.

4. 기존에 존재하는 프레임워크를 PPP에 맞게 수정

프레임워크의 기본 바탕의 상당부분은 공공 사업과 서비스를 조달하기 위해서 존재하는 합리적이고 안정된 조달 규칙과 내용이 같다. 그들은 인프라 개발의 환경적인 영향을 통제할 환경 당국을 보유하고 있고 정부 예산에 영향을 미치거나 지급을 약속하는 등 공공 지출(Public expenditure)을 구성하는 의사 결정 및 승인에 참여할 재정 당국(Fiscal authority)이나 책임 부서를 운영한다. 구체적이고 포괄적인 법이나 정책 문서 안에서 그와 연계하여 발전한 PPP 프레임워크는 다음의 내용들을 포함한다.

- 어떤 프로젝트가 PPP로 개발될 수 있는가?
- 계약 및 조달 절차가 어떻게 이행될 것인가?
- 시작하기 전에 프로젝트를 준비하고 평가하기 위해 무엇을 해야 하는가?
- 결정권 및 승인 절차, 계약 기간 이후에 중요한 문제를 결정할 권한을 가진 사람은 누구인가?

다른 한편으로는 PPP가 단순하게 기존 일반 조달법 안에 포함되어 있는 국가도 있다. 이들 국가에서 Government-pays PPP는 대개 색다른 것으로 받아들여지지만, 이 역시 다른 전통적인 PPP(Concession, User-pays PPP)와 동일한 방식으로 규제될 수 있다. 이런 경우 조달법은 다른 모든 형태의 조달방식에 적용할 수 있는 일반적인 내용으로 PPP를 위한 별도의 조건이 없거나 조달 형태와 상관없이 규제 대상이 되는 모든 프로젝트를 평가하는 절차나 방식이 존재한다. 어떤 방식이든 장기적인 재정적 관리가 필요한 PPP 방식을 고려한, 특정 규칙은 존재하지 않는다. 프레임워크가 어떻게 명문화되는지 상관없이 인프라 및 서비스 조달의 방식으로서의 PPP는 많은 측면에서 특별한 조치를 필요로 하는 문제를 만들 수도 있는데, 따라서 법률/조달, 프로세스 관리, 제도적 문제, 재정 관리 등 많은 부분에서 PPP의 특성을 포함하거나 PPP만을 위해 별도로 프레임워크가 수정되어야 한다.

아래의 표는 PPP를 수용할 목적으로 기존 프레임워크를 변경할 경우 필요하거나 유용한 내용들을 설명하고 있다. 프레임워크의 존재만으로 성공을 보장할 수는 없다. 왜냐하면 PPP의 성공은 오직 프로젝트를 통해서만 평가할 수 있기 때문이다. 정부는 언제 프레임워크를 개발하고 프로그램을 발표할 것인지를 신중하게 고려해야 하는데 프레임워크의 개발은 "Pathfinder" 또는 파일럿 프로젝트와 같이 진행되어야 하기 때문이다. 이러한 접근법과 명확한 정책 관리의 예는 인도와 멕시코에서 볼 수 있다.

범위	수정이나 변경이 필요한 부분	필요/유용함
법적 프레임워크 조달 (허용된 계약 유형과 입찰 프로세스)	여러 영역의 의무(DBFOM)를 포함하는 계약서를 채택하도록 프레임워크를 수정해야 한다. 이것은 보통법 국가보다는 대륙법 국가에서 더 중요한 문제이다. 구체적으로는 서비스에 대한 매출이 Government-pays 방식을 따르는 DBFOM 유형을 사용하는 것이 좋다. 또한 예상 입찰자와의 Dialogue 및 상호작용을 토대로 한 입찰 모델을 사용하는 것도 좋은 사례인데 복잡한 프로젝트를 위해서는 미리 선정된 입찰자들과 함께 깊이 있는 상호작용과 피드백이 중요하기 때문이다.	필요.
프로젝트의 선정, 준비 및 평가	정부와 모든 행정기구(중앙, 지역 및 지방) 수준에서 발주 되는 프로젝트를 평가하고 선정하는 가이드라인이 있는 것은 매우 유용하다. 그리고 이것은 기존에 존재하고 있거나 사용중인 그 어떤 공공 조달방식에도 적용 가능하다. 그러나 PPP는 경제성, 상업적 타당성 및 가치 등 Value for Money를 보호해야 하기 때문에 구체적인 가이드라인이 필요하다.	적절한 관리 및 PPP를 프로그래밍 방식으로 사용하는 경우 필요.
재정 관리 (PPP를 통해 노출되는	특히 Government-pays PPP와 관련이 있는데 정부는 장기적인 예산 지출을 약속할 것이고 이는 공공 조달에 있어서 새로운 이슈가 될 수도 있다. 이를 위해서 어느 정	적절한 관리 및 PPP를 프로그래밍 방식으로 사용하는 경우 필요.

범위	수정이나 변경이 필요한 부분	필요/유용함
자금)	도 수준으로는 리스크에 노출되는 자금을 통제하기 위해 원칙이나 거버넌스가 필요하다. 많은 국가들은 오직 공적 부채 한도나 공공 부채의 책임에 의존하고 있는 반면, 일부 Government-pays PPP 종류의 사업을 민간 금융이라고 여길 수도 있다. 이러한 접근 방식은 Government-pays PPP와 관련된 채무가 공공 부채로 인식되는지 여부와 상관없이 정부 예산의 장기적인 지급 약속을 포함하고 있다는 사실을 무시하거나 오해를 낳을 수도 있다. 예산의 배정과 관련하여 일부 국가에서는 장기적인 예산 집행이 법적 문제 일 수 있는데 때때로 (장기적인 관점에서) 예산이 미리 약속되지 않을 수도 있기 때문이다.	
제도적 프레임 워크와 구조	조달 모델로서 PPP는 그것이 프로그램이나 전략적 접근 방식 하에 있다고 하더라도, 정부 내에서 새로운 기관이나 위치를 요구하지는 않는다. 주요 역할(프로젝트의 주무관청이나 추진하는 담당자, 재무/예산 책임자, 일반 변호사 또는 비슷한 담당자)은 다른 조달과 동일하다. 그러나 PPP의 복잡성으로 인해(특히 사업의 선택, 준비/평가 및 집행하는 프로세스 측면에서) 정부 조직 안에 특별한 정부 기관이나 최소한 팀을 구성하는 것이 유용하고 매우 일반적이다. 그 조직의 목적은 대부분의 평가 및 준비 작업을 주도하거나 다른 정부 기관을 지원하는 것이다.	프로그램 방식으로 PPP를 사용하는 경우, 적절한 거버넌스로서 매우 유용. 필요성은 업무의 수준이나 PPP Tool의 타당성, 그리고 해당 국가의 잠재적인 파이프 라인의 규모에 따라 달라짐.

5. 프레임워크와 프로그램에 대한 민간부문 및 잠재적인 입찰자들의 관심

앞에서 언급했듯이, 민간부문은 단일 프로젝트의 적절한 리스크/보상 비율 및 금융 지원 타당성(Bankability)과 같은 이론적인 상업적 타당성(Commercial Feasibility)에 관심이 있을 뿐만 아니라 또한 대부분의 PPP 프로세스 전체에 관심이 있다. 견고한 프레임워크는 프로젝트 성공을 보장하는 최선의 방법이기 때문에 민간부문도 적절한 프레임워크의 존재에 대해 관심을 가질 것이다. 그러나 PPP 옵션의 모든 장점을 활용하기 위해서는 프로그램 방식을 통한 접근이 필요하다. PPP 프로그램을 사용하는 것은 일반적인 공적 관리 관점에서 직접적 이익을 가져다 줄 뿐만 아니라 PPP 산업을 접근하는 데에도 매우 중요하다. PPP 프로그램의 목적은 가능한 한 많은 잠재적 투자자들과 평판이 좋고 경험 많은 PPP 개발자들의 관심을 이끌어내는 데 있다. PPP 산업에서 민간부문은 "프로젝트"보다는 시장에 관심이 있기 때문에 다음 사항들이 중요하다.

- 민간 개발자는 입찰 준비와 프로젝트들의 관리 측면에서 규모의 경제를 만들어낼 수 있는 다양한 기회를 제공할 파이프라인(Pipeline)[3]이 있는 시장에 관심이 있다.
- 일관성이 중요하다. 프레임워크는 서로 다른 프로젝트가 일관된 방식으로 구조화되고 관리되도록 함으로써 민간부문의 비용을 낮추고 시장에 대한 확신을 심어준다. 견고한 프레임워크가 없다면, 각기 다른 정부 부처들의 활동에 일관성이 없을 것이고 그에 따라 결과가 나빠지면서 결국 잠재적 입찰자들을 잃게 될 수도 있다.
- 민간부문은 프로그램 방식으로 파이프라인을 관리하는 정부의 능력에 대해 우려가 있을 것이다. 이는 특정 프로젝트의 신뢰성뿐만 아니라 파이프 라인의 관리자로서의 정부의 신뢰성, 그리고 장기적으로 전략적 도구로서의 PPP 사용에 관한 것이다.
- 민간부문은 장기적인 재정 지속 가능성, PPP에 대한 정치적 약속, PPP tool의 사회적 수용성, 능력과 경험의 확보 및 PPP 조달 능력을 제공하는 최소한의 법적 프레임워크 등과 같은 문제에 관심을 기울일 것이다. 이들 중 상당수는 각 특정 프로젝트의 실현 가능성과 준비성에 영향을 미치지만 PPP tool의 지속 가능성과 안정성 및 적절한 파이프라인의 존재에도 영향을 미친다.

3) 파이프라인(Pipeline)이란 향후에 추진될 일종의 프로젝트 리스트로 이해할 수 있다.

특히 위에서부터 세 가지가 PPP 프로그램의 개념과 관련이 있다. 대부분의 국가에서 PPP 프로그램은 재정적인 어려움(Lack of Finance)이나 상업적 타당성 기준(Commercial Feasibility criteria)을 충족시키지 못해서가 아니라 적절한 양의 잘 준비된 PPP 프로젝트가 부족하기 때문에 더디게 진행된다. 따라서 PPP를 통해 인프라 개발을 촉진하고자 하는 정부는 이러한 프로젝트를 가지고 있는 것이 무엇보다 중요한데, 왜냐하면 세계 정상급 개발사를 유혹할 만한 능력의 부재로 인해 그들은 다른 곳에서 다른 기회를 찾아가려고 하기 때문이다. 결과적으로 정부는 원치 않는 참가자에 의해서나 부정부패 때문에 프로그램이 망가져서 결국 프로젝트의 실패라는 결론을 얻을 수도 있다. 민간부문의 장기적인 관심을 지속적으로 얻기 위해서는 PPP가 인프라 개발을 촉진할 수 있는 프로그램 도구 또는 경로로서 성공적이어야 하는데, 결국 PPP 관리상 모든 주요 영역에서 적절하고 명확한 PPP 프레임워크가 필요하다. 프로그램 방식은 하나의 핵심적인 요소를 바탕으로 선순환(Virtuous Cycle)을 만들 수 있다. 성공적으로 수행한 실적은 업계의 관심을 높여 주며 더 많은 관심이 프레임워크와 PPP 접근 방식을 개선하는 데 도움되는 피드백을 제공한다. 아래의 표는 PPP 프레임워크와 관련 프로그램이 민간 사업자의 관심을 끌기 위해 만족해야 할 조건의 일부를 나열한 것이다. 이 내용은 PPP 프로그램과 프로젝트 그리고 결과적으로 시장에, 장기 금융에 대한 접근 시 중대한 제한사항이 없고 국가 리스크가 외국인 직접투자(FDI, Foreign Direct Investment) 유도를 막는 장애물이 되지 않을 것이라는 가정을 바탕으로 한다. 만약 이런 제한사항이 존재한다면 프로그램은 각각의 제한사항에 맞게 수정되어야 한다.

•• 민간사업자를 유치하기 위한 조건들

PPP의 전략적 사용이나 프로그램 접근방식을 통한 성공요인	내용	어떻게 프레임워크와 정책이 시장을 매력적으로 만들 수 있는가?
관련된 혹은 중요하고 식별 가능한 파이프 라인	중요 파이프라인이나 중요한 인프라 수요에 대한 시장의 증거	프레임워크와 정책은 PPP tool의 역할에 대한 명확한 내용과 함께 계획이나 PPP 프로그램을 수립함으로써 보다 체계적인 파이프라인 확보를 보장한다. 이것은 또한 업계에 적극적으로 전달되어야 한다(의사소통 관리는 운영이나 투자 프레임워크의 중요한 부분이다).
실적	공정하고 깨끗한 분쟁 해결에 대한 근거가 있는 성공적인 PPP 프로젝트 역사	성공적인 실적은 적절한 프레임워크와 리스크의 최적 관리를 통해서만 이루어질 수 있다. 프로젝트 준비를 넘어서 성공적인 계약 관리는 PPP 프레임워크(PPP 프로세스 관리 영역) 내에 체계화(Institutionalized)되어야 하는 능동적인 자세가 필요하다. PPP 접근 방식을 개발하기 시작한 PPP 산업의 신규 진입자나 국가는 프로젝트 선택 및 준비 및 조달 프로세스 관리에서의 실패를 피하기 위해 철저히 조사하는 것이 중요하다. 강력한 프레임워크 내에서 작업하는 것 또한 중요하다.
강력한 PPP 프로세스 프레임워크(표준의 품질 및 타당성, 구조화에 대한 접근, 관리 능력 및 시간 및 의사 결정의 신뢰성)	여러 PPP를 관리하고 프로그램을 성공적으로 개발하려면 프로세스를 유연하게 하고 실패의 위험을 줄이는 명확한 운영 프레임워크가 필요하며, 그리고 특히(민간의 관점에서부터) 상업적 타당성(Commercial feasibility)과 민간부문의 우려사항을 반영해야 한다. PPP 프로젝트의 적절한 관리는 진행중인 특별한 성공적인 PPP 프로젝트를 넘어서 업계에 장기간의 신뢰를 제공한다.	이것은 특히 입찰 이전 프로세스 및 입찰 관리와 관련된 PPP 프레임워크의 핵심 부분 중 하나이다. 이들은 일관되게 적용되는 운영 지침과 기준에 의존해야 하며 민간부문에 의해서도 명확하게 식별될 수 있어야 한다. 이것은 또한 제도적 구조에도 영향을 받는다.
PPP 적법성, 조달 투명성 및 집행 가능성 측면에서 법적 프레임워크의 명확성	투명성(신뢰할 수 있는 정보에 대한 접근성 및 투명하고 공평한 선택 기준 및 프로세스). 집행 가능한 권리/분쟁 해결 절차/인가 위험	특히 조달 절차, 투명성 및 계약 표준에 대한 정책 및 법적 프레임워크를 나타낸다.

PPP의 전략적 사용이나 프로그램 접근방식을 통한 성공요인	내용	어떻게 프레임워크와 정책이 시장을 매력적으로 만들 수 있는가?
강력한 정치적 약속 및 지원	PPP 프로그램을 강력하게 지지하는 "Political Champion"의 존재는 PPP 산업에 영향을 미친다. 관련성이 있고 복잡한 프로젝트는 확실한 리스크 보유 및 공유 그리고 제도적 금융 도구의 이용을 통해 명확한 약속의 증거를 보여야 한다. 정책과 PPP 프레임워크 및 프로그램은 신뢰성을 얻기 위해 정치적으로 가능한 한 광범위하게 수용되어야 하는데 대개 PPP 프로그램의 대중 수용에 달려 있다.	Political Champion은 프레임워크 관리에 있어서 좋은 사례인데 이는 명료하고 견고한 PPP 프로세스 가이드라인이 있을 때만 가능하다. 일반적인 정치적 지원은 잘 설명되고 의사소통된 PPP 정책과 프로그램 하에서만 가능하다. 이것은 PPP 프레임워크의 하위 요소이기도 한 적절한 의사소통 관리에 의존해야 한다.
대중의 수용성	국제 및 현지 투자자는 여전히 PPP에 대한 부정적인 인식이 있는 국가의 PPP에 투자하는 것에 저항감이 있을 것이다. 이는 특정 프로젝트 인프라의 수용 가능성과 관련한 특정한 우려사항과는 별개이다.	잘 갖추어진 견고한 가이드라인과 PPP에 대한 신중한 접근법을 통한 법률 및 정책 프레임워크는 PPP tool에 대한 대중의 동의를 필요로 한다. PPP 프로그램과 특정 프로젝트는 잠재적인 대중의 반대를 일으킬 수 있으나, 적절한 의사소통 관리를 통해 다시 관리할 수 있다. 공공의 신뢰를 얻는 데 투명성과 책임성이 가장 중요한 요소이다. 공공 감사의 적용, 프로젝트 성과 정보의 공개 등이 PPP 프레임워크를 통해서 체계화되어 이루어져야 한다.
재무 지속성 및 도구의 합리적인 관리	민간부문은 PPP에 장기간 노출되는 자금에 대한 관대한 태도를 우려할 수도 있다. 특히 이는 부적절하게 선정되거나 급하게 추진되는 프로젝트들에서 나타나는 신호가 될 것이다. 정부 기관의 신용 등급을 평가할 때 신용 평가 기관은 PPP 계약을 통한 미래의 채무를 검토 및 고려할 것이다. 또한 이 정부의 신용 등급은 PPP 투자자 및 재무 담당자가 그들의 요구 자본 수익률 또는 이자율을 평가할 때 고려된다. 일부 국가에서는 과도한 재정 약속 때문에 PPP계약의 재협상을 해야 할 수도 있는데 이는 협상 타결의 불확실성을 만들기 때문에 바람직한 상황은 아니다.	이는 본질적으로 장기적인 재정 상의 노출 관리와 관련된 PPP 프레임워크의 일부이다.

02 민관 협력사업 추진 절차 Cycle 개요 : PPP 계약의 준비 및 구조화를 위한 관리방법

여기에서는 PPP 사업 프로세스의 개요를 단계별로 제시하고 독자에게 전체 프로세스에 대한 전반적인 내용과 각 주요 단계별 개략적인 내용을 설명할 것이며, 각 국가별로 사용하는 입찰 방식 또는 사용되는 양식(한 가지 이상 방식이 사용 가능할 때)에 따라 일부 국가에서 프로세스가 어떻게 다른지를 보여줄 것이다.

PPP 절차는 PPP 프로젝트의 Cycle과 관련이 있고, 일반적으로 프로세스는 프로젝트 식별 및 선정에서 시작하며 PPP 가이드라인에서는 이것이 프로젝트 단위로 진행됨을 가정한다. 그러나 정부가 프로그램 방식으로 접근할 때, PPP프로젝트의 후보 대상을 선정하기 위한 프로젝트 식별 및 선정 그리고 Screening(선별) 과정까지 모두 프로그램 개발의 일부로 진행하는 것이 일반적이다.

각 단계의 명칭과 그 해당 범위를 포함하여 각 단계별 정의는 다소 임의적이다. 각 단계에 포함되어야 할 내용이나 어디에서 시작하여 끝나야 하는지에 대한 보편적인 합의내용(consensus)은 없다. 즉 계약의 "구조화(Structuring)"를 정의하는 방법과 프로젝트 계약의 "구조화(Structuring)" 또는 "실현 가능성(Feasibility)"으로 정확히 간주되어야 하는 것이 무엇인지 등에 대해서 다양한 견해가 존재하는 것이다. 또한 평가(Appraisal) 활동의 최종 결과물이 무엇인지에 대해서도 서로 다른 견해와 접근법이 존재하는데, 프로젝트의 평가가 단계 그 자체로 여겨져야 할지, 투자 결정(Investment Decision)이 PPP 프로젝트로서 적합하거나 가능한지에 대한 확정 이전에 이루어져야 하는지, 혹은 이런 활동과 의사결정이 같은 단계에서 보다 잘 관리될 수 있는지 등이다.

••• 평가 및 결정에 관한 고려 사항

여기서 설명되어 있는 표준 PPP 프로세스 Cycle에는, 식별 및 PPP 선별(Screening) 단계에서 이루어진 프로젝트의 경제성과 PPP 선별에 대한 초기 분석과 평가 및 준비 단계에서 이루어지는, 보다 상세한 기술 검토 및 PPP로서의 프로젝트에 대한 상세한 평가가 포함된다.
이런 순서는 공공 재정의 대안으로 PPP를 사용하려는 의지로 만들어진 PPP 프로그램에 매우 적합하므로 인프라 개발을 가속화하는 데 도움이 된다. 이러한 환경에서 투자 결정(Investment Decision)은 프로젝트 진행 여부와 상관없이 조달 결정(Procurement Decision)과 관련이 있으며 해당 프로젝트가 PPP여야 하는 여부와는 관련이 없다.
프로젝트가 PPP로 부적합한 경우, 재정적인 제약으로 인해 전통적인 방식으로도 조달하는 것이 가능하지 않을 수 있다. 프로젝트 초기 단계에서 PPP 가능성 여부에 대한 선별(screen)을 함으로써, 정부는 PPP로서 부적합한 프로젝트를 평가하는 데 소모되는 불필요한 지출을 막을 수 있다.

따라서, PPP 프로세스 및 각 단계별로 실행하여야 할 각각의 업무와 의사결정에 대한 적절한 설명을 위한 일반적인 공통점(Common ground)을 정의할 필요가 있는데, 이를 위해서 유연한 접근 방식을 채택할 필요가 있다. 아래의 그림에 기술된 프로세스는 각 '단계' 내에서 취해질 작업, 결정 및 권한 부여 등 잠재적으로 수정이 가능한 주요 사항을 반영하여 상당한 유연성을 보여주고 있다.

현실적으로 수행해야 할 분석 작업은 실제로 각 단계에서 임의로 지정한 범위를 넘어설 수도 있다. 예를 들어, 평가의 일부로 수행되는 검토들의 일부는 후속 단계까지 완료되지 않을 수도 있고, 이후 단계에서 재검토를 해야 할 수도 있다. 또한, 각 단계에서 수행해야 할 작업은 관련 정책 및 법적 프레임워크의 영향을 받기도 한다.

그럼에도 불구하고 PPP로 프로젝트를 성공적으로 개발하기 위해 다음과 같이 해야 할 일들이 존재한다. 각 업무의 순서나 시기 또는 서로 다른 지역이나 국가에서 사용되는 다양한 용어 및 개념과 관계없이, PPP 조달은 단계적인 접근

•• PPP 프로세스 주요 단계

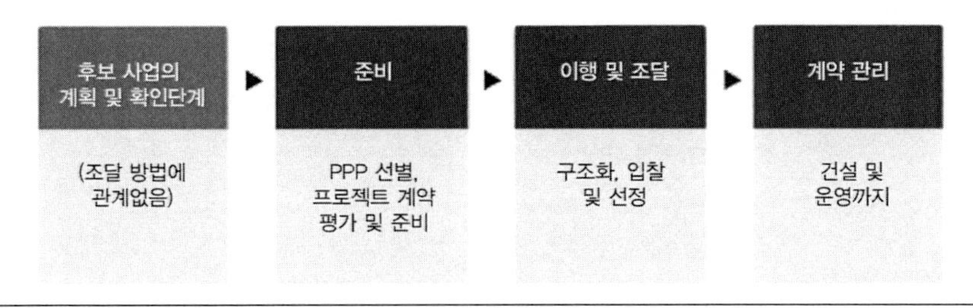

방식으로 다음의 중요 업무단계들을 포함하고 있어야 한다.

- 식별(Identification): 적절하거나 최적의 기술 또는 "프로젝트"를 기반으로 하여야 함.
- 평가 및 준비: 적용 기술과 PPP로서의 프로젝트 조달이 가능한지, 즉 PPP 프로젝트가 가장 적절한 조달 방식인지, 그리고 입찰 전에 적절하게 준비되었는지 등 실현 가능성을 평가하는 데 있어서 적절하게 검토되어야 함.
- 계약 및 입찰 구조화와 초안작성(Drafting): PPP 계약이 적절하게 구조화되어야 하고 입찰 프로세스도 잘 설계가 되어야 함.
- 입찰 프로세스 또는 "거래(Transaction) 관리": 적용되는 법과 규제 요구 사항을 준수하면서 효과적으로 조달되거나 입찰되어야 함.
- 계약 관리(Contract management): 계약 기간 동안 적절히 관리되어야 함.

•• PPP 프로세스 사이클

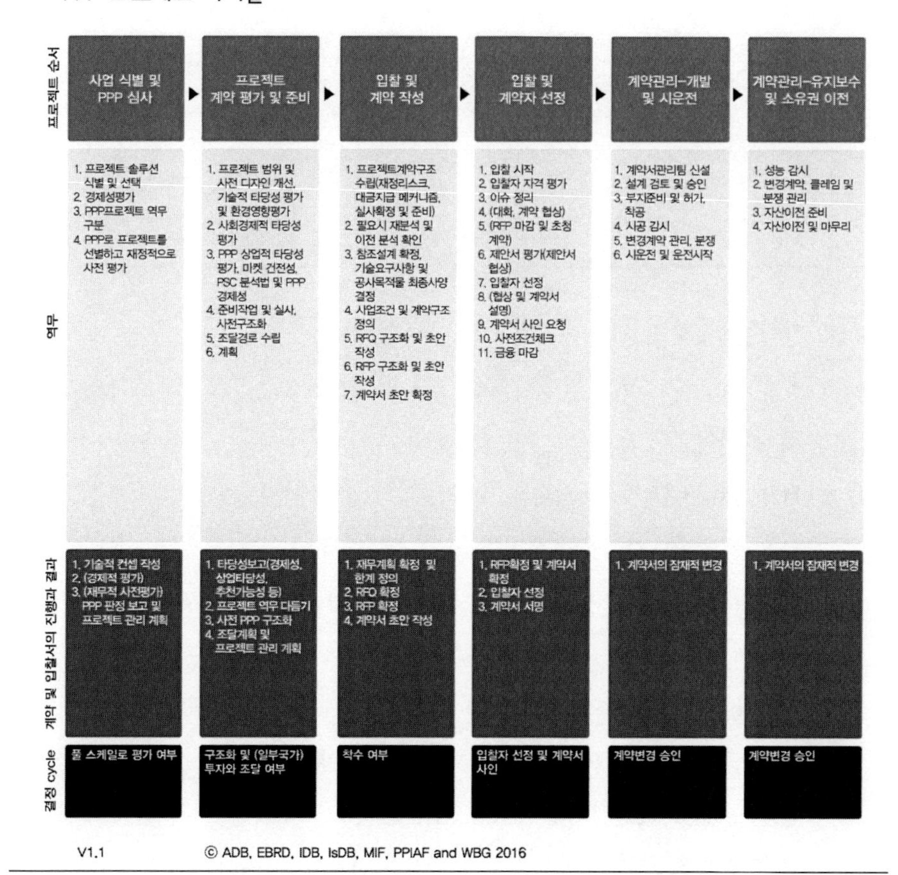

프로젝트 순서	사업 식별 및 PPP 심사	프로젝트 계약 평가 및 준비	입찰 및 계약 작성	입찰 및 계약자 선정	계약관리-개발 및 시운전	계약관리-유지보수 및 소유권 이전
역무	1. 프로젝트 솔루션 식별 및 선택 2. 경제성평가 3. PPP프로젝트 역무 구분 4. PPP로 프로젝트를 선별하고 재정적으로 사전 평가	1. 프로젝트 범위 및 사전 디자인 개선, 기술적 타당성 평가 및 환경영향평가 2. 사회경제적 타당성 평가 3. PPP 상업적 타당성 평가, 마켓 건전성, PSC 분석법 및 PPP 경제성 4. 준비작업 및 실사, 사전구조화 5. 조달경로 수립 6. 계획	1. 프로젝트계약구조 수립(재정리스크, 대금지급 메커니즘, 실사확정 및 준비) 2. 필요시 재분석 및 이전 분석 확인 3. 참조설계 확정, 기술요구사항 및 공사목적물 최종사양 결정 4. 사업조건 및 계약구조 정의 5. RFQ 구조화 및 초안 작성 6. RFP 구조화 및 초안 작성 7. 계약서 초안 확정	1. 입찰 시작 2. 입찰자 자격 평가 3. 이슈 정리 4. (대화, 계약 협상) 5. (RFP 마감 및 초청 계약) 6. 제안서 평가(제안서 협상) 7. 입찰자 선정 8. (협상 및 계약서 설명) 9. 계약서 사인 요청 10. 사전조건체크 11. 금융 마감	1. 계약서관리팀 신설 2. 설계 검토 및 승인 3. 부지준비 및 허가, 착공 4. 시공 감시 5. 변경계약 관리, 분쟁 6. 시운전 및 운전시작	1. 성능 감시 2. 변경계약, 클레임 및 분쟁 관리 3. 자산이전 준비 4. 자산이전 및 마무리
계약 및 입찰서의 진행과 결과	1. 기술적 컨셉 작성 2. (경제적 평가) 3. (재무적 사전평가) PPP 판정 보고 및 프로젝트 관리 계획	1. 타당성보고(경제성, 상업타당성, 추천가능성 등) 2. 프로젝트 역무 다듬기 3. 사전 PPP 구조화 4. 조달계획 및 프로젝트 관리 계획	1. 재무계획 확정 및 한계 정의 2. RFQ 확정 3. RFP 확정 4. 계약서 초안 작성	1. RFP확정 및 계약서 확정 2. 입찰자 선정 3. 계약서 서명	1. 계약서의 잠재적 변경	1. 계약서의 잠재적 변경
결정 cycle	풀 스케일로 평가 여부	구조화 및 (일부국가) 투자와 조달 여부	착수 여부	입찰자 선정 및 계약서 사인	계약변경 승인	계약변경 승인

V1.1 © ADB, EBRD, IDB, IsDB, MIF, PPIAF and WBG 2016

위의 표는 각 단계별로, 일반적으로 추진되어야 할 절차와 업무에 대한 상세 내용을 담고 있으며 가장 일반적인 형태를 의미한다. 많은 작업과 하위 프로세스는 본질적으로 점진적이고 반복적으로 수행되어야 하는데, 평가 및 준비, 계약 및 프로세스 설계가 이에 해당된다. 이 표에서는 프로세스가 최종적으로 계약을 향해 어떻게 추진되는지에 대한 설명과 단계적 접근 방식을 통해서 의사결정이 어떻게 이루어지는지에 대한 내용을 보여주고 있다.

프로세스 흐름상의 차이 외에도 단계 및 업무를 설명하는 데 필요한 용어는 제도권마다 다르다. 다음은 주로 사용되는 용어와 대체되는 개념들이다.

•• PPP 프로세스 및 관련 작업과 관련된 용어

선호되는 용어	기타 다른 용어
프로젝트 식별(Identification)	프로젝트 선정(Selection)
비용 편익 분석(CBA)	경제적 타당성, 경제성 평가(Economic Feasibility & Appraisal)
PPP로서 프로젝트의 선별(Screening)	프로젝트를 PPP로 사전 평가. Pre-Feasibility는 일부 국가에서도 사용된다.
평가 (Appraisal)	프로젝트의 타당성 분석, 프로젝트 평가, 실사(일부 실행 가능성 또는 평가 프로세스에만 국한), 프로젝트를 PPP로 평가(프로젝트를 자체 기술적으로 평가하기보다는 PPP 옵션을 프로젝트의 조달 대안으로 평가하기 위한 것), 프로젝트 준비, 비즈니스 사례(Business Case) 개발 (일부 국가에서는 비즈니스 사례가 PPP Cycle 전반에 걸쳐 점진적으로 개발됨 - 평가 활동은 주로 개요 비즈니스 사례 단계에서 수행함).
타당성(Feasibility)	어떤 국가에서는 Viability이라고 함.
VfM 분석(조달 옵션으로 PPP)	일부 국가에서 사용하는 PSC(Public Sector Comparator)방법 하에서 VfM.
입찰 구성(RFQ 및 RFP)	조달 경로 또는 입찰 프로세스 설계.
계약 구조화	계약서 설계.
초안작성(RFQ, RFP 및 계약)	문서 완성. 일부 국가 및 가이드에서는 구조화와 초안작성(Drafting)을 함께 합쳐서 실행(Implementing)이라고 한다.
입찰 프로세스	조달 프로세스 또는 조달 절차.
Shortlisting	선정되었거나 사전에 선정된 입찰자들.
PPP 계약	PPP 프로젝트, 프로젝트 계약(민간 투자자와 관련하여 많이 사용됨).

1. 1단계 - 프로젝트 식별(Identification) 및 PPP 선별(Screening)

본 단계에서는 수요에 가장 부합하는 최적의 기술적 대안을 이용하는, 적합한 프로젝트를 선정하고, 또 가치가 없는 프로젝트를 준비하고 충분한 평가(Full assessment)를 하기 위해 들어가는 불필요한 자원의 낭비를 막기 위해 잠재적인 PPP 프로젝트로서의 적합성을 사전에 평가하는 것을 목표로 한다. 이 단계에 다루어져야 하는 일반적인 내용은 아래와 같다.

- 다양한 옵션 중에서 프로젝트에 적당한 방식을 식별하고 선택
- 프로젝트에서 다룰 범위(Scope)의 지정
- 프로젝트 경제성 평가(일부 국가에서 CBA에 의한 사회 경제적 평가 포함) 및 필요한 경우 가치가 높은 사업부터 우선순위 결정.
- 잠재적인 PPP사업으로서의 심사과정
- 프로젝트 관리 계획을 수립하고 프로젝트 팀을 정의하는 것을 포함하여 입찰 개시를 통해 준비 절차를 위한 프로젝트 거버넌스 준비

인프라 식별(Identification) 작업은 조달 방법과 상관없이 모든 인프라 조달 결정(procurement decision) 절차 Cycle 내에 포함된다. 보다 엄격한 기준으로 보면 이는 PPP Cycle의 일부로 포함되지 않으며, 많은 국가들에서 프로젝트들은 이미 기획 단계에서 식별되거나 정부의 전략적인 추진 방향과 일치하는 한, 입법 단계에서 주무관청 혹은 관련 정부 기관으로부터의 제안이 이루어진다.

편의상, 본 책에서는 적절한 프로젝트 선택의 중요성을 강조하기 위해서 PPP 선별(screening)과 동일한 단계로 포함하였다. PPP는 기적을 만들어낼 수 없으며 경제적으로 탄탄하고 합리적인 프로젝트인 경우에만 PPP로서 성공할 수 있다. 그러나 일부 경우(특히 개발도상국 및 PPP로 조달되지 않으면 사실상 조달이 어려운 경우를 포함하여 PPP 방식의 적용이 정부 재정적 상황에 따라 이루어지는 경우), 식별(Identification) 및 평가(Appraisal)가 PPP로서의 적합성(Suitability), 실행가능성(Feasibility)을 선별(Screening) 및 테스트하는 과정과 함께 진행되는 경우도 있다.

프로젝트가 어떻게 조달될 수 있는지를 고려하기 전에, 기술적이고 전략적인 측면에서 공공의 수요를 해결하기 위해 가장 최적의 해답이 무엇인지에 대

한 명확한 개념이 필요하다. 예를 들어, 특정 도시의 혼잡 문제를 해결하기 위한 해결책으로서 LRT(light rail transit) 투자, 도로망의 개선 또는 지하철 등이 가능하다. 적용 가능한 해결책에 대한 평가는 공공 프로젝트 결정(인프라, 서비스, 정책, 법률 또는 기타 정부 활동 등)을 위해 수행되어야 한다. 이것은 프로젝트 식별에 기본이 되는 좋은 사례이다.

"아무것도 하지 않는(Do noting)" 옵션을 Baseline으로 고려하여, 여러 옵션들이 비교 검토되어야 한다. 그리고 가장 적절한 옵션이 선정 방법(Selection Method)을 통해서 결정되어야 한다. CBA 및 다중 기준 분석, 비용 효율성 분석과 같은 다른 방식들이 이용될 수 있다. 이 프로세스는 일반적으로 기술적인 해결책을 식별한다. 이 단계에서 프로젝트 범위는 대략적인 비용을 포함한 개념적인 형태일 수도 있다. 사업의 범위 및 비용의 산정은 평가 단계의 최종 평가(Assessment)를 통해서 추가 검토될 것이다.

비용-편익분석(CBA)을 프로젝트 선정을 위해 사용하는 것 외에도, 프로젝트 식별 단계에서 프로젝트의 경제성에 대한 부분을 사전에 평가하기 위해 사용할 수도 있다. 일부 국가에서는 다른 평가(Appraisal) 작업도 프로젝트 식별 단계에서 수행될 수 있다. 이러한 분석은 일반적으로 Pre-Feasibility라고 불리며, 프로젝트가 입찰되기 전에 이루어지는 일련의 후속 단계들을 통해서 수정 및 조정, 추가적인 검토를 통해 발전된다.

경제성 사전 평가(Economic pre-assessment)를 포함하여 프로젝트가 적절히 식별되면, 해당 프로젝트를 PPP로서 선별(Screen)하는 작업을 거치는데, 이를 위해서 일반적으로 계약 범위를 정의하고 PPP 조달 방법이 프로젝트에 적합한지 여부에 대한 사전 테스트를 수행해야 한다.

본 단계의 마지막에는 "PPP 심사 보고서"에 기초하여 프로젝트와 프로젝트 계약 모두를 PPP로서 충분한 평가(Full Appraisal)를 할 것인지에 대한 여부를 결정한다. 해당 보고서에는 프로젝트 계획 및 관련 일정에 따라 프로젝트 절차 관리에 대한 방법도 설명되어야 한다.

2. 2단계 - 평가 및 준비 단계

본 단계의 목적은 프로젝트 입찰 및 계약기간 동안 프로젝트가 실패할 리스크를 완화시키고 PPP로서의 준비 수준을 더욱 높이기 위해, 프로젝트 및 PPP 프로젝트 계약이 실현 가능한지 평가하는 것이다. 본 단계에서 수행해야 할 일반적인 작업은 다음과 같다.

- 프로젝트의 사업 범위에 대한 조정 및 사전 설계, 기술적 타당성에 대한 테스트 및 환경 영향 검토
- 사회 경제적 타당성/평가(CBA)를 보완하거나 이를 처음부터 전반적으로 수행
- 금융 지원 타당성(bankability)을 포함하여 PPP의 상업적 타당성(Commercial Feasibility)을 평가하고 시장 테스트 수행
- 다른 재무적 평가(Financial assessment) 수행: 일부 국가에서 PSC[4] 분석(공공부문 비교자 방법)을 이용하여 VfM를 검토하고 일부에서는 PPP Affordability 및 국가 회계상 영향 분석 수행
- 준비와 실사: 리스크를 평가하고 실사 작업을 수행
- PPP 사전 구조화
- 조달 전략/경로를 정의하고 조달 계획의 설계

4) Public sector comparator의 약자이며 공공부문 비교자 방법으로 불린다. 이는 공공부문이 재정사업으로 해당 사업을 추진할 경우 소요되는 비용을 추정한 값으로 이보다 PPP로 조달한 경우가 더 저렴하여야 PPP로서 추진하는 당위성을 얻게 된다.

다음은 PPP 프로젝트를 확인하고 평가하기 위한 대안 절차(프로세스)에 대한 설명이다.

PPP 프로젝트 식별 및 평가를 위한 대안 프로세스

여기서 설명된 표준 PPP 절차 Cycle에는 식별 및 선별 단계에서 수행되는 프로젝트 경제성 및 PPP 선별에 대한 초기 분석이 포함되며 그 후에 기술과 PPP로서의 상세한 평가가 평가 단계에서 이루어진다.

따라서 표준 PPP 절차 Cycle은 공공 재정을 이용하는 방식의 대안으로서 PPP를 이용하려는 동기에 의해 진행된 PPP 프로그램을 보유한 개발도상국 국가에 매우 적합하다. 그러나 일부 국가(특히 재정상태가 건전한 선진국)의 경우 PPP 사용의 핵심적인 동기는 효율성(Efficiency)과 유효성(Effectiveness)이다. 이런 국가는 투자 결정(Investment Decision)을 조달 결정(Procurement Decision)과 분리하여 투자 결정을 먼저 내릴 수 있다. 따라서 정부는 사회-경제성 분석을 기반으로 조달 방법과 관계없이 프로젝트를 진행할지 여부를 결정한 다음, PPP 조달이 전통적인 방식보다 더 나은 VfM을 제공하는지 여부를 결정한다. 이런 의사결정 절차는 정부가 PPP 또는 전통적인 조달 방식 무엇으로든 프로젝트를 수행할 수 있는 건전한 재정적 상태일 때만 가능하며 여기서 설명한 표준 절차와는 다른 의사결정 절차를 가능하게 한다.

호주 빅토리아 주는 PPP 또는 전통적인 조달 방식 모두로 프로젝트를 수행할 수 있는 건전한 재정적 상태에 있는 예이다. 이들은 PPP를 사용할 동기로서 효율성과 효과성에 중점을 두며 빅토리아 주 프로젝트 Cycle의 초기 단계는 다음과 같다.

- PPP가 될 수 있는 크고 복잡한 프로젝트의 경우, 첫 번째 단계는 전략적 비즈니스 사례(Strategic Business case)를 개발하는 것이다. 전략적 비즈니스 사례는 해결해야 할 문제 또는 비즈니스 필요성, 정부가 문제에 성공적으로 대응함으로써 기대되는 이점, 확인된 문제를 가장 잘 처리할 전략적 대응(인프라 프로젝트 포함) 등을 분석한다. 선호되는 전략적 대응을 확인하기 위해 다중 기준 분석(Multi-criteria analysis)의 한 형태를 통해 옵션들이 분석된다. 진정한 비용-편익(Cost-Benefit) 분석은 필요하지 않다. 이 단계에서 수행되는 옵션은 일반적으로 예를 들어, 대중 교통에 필요한 것으로 간주되는 옵션에는 버스 방식과 경전철을 고려하는 등 다른 전략적 대응을 의미한다.
- 전략적 비즈니스 사례는, 만약 기존에 알려져 있는 것이 있다면, 예상되는 조달 경로를 파악할 수 있지만, 이 단계에서는 아직 조달에 대한 결정이 이루어지지 않았기 때문에 조달 경로에

대한 상세한 증거가 필요하지 않다.

- 전략적 비즈니스 사례를 고려한 후, 정부는 전체 비즈니스 사례(Full business case)를 개발해야 하는지 여부를 결정한다. 전체 비즈니스 사례에는 일반적으로 하나 이상의 프로젝트 옵션에 대한 전체 비용-편익 분석을 포함하여 PPP 절차에서 설명한 평가(Appraisal)단계의 내용이 포함된다. 이 단계에서 비교되는 옵션들이란 일반적으로 이전 단계에서 확인된, 선호되는 전략적 대응에 대한 다양한 범위 옵션들을 의미한다. 예를 들어, 전략적 비즈니스 사례로 인해 경전철이 대중 교통 수요에 대해 가정 적절한 전략적 대응이라고 밝혀지면, 전체 비즈니스 사례는 경전철 프로젝트에 대해 서로 다른 두 Alignment와 두 가지 기술(오버 헤드 전원 공급 장치 대 무선)을 고려할 수 있다.
- 또한 전체 비즈니스 사례에는 다양한 조달 방법에 대한 정성적 비교분석인 "조달 전략"이 포함된다. 일반적으로 조달 전략은 개발된 비즈니스 사례의 마지막 요소 중 하나이며 기본 프로젝트 범위 옵션에만 초점을 맞춘다. 이 단계에서 비용-편익 분석 및 다른 평가 요소들이 완료되기 때문에, 프로젝트에 대한 충분한 이해는 사용 가능한 조달 방법 분석에 도움이 된다.
- 정부는 그 다음으로 예산 편성 프로세스의 일부로서, 프로젝트가 진행되어야 하는지를 결정하며 이를 투자 결정이라고 한다. 프로젝트 진행에 대한 승인을 얻으면 정부는 다음으로 PPP로 조달되어야 하는지 또는 전통적인 방법으로 조달되어야 하는지를 결정하며 이를 조달 결정이라고 한다.

프로젝트는 최종적으로 개발 및 관리되어야 하는 조달 방법과는 무관하게 평가(Appraisal)되어야 한다. 따라서 이 단계에서 수행되는 많은 작업은 어떤 유형의 조달 방법에서도 공통적이며 PPP 프로세스에만 해당되는 것은 아니다. 사실, PPP는 광범위한 공공 투자 관리 프로세스의 "일부"이기 때문이다. 그러나 다른 어떤 프로젝트에서도 수행될 평가 및 준비 작업에서 추가적으로 PPP로서 평가하고 준비해야 할 특별한 업무들도 또한 존재한다.

강력한 공공 사업에 대한 실질적인 관행이 존재하는 국가나 그런 상황에서는 PPP 프로젝트의 준비 및 입찰 절차가 (다른 공공 사업에서 일반적으로 적용되는 것과 같이) 짧을 수 있다고 생각하는 경향이 있다. 그러나 현실은 그렇지 않다.

적절하고 현실적인 PPP 프로젝트와 입찰 절차를 설계하고자 하는 실무자는 건전한(Sound) PPP 프로젝트를 준비, 평가 및 구조화하는 데 소요되는 시간이 전통적인 프로젝트 조달 방식보다 훨씬 더 필요함을 인지하고 있어야 한다.

타당성 분석에는 두 가지 종류가 있다. 첫째, 타당성 분석은 프로젝트 또는 조달 방식이 식별된 프로젝트의 필요성을 위한 최적의 해결책인지 여부를 평가하는 데 사용된다. 이것은 대개 식별 단계에서 수행된다. 둘째, 타당성 분석은 본 프로젝트가 실패할 리스크를 제거하거나 제한할 수 있는 해결책인지에 대한 평가 및 실현 가능성 판단에 이용된다.

프로젝트가 최적의 해결책인지 여부를 평가하려면 전체 비용-편익 분석(Full CBA)이 필요하다. 이 분석이 식별 단계에서 완료되지 않은 경우, 반드시 평가 단계 중에 수행되어야 한다. 만약 분석이 식별 단계에서 수행된 경우에 이번 단계에서는 확인을 목적으로 하며, 보다 완전한 데이터 수집이 사용 가능하다면, 평가 단계에서 더 자세히 개발되거나 수정될 수 있다.

프로젝트 평가(Appraisal)의 주요 목적은 프로젝트가 일반적으로 "경제적" 또는 "사회-경제적" 타당성(Feasibility)으로 간주되는, 넓은 의미에서 사회에 비용 대비 가치를 제공(VfM)하는지를 확인하기 위한 것이다. 프로젝트를 통해서 예상된 순이익 또는 사회 가치가 달성 가능한지 여부를 확인하기 위해서는 다수의 추가적인 타당성 검증이 수행된다.

프로젝트의 PPP 방식이 최상의 조달 옵션인지를 결정하기 위한 분석도 수행된다. 많은 국가에서 PPP 옵션을 다른 조달 방법(일반적으로 전통적인 조달 방식)과 비교하는 데 사용되는 공공부문 비교자(PSC, Public Sector Comparator)를 준비해야 한다. 이는 조달의 한 가지 방식으로서 PPP 옵션이 프로젝트에 내재된 초과 이익의 일부를 상쇄하기보다는 부가적인 순이익을 창출할 가능성이 있는지를 테스트하고 확인하는 데 사용된다.

평가(Appraisal)는 점진적이고 반복적인 과정이므로, 타당성 분석의 일부 요소는 다음 단계(구조화 단계)에서도 계속된다. 특히 PPP 방식 및 그와 관련된 재무 분석, 상업적 및 재정적 타당성, VfM / PSC 및 Affordability 등이 해당된다.

평가와 준비단계 사이에는 미묘한 구분이 있는데, 준비란 계약 체결 이전까지 정부의 책임 소재인 부분들을 추진하고 프로젝트의 리스크를 경감시키는 정부가 추진하는 일련의 활동들을 의미하며, 프로젝트의 성공을 위협하는 리스크와 문제점들에 대한 실사를 통해 시작된다. 예를 들어, 지반 공학적 리스크가 프로젝트 결과에 대한 심각한 불확실성을 제공하는 경우 시설의 부지 가용성을 확보하고 사전 환경 안정성을 얻기 위해 지반 공학 시험을 수행할 수 있다.

준비 활동은 다음 단계에서 계속될 수 있다. 그러나 이런 활동들은 조달 계획에서 예상되는 타임 라인 및 입찰이 시작되기 전에 마무리 되어야 한다.

앞서 설명한 것과 같이 타당성(Feasibility)은 일반적으로 몇 가지 유형의 실행이나 분석으로 구분된다. 그 중 일부는 프로젝트 그 자체와 관련이 있는데 여기에는 기술적, 경제적 또는 사회-경제적 및 법적 및 환경적 타당성이 포함된다. 타당성과 관련된 대부분은 프로젝트의 추진 가능성(Doability)과 관련이 있는 반면, 사회 경제적 타당성은 프로젝트의 가치에 대한 내용과 더 관련이 있다.

타당성의 다른 요소는 PPP로서의 프로젝트와 관련이 있다. 여기에는 PSC 또는 PPP 옵션의 적합성, 재정적 및 상업적 타당성 및 Affordability 테스트(PPP를 통해서 발생한 정부의 전반적인 리스크 노출 수준에 대한 통제 포함) 등에 대한 여러 테스트가 포함된다. 일부 국가에서는 재정 처리(Financial treatment 즉, 인프라 및 그와 관련 부채가 국가 회계상 공공 자산 및 부채로 간주해야 하는지 여부) 측면에서 거래(Transaction)의 성격을 분석하는 것이 일반적이다.

본 단계의 결과물에는 프로젝트가 다음 단계로 진행해야 하는지 여부를 정부가 결정할 수 있게 하는 타당성 평가(프로젝트가 유익하고 실행 가능한지 여부)의 기초가 포함된다. 이 결과물에는 다음 단계에서 추가로 개발되어야 할, 제안된 PPP 프로젝트의 초기 구조도 포함된다.

다음 단계(구조화)로 이동하기 전에 조달 전략이 정의되고 조달 계획의 구체화가 이번 단계에서 이루어져야 한다. 조달 전략의 기본 특징은 다음과 같다.

– 다음과 같은 자격에 대한 접근 방식:
  - 적격심사(Qualification) 시점, 즉 RFP(입찰안내서)와 동시 또는 그 전에 시작할지 결정
  - Shortlist 여부 혹은 합격/불합격 자격 적용 여부

– RFP(입찰안내서) 접근 방식:
  - RFP 및 계약의 마무리 및 공시 시기 – Dialogue 및 상호 협의 기간(interactive phase)을 앞뒤에 둘 것인지, 아니면 이런 과정을 적용하지 않고 단지 minor clarification만 허용할지
  - 입찰 제출 및 평가 방법 – 협상 및 반복적인 추가 제안이 허용되는지 여부

이러한 특징들에 대한 정의는 해당 국가의 법적 체계 및 관행에 따라 달라진다. 다음은 전세계에서 사용되는 주요 입찰 절차의 유형에 대한 설명이다.

•• 입찰 절차(프로세스)의 주요 유형

Open Tender or One-stage tender process

Qualification 및 입찰서의 제출을 통합하여 하나의 단계만 이루어진다. 제안서 요구 사항에는 하나 혹은 두 개의 별도 문서(RFP 및 계약서)로 구성된 자격 요구 사항도 포함된다. 공개 입찰은 많은 라틴 아메리카 국가에서 사용되는 가장 일반적인 방법이며 일부 지역에서는 유일한 방법이기도 하다. 또한 이러한 방법은 필리핀에서 일부 프로젝트를 위해서 사용된다. 이러한 방식의 공개 입찰을 일부 실무자와 가이드에 의해 "One-stage Tender process"라고 한다.

Open Tender with Pass/fail pre-qualification(or two-stage open tender)

이 방식은 이전 유형의 프로세스의 변형으로 간주될 수 있으며, 유일한 차이점은 자격 요청(RFQ)을 입찰 제안 요청(RFP 발급)에서 분리하여 발급시기를 다르게 한다는 것이다. 따라서 잠재적 입찰자가 RFP 발급 및 계약 이전에 입찰 후보자들의 Pre-Qualification을 위한 초기 단계는 있지만 Short-list는 없다. RFP 발급은 입찰서 제출을 위한 초청을 의미하며 일반적으로 단 한 번의 입찰을 통해 결과가 발표되고 협상과정은 없다. 이는 멕시코와 같은 라틴 아메리카의 여러 국가에서 흔히 볼 수 있다.

제한 프로세스(하나의 입찰을 위한 Short-listing)

Pre-qualification(사전 자격) 심사를 통한 공개 입찰과 마찬가지로 잠재적인 입찰자가 자격을 제출하도록 초대되는 초기 단계가 있다. 입찰 자격이 있는 입찰자(합격/불합격 기준을 충족시킨 입찰자)는 제출한 자격 사항에 따라서 순위가 매겨지며, 제한된 숫자의 상위 점수자가 Short-list로 선정된다. 이 Short-list에 포함된 입찰자만이 입찰서를 제출하도록 초대되어 최종 결정이 내려지기 전에 입찰에 대한 평가가 이루어진다. EU 회원국 및 인도와 같은 여러 국가에서 공통적으로 사용되는 방법이다.

협상 프로세스(협상을 포함한 Short-list)

사전의 Short-list를 기초로 하여, 입찰자들이 입찰서를 제출하도록 초대받는다. 협상 과정은 Short-list상에 있는 모든 입찰자 혹은 제한된 수의 후보를 대상으로 하게 된다. 최종 제안 요청이 있기 전까지, 입찰자는 여러 번의 입찰서를 제출할 수 있으나 최종 입찰서만 평가 받게 되고 우선협상대상자와 추가적인 협상과정이 이루어질 수 있다. 하지만 이는 바람직하진 않다. 협상 프로세스는 이전 유형의 변형으로 간주될 수 있는데. 즉, 협상 프로세스는 일반적으로 제한된 프로세스의 일부로 볼 수 있다.

Dialogue 또는 상호 협의(interaction) 프로세스

일부 국가에서는 Shortlist와 함께 Dialogue 및 상호 협의 과정을 거칠 수 있다. 우선, 입찰자격을 갖춘 입찰자들을 Short-list로 사전 선정(Pre-selection)을 위해 RFQ가 발급된다(기본적인 계약 및 프로젝트 구조 포함). Dialogue 또는 상호 협의 과정은 RFP 프로세스와 함께 진행되는데 이런 형식은 국가마다 다르며, 특히 호주, EU 및 뉴질랜드 사이의 차이가 명확하다.

3. 3단계 - 구조화 및 초안작성(Drafting) 단계

본 단계의 목적은 VfM을 보호하고, 가능한 한 VfM를 최적화하기 위해 프로젝트 계약상 특징에 잘 어울리는 PPP 해법과 입찰 절차를 정의하고 개발하는 데 있다. 본 단계에서 다루어져야 하는 일반적인 업무는 다음과 같다.

- 프로젝트 계약의 최종 구조(재무 구조, 리스크 배분 및 구조, 대금 지급 방식(Payment Mechanism))를 정의하고 계약 개요(Outline) 작성
- 실사(Due Diligence) 및 준비과정 마무리(평가 단계에서 시작된 준비 작업 완료)
- 필요한 경우, 사전에 수행된 분석자료를 재평가하거나 재확인(경제적, 재정적, 상업적인 부분, 잠재적으로는 신규 시장 조사(Market testing), 공공부문 비교자(PSC, Public Sector Comparator) 및 Affordability 검토에 대한 개정 포함
- 참고한 설계, 기술 요구 사항 및 결과물(Output) 요구사항의 마무리
- 사업상 다른 조건 및 계약 구조와 관련된 사항 정의(특히 계약 관리를 위한 전략 및 방법의 이행)
- 입찰자 적격 심사기준(Qualification)을 명확하게 하기 위한 RFQ의 구조화 및 작성
- 제안서 요구 사항 및 평가 기준(그리고 입찰 프로세스가 이러한 종류에 해당하는 경우, 대화(Dialogue) 또는 상호 협의(Interactive phase) 단계 또는, 협상이 허용되는 경우, 협상 절차에 대한 규정)을 정의하기 위한 RFP의 구조화 및 작성
- RFP와 같이 배부하게 될 계약서의 초안 마무리

이 단계의 주요 두 가지 작업은 다음과 같다.

① 프로젝트 계약서의 구조화 및 작성

② RFQ 및 RFP를 포함하여 프로젝트 조달(Procurement)을 위한 강제성 있는 문서들의 구조화 및 작성

계약서의 구조화를 위해서는 이전 단계에서 예비(Preliminary) 수준으로 개발된 구조 – 특히 재무적인(Financial) 구조 및 대금 지급 방법(Payment Mechanism) 그리고 일반적으로 이 단계에서는 리스크에 대한 분석이 상당히 그리고 보다 자세하게 진행되기 때문에, 리스크 할당(Risk allocation)의 관점에서 재정의되어야만 하며, 나머지 사업과 관련된 조건들도 계약서 작성이 시작되기 전에 준비되어야 한다.

이 단계에서 계약서만 준비되면 되는 것은 아니다. 입찰 프로세스는 프로젝트의 특성에 알맞아야 하기 때문에 이 역시 잘 구조화되고 설계되어야 한다. 입찰 프로세스는 평가 단계(Appraisal)의 마지막에 선정되지만 많은 세부 사항들이 프로젝트가 구체화됨에 따라 정의된다. 여기에는 통과/실패 자격 기준 및 평가를 위한 특정한 기준이 포함되며 또한 입찰 보증에 대한 요구 사항, 입찰서 제출 기한, 입찰 프로세스 중에 대화(Dialogue) 또는 상호협의(interaction)에 대한 세부 규정 등 입찰 프로세스와 관련된 몇몇 특징도 포함된다.

초안작성(Drafting)단계는 RFQ, RFP 및 계약서를 포함하여 입찰 패키지의 모든 내용과 조항들을 효과적으로 개발하는 단계이다. 문서의 작성은 각 문서의 주요 특징들에 대한 윤곽(Outline)을 설정하고, 관련된 협의 및 승인 이후에 실시되어야 한다. 문서들의 작성 시기는 사용될 입찰 프로세스에 따라 서로 다를 수 있는데, 공개 입찰에서는 입찰자 적격심사(Qualification) 조건들이 RFP의 일부로서 포함되며 이러한 프로세스의 입찰은 입찰자 자격 및 선정조건, 제안서 제출 요구 사항, 평가 기준 및 계약 규정을 포함하여 단일 패키지로 구성된다.

반면, 2단계로 진행되는 프로세스에서는 RFQ와 RFP를 동시에 완료할 필요가 없다. 그러나 입찰 제안서 요구 사항, 평가 기준 그리고 특히 계약과 관련한 기본사항들은 입찰자 적격심사(Qualification) 절차가 시작되기 전에 정의되어야 한다. 입찰자 선정 절차가 시작되고 제출 서류의 접수 기간 사이는 RFP 및 계약서를 수정하고 마무리 할 수 있는 시간이 될 수 있다.

구조화 및 작성 단계는 매우 반복적인(iterative) 작업이다. 계약의 구조는 리스크와 관련된 사항, 재무적/상업적 타당성 및 그에 따른 Affordability와 연결되며 이 모든 사항들은 이 단계에서 계속 평가되며 이는 기술 요구 사항 및 결과물 요구수준(Output specification)이 최종적으로 어떻게 결정되는지에 따라 달라진다.

이러한 모든 평가들이 계약 구조 개선과정과 함께 동시에 그리고 반복적으로 마무리 되면, 문서의 작성이 완료되고, 입찰 프로세스 진행에 필요한 내부 승인 절차를 위해 제출된다.

4. 4단계 – 입찰 단계(계약자 선정 및 계약 서명)

본 단계의 목적은 규정이 존재하는 경쟁 환경에서 최상의 제안서를 선정하는 절차를 순조로우면서 철저하게 관리하고, 그를 통해서 가장 적합하고 신뢰할 수 있는 입찰자와 계약을 체결하는 데 있다. 본 단계에서 다루어져야 하는 일반적인 업무는 다음과 같다.

- 입찰 절차의 시작
- 입찰자들의 자격요건 확인(일부 프로세스에서는 Shortlist를 작성하기도 함)
- 입찰서와 관련된 질의응답(Clarification)
- 상호협의가 가능한 절차로서, 대화(Dialogue), 계약 조항과 관련된 상호

협의 혹은 협상
- 상호협의가 가능한 절차로서, 입찰 초청(ITP, Invitation to Propose)의 발행에 관한 RFP 및 계약 절차의 종료
- 제안서 평가
- 일부 프로세스상, 제안서 협상
- 낙찰자 선정 및 계약서 서명 요청
- 선행 조건 확인(일부 국가에서는 계약 승인 절차) 및 계약서 서명
- 금융종결

본 단계에서의 핵심은 RFQ 및 RFP를 통해 설계되고 규정되어 있는 입찰 절차를 관리하는 것이다. 이 절차는 프로젝트에 내재된 가치를 극대화하기 위해 가능한 한 원활하게 관리되어야 한다. 이런 입찰 절차상 많은 특징들은 다른 공공 조달 절차와 동일한데, 투명성 및 공정성과 같은 다른 조달 절차에서도 적용되는 일반적인 목적들이 PPP 조달에도 동일하게 적용된다. 그러나 PPP 조달은 다른 대부분의 조달 절차보다 복잡하고 또 PPP의 특수성을 고려할 때 주무관청의 추가적인 주의 및 자원을 요구한다.

입찰 단계는 사용되는 조달 절차의 유형에 따라서 몇 가지 단계로 나누어질 수 있으며, 일반적으로 어떠한 입찰 과정에서도 주요 4단계로 나눌 수 있다.
- (사전 적격심사가 있는 공개입찰에서) 사전 적격 심사 또는 (Shortlisting이나 사전에 후보자를 선정할 수 있는 입찰 절차상) 후보자 선정(Shortlisting)
- (공개입찰에서 별도의 사전 적격심사가 없는 경우) 입찰 절차의 시작부터 입찰서의 제출까지, 혹은 입찰서 제출이나 협상을 위한 초청부터 입찰서의 제출까지의 입찰 기간
- (One-stage 공개입찰에서 적격심사를 포함하여) 입찰서 평가 및 수주 단계

- 주무관청이 통상 우선협상 대상자로 불리는 입찰자를 분석, 평가한 후 낙찰자로 최종 선정
- 계약 서명 또는 "계약 종결(Commercial Close)" 단계: 계약 유효 날짜에 대한 결정부터 실제 계약의 수주까지의 기간을 말하며, 금융종결(Financial Close)은 본 기간이 마지막이나 계약 서명 이후에 발생할 수 있다.

해당 절차의 실제적인 개요(Outline)와 각 단계별 보다 상세 설명은 입찰 절차 유형에 따라 달라진다. 여러 입찰 절차 유형 중 기본적인 형태는 One-stage 공개 입찰이며, 여기에 별도의 사전 적격 심사 과정이 추가되면 이를 Two-stage 공개 입찰이라 한다. 이러한 기본적인 형태에 다양한 상호 협의(interaction)나 대화(Dialogue) 프로세스가 추가될 수 있다. One-stage 공개 입찰에서의 입찰 절차별 단계 및 순서는 다음과 같다.

① 입찰 시작부터 입찰서 제출까지를 의미하는 입찰 기간, 이 기간 동안 입찰자는 자격요건 자료와 함께 입찰서를 준비하고 제출한다.

② 적격 심사 및 평가 단계: 주무관청은 입찰자(우선 협상 대상자)를 분석, 평가한 뒤에 최종 낙찰자로 선정한다.

③ 계약 단계: 수주에서 계약 서명에 이르는 과정

내부 기관의 관점에서 볼 때, 적격심사 및 평가 단계가 3단계에 걸쳐 나누어질 수 있으며, 이는 적격심사 단계, 평가 단계 그리고 수주단계이다. 특히, 평가 단계에서는 일반적으로 기술 사항 및 정성적인 평가에 영향을 받는 잠재 가치 평가를 시작으로, 그 이후에 경제성/금액 및 다른 정량적인 기준을 바탕으로 평가한다. 일부 국가에서는 계약 체결 이전에 주무관청과 우선 협상 대상자 간

에 협상이 이루어질 수 있다.

공개 입찰 하에서도 수주단계에서 차이가 있을 수 있는데, 일부 국가에서는 법무 장관(General Attorney) 또는 감사원의 승인을 얻거나 국회와 같은 입법부의 비준을 받아야 하는 경우가 존재한다. 또한 일부 국가에서는 수주단계가 그 자체적으로 두 가지 하위 단계를 가질 수 있는데, 낙찰자 결정이 최종적으로(definitive) 확정되기 전까지의 일정 기간 동안은 잠정적인(Provisional) 것으로 간주될 수 있다. 일부 국가에서는 수주 결정이 이루어진 후에도 제안서에 대해서 제한된 질의응답(Clarifications)을 허용한다. 게다가 일반적으로 RFP에는 계약 서명 전에 (제한된 시간 내에 완료해야 하는) 선행 조건들이 정의되어 있는데 특히, 계약서에 서명할 SPV의 설립(Constitution) 등이 필요하다.

다른 유형의 입찰 절차에서는 순서 및 단계가 크게 달라질 수 있는데, 예를 들면 Two-stage 방식을 기반으로 하는 경쟁적 Dialogue 방식에서 입찰 절차는 다음과 같은 단계와 순서를 가진다.

① RFQ 단계는 적격심사를 위한 초청에서부터 자격 검증 자료 제출(SoQ : Submission of Qualifications)까지의 과정을 말한다.

② 적격심사 및 후보자 선정(Shortlist) 단계에서는 자격을 갖춘 입찰자 또는 입찰 후보자를 선정 후 결과를 발표함으로써 본 단계가 마무리된다.

③ 대화(Dialogue) or 상호협의(Interactive) 단계는 협상을 위한 초청이나 또는 대화 단계를 위한 요청으로 시작하며 대화 단계는 통상 EU dialogue 프로세스에 따라 계약에 관한 협의 및 개선과정을 의미한다.

④ 입찰서/제안서 제출 단계는 입찰서의 연속적인 제출 및 최종 입찰서 제출을 통해 이루어질 수 있으며 때때로 두 경쟁사 사이에서만 이루어질 수도 있다.

⑤ 계약 체결 단계: 수주 이후부터 계약 서명까지의 과정을 말하며, 일부

프로세스의 최종 협상이 포함될 수 있다.

대화(Dialogue) 또는 상호협의(Interactive) 프로세스 자체를 제외하고 나머지 프로세스 및 절차관리상의 내용들은 다른 조달 방법과 동일하다. 주무관청은 (보통 Shortlist방식을 통해서) 적격심사를 해야 하며, 입찰서 평가를 통한 낙찰자 선정 및 그에 따른 계약체결 절차를 진행한다.

계약에 서명하는 것 외에도, 낙찰자는 프로젝트를 위한 자금이 확보됨을 의미하는 금융종결(Financial Close)을 달성해야만 한다. 일부 국가에서는 계약 체결 후 바로 금융종결이 되기도 하지만, 다른 나라에서는 금융종결을 위해 더 많은 시간이 필요하기도 하다. 그러나, 실제 착공은 금융종결이 이루어질 때까지 시작되지 않는다. 이 단계에서 조달 절차가 완료되고 계약 관리 단계가 시작된다.

5. 5단계 - 계약 관리 단계(건설)

본 단계의 목적은 건설 기간 동안에 설계변경 및 클레임, 분쟁과 관련된 리스크 및 위협에 관한 영향을 회피하거나 최소화하기 위하여 능동적으로 계약을 관리하는 데 있다. 특히, 이 단계에서는 건설과 관련된 요구사항의 준수 여부를 감시하는 것이 중요하다. 본 단계에서 다루어져야 하는 일반적인 업무는 다음과 같다.

- 거버넌스(Governance) 및 계약 관리 팀 수립
- 건설 단계 초기에는 계약 관리 매뉴얼 작성을 포함하여 계약과 관련된 행정업무를 중점적으로 수행
- 현장 인수인계(Handover) 및 인허가, 설계의 관리 및 감독
- 건설 기간 동안 민간부문의 규정 준수(Compliance) 여부 및 성과 모니터링

- 공기 지연 관리
- 의사소통 및 이해 관계자 관리
- 정부나 민간부문에서 제안한 설계변경이나 각 이해관계자가 가지고 (retained) 있거나 공유중인(shared) 리스크로부터 파생된 클레임 및 분쟁 등의 관리
- Co-financed 프로젝트에서 건설 기간 동안 기성(Payment)의 집행
- 시운전/승인 및 운영 시작

계약 관리 전략의 기초에는 계약서 자체에 포함된, 다음과 같은 다양한 도구가 포함된다.

- 재무 모델 및 보고서
- 위약금(Penality), 손해 배상 예정금(LDs), 공제금액, 조기 계약 타절 (Termination)과 같은 결점 및 누락된 성능을 해결하기 위한 메커니즘
- 리스크, 클레임, 변경 및 분쟁 처리를 위한 기본 절차

그러나 좀 더 익숙한 관리 도구로 이용하기 위해 공통된 언어로 계약 관리 지침을 만드는 것이 좋다. 이 지침서는 계약서 참고 문헌으로서 계약서를 대체해서는 안 되며, 계약 관리팀이 그들의 관리 업무를 개선하는 데 도움이 되어야 한다. 아울러, 지침서는 계약서에 기술되어 있는, 관리 절차상의 모호한 부분을 명확하게 해주거나 추가적으로 개선하는 데 도움이 될 수 있다. 이는 잠재적인 모호성에 대한 합의 도출에도 도움이 될 수 있을 것이다.

계약 관리 단계에서 가장 먼저 해야 하는 업무는 계약관리 지침서를 개발하고 계약 관리 팀을 구성하며 의사결정 거버넌스(Governance)를 수립하는 것이다. 이런 업무의 준비는 계약 서명 이전에 시작되어야 한다. 계약 관리에는 다

음과 같은 다양한 활동들이 포함된다.

- 성과 모니터링
- 프로젝트 결과 및 VfM에 영향을 줄 수 있는 위협 및 리스크 관리
- 계약의 변경, 리스크 분배, 분쟁 및 조기 계약 타절(Termination)을 포함한 Event관리
- 조달 기관의 의무와 책임 관리
- 인허가 제공
- 기성 계산 및 청구
- 클레임 분석
- 정보 및 통신의 관리

위에 나열된 업무 중에 모니터링, 관리, 기성과 같은 업무는 계속적인 활동들이며, 나머지는 발생하는 리스크와 관련된 사건 발생시, 그에 대응하는 개별적인 활동들이다. 유사시 이루어지는 프로세스는 주로 다음에 이어지는 상황이나 이벤트 유형과 관련이 있다.

- (통상적으로 대륙법(Civil law) 국가에서는 재조정이라 불리는) 보상 또는 재무적인 조정이 필요한 클레임(특히 주무관청에서 가지고 있거나 공유중인, 프로젝트 계약과 관련된 리스크 이벤트로 인한 클레임 시)
- 특히 건설 단계에서 관련이 있는, 계약 요구사항의 변경이나 설계변경
- 기타 변경으로 인한 분쟁

건설 단계는 자산의 시운전 종료 후 서비스 또는 운영의 시작을 위한 승인 및 명령을 통해 완료되며, 자체적으로 신중하게 관리되어야 하는 중요한 단계이다.

6. 6단계 - 계약 관리 단계(운영, 종료, 반환)

본 단계의 목적은 운영 기간 동안에 발생하는 변경사항, 클레임 및 분쟁과 관련된 리스크 및 위협으로부터의 영향을 회피하거나 최소화하기 위하여 능동적으로 계약을 관리하는 데 있다. 특히, 이 단계에서는 운영관련 성과를 모니터링하고 계약 만료일에 자산의 반환을 관리하는 것이 중요하다. 본 단계에서 다루어져야 하는 일반적인 업무는 다음과 같다.

- 성과 모니터링
- 변경, 클레임, 분쟁 관리
- 반환 준비
- 반환 및 최종 완결

전체 계약 기간 중, 이 단계에서의 계약 관리와 관련된 기본적인 사항은 건설 기간 동안의 내용과 동일하지만 일부 상황과 리스크는 운영 단계에만 해당되기도 한다. 따라서 계약 관리 지침서는 각 단계별로 별도의 섹션을 구분하는 것이 좋다. PPP의 본질은 서비스가 제공되며 그 범위에 한해서 대금이 지급되는 것이기 때문에 운영 단계에 이르러서야 대금 지급 방식(Payment Mechanism)의 집행에 따라 적절한 계약 이행성과에 대한 적절한 모니터링이 시작된다. 다음은 주무관청이 일반적으로 처리해야 하는 단계들이다.

- 계약에 명시된 결과물의 성과의 실행에 있어 민간 사업자가 이를 준수하거나 목표 수준 미만의 성과를 내는지 확인
- 소유권 변경 및 주식 양도
- 자금재조달(Refinancing), 이는 관련된 이익이 공유되는 전제하에서, 계약상 금융 구조에 영향을 주는 재정 계획의 변화를 말함

– 개보수(Renewal)와 관련된 계획, 투자, 자금 관리에 대한 감독

이 단계에서는 계약 만료 및 자산을 주무관청에 반환하는 것이 포함된다. 계약서에는 반환에 대한 특정 조항과 반환 시점에서 필요한 인프라의 상태에 대한 기술 사양이 포함되어야 한다. 이러한 조건을 충족시키기 위해 민간부문에서는 자산을 정부에 반환하기 전에 대규모 투자를 해야 할 수도 있다.

Appendix

민간사업자의 PPP 입찰서 준비 및 제출

01 개요 및 목적

본 부록은 PPP프로젝트에 있어서 민간사업자의 접근방식에 대한 설명이다. 여기서 민간사업자는 주무관청의 PPP 프로젝트를 실행하고 운영할 권리를 성공적으로 확보한 민간 회사를 의미한다. 이 민간사업자는 다양하게 표현될 수 있는데, 민간 파트너(Private partner), 컨소시엄, 특수목적법인(SPV) 등이 있고 이는 혼용될 수 있다.

여기에서는 주무관청이 One-stage/single tender process를 통해서 조달하고자 하는 PPP 개발사업(Greenfield)입찰에 참여하는 민간사업자를 가정한다. 또한 조달을 위한 입찰과정에서 민간사업자가 PPP 프로젝트의 금융 종결(Financial close) 시점에 프로젝트를 위한 모든 자금을 일시에 조달할 수 있도록 개략적인(Indicative) 자금 조달까지 준비(Arrangement)하는 것을 가정한다.

한 가지 강조하고 싶은 부분은, 이 장에서 설명할 민간사업자가 수행해야 하는 활동들은 PPP 운영사업(Brownfield)의 조달이나 민영화, 혹은 2차 거래(Secondary market)에서도 동일할 수 있다는 점이다. 관련하여 이러한 많은 활동들은 DBO(Design-Build-Operate)나 DBFOM(Design-Build-Finance-Operate-Management) 유지관리 계약, Concession이나 리스계약과 같이 PPP가 아닌 조달과정에서도 수행이 된다. 그러나 이러한 조달 방식 및 이를 수행해야 하는 민간사업자의 특정 활동을 고려할 때, 이는 본 PPP가이드 외의 영역으로 간주한다.

이 장에서는 민간사업자가 PPP 프로젝트를 추진하는 절차상 다양한 단계에 대해서 다루면서 특히 각 단계별로 수행해야 하는 주요 활동에 대해서 강조할 것이다.

여기서는 민간사업자가 특정 국가에 투자하는 것 그리고 주무관청의 입찰 안내서(RFP, Request for Proposal)에 대한 제안서 준비 및 제출상 의사결정에 영향을 미치는 요소들에 대해서 설명한다. 민간사업자가 PPP 프로젝트 입찰에 대해 어떻게 대응하는지와 연결이 되며, 입찰 컨소시엄을 구성하고, 자문사를 선정하며, 상업적인 전략과 구체적인 기술, 재무 및 법률적인 제안 등을 개발하는 절차를 말한다.

PPP 프로젝트는 프로젝트 자산의 계획 및 설계, 건설, 운영과 함께 해당 자산의 운영 및 유지관리 등의 관련 서비스의 제공도 포함한다. 또한 PPP 프로젝트는 상당량의 금융적인 지원도 필요하다. 이를 달성하기 위해서 수많은 계약서들이 필요하다.

이는 단순히 주무관청과 체결하는 실시협약(Project Agreement)이 아니며, 민간사업자는 건설 및 운영관리(O&M)뿐만 아니라 금융 지원을 해줄 대주와도 일련의 계약을 체결해야 한다. 필요한 관련 계약의 종류에 대한 설명 및 이러한 계약들을 체결하기 이전에 민간사업자에 의해서 다루어져야 할 주요 사항들도 설명할 것이다.

핵심은 PPP 프로젝트를 위해서 민간사업자가 확보할 자금의 형태, 조달을 위한 요구사항들의 충족 그리고, 전체적으로 필요한 모든 자금의 확보가 완료되는 단계에 대한 내용이다.

또한 PPP 프로젝트 조달의 완료단계, 계약 종결(Commercial closing) 및 금융 종결(Financial closing) 단계에서 민간사업자의 역할에 대한 내용 및 추가적으로 SPV 설립을 위해서 민간사업자가 수행해야 할 주요 활동에 대해서도 설명할 것이다.

아래는 이 장을 통해서 배우게 될 부분에 대한 개요이다.

시장 및 프로젝트의 선택

PPP프로젝트의 선정을 위한 의사결정은 국가나 지역, 산업이나 시장 그리고 프로젝트 자체에 따라 달라질 수 있다. 일단 RFP가 배부되면 반드시 PPP 프로젝트의 상업적, 재무적 그리고 리스크에 대해서 평가해야 한다(PPP 프로젝트 스크리닝).

만약 PPP 프로젝트 스크리닝 단계에서 적정하다고 평가되면, 민간사업자는 입찰 참여에 대한 결정을 할 것인데, 오직 입찰 참여가 긍정적이라고 판단될 때만 관련된 자원을 사용해야 한다.

입찰 컨소시엄 구성

입찰 컨소시엄은 크게 4개의 중요 민간사업자를 포함한다.: 사업주(출자자, Sponsor), 건설 계약자, 운영관리계약자 그리고 대주단. 출자자는 사업 수주를 위해서 잠재적이고 마음이 맞는(like-minded) 파트너를 찾아야만 한다.

입찰 파트너의 선정은 공통의 목표와 문화적 가치, 실제적인 경험 그리고 가치(가격이 아님)를 기초로 해야 한다.

컨소시엄은 의향서(Letter of Intent), 비밀유지협약서, MOU 및 컨소시엄 협약서 등의 계약적인 관계를 통해서 만들어지고 운영된다. 컨소시엄에 참여한 각 당사자들은 컨소시엄의 입찰서를 준비하고 제출하기 위해서 각자의 업무를 수행할 것에 동의하고, 발생한 비용은 구성원들 간에 분담하는 것에 동의해야 한다.

컨소시엄 협약서는 향후에 만들어질 프로젝트와 프로젝트 회사의 거버넌스(의사결정 절차 등)의 기초가 된다.

입찰 단계의 프로젝트 거버넌스는 운영위원회(Steering committee)를 통해서 이루어지며, 이는 출자자와 입찰담당자에 의해서 보완된다.

운영위원회(Steering committee)의 의사결정 방식은 파트너들간의 이해관계 상충이나 분쟁을 해결할 수 있도록 만들어져야 한다.

자문사 선정

컨소시엄이 바로 해야 할 업무 중 하나는 바로 외부 자문사의 선정이다. 외부 자문사는 일반적인 지원인력, 전문가 그리고 입찰서를 제시간에 준비하도록 도와줄 자원들을 의미한다. 보통은 입찰기간 동안 기술적인 부분이나 법률, 재무적인 부분의 자문을 의미한다.

사업시행법인(SPV)의 구조 및 민간사업자가 맺을 계약의 구조 및 종류 결정

사업시행법인(SPV)은 PPP 프로젝트 수행을 위해 필요한 조직(Vehicle)이다. SPV는 프로젝트와 관련된 책임을 건설 계약자나 운영관리 계약자에게 이전(Pass-through)하는 형태를 통해서, 제한된 소구권(Limted Recourse)만 남도록 구조화한다. 만약 그러한 방식으로 구조화 되어있다면, 이런 계약자(Contractor)들은 컨소시엄의 구성원일 수도 있다.

SPV는 주요 PPP 프로젝트 계약자들이 모든 프로젝트와 관련된 계약상의 의무들에 대해서 명료하게 알 수 있도록 계약서를 작성해야 한다.

기술, 재무 및 법률적 제안서의 준비 및 제출

컨소시엄의 입찰서 준비는 기술, 재무 및 법률적인 제안 내용의 완료를 포함한다. 이러한 제안내용이 준비되는 동안, 컨소시엄은 PPP 프로젝트를 수행할 프로젝트 조직(Project Vehicle)의 구조에 대한 개발 및 협의를 해야 한다. 또한 컨소시엄은 수주를 하였을 경우를 가정하여, 프로젝트 당사자들 간에 어떤 계약을 체결할 것인지에 대한 내용도 합의해야 한다. 이러한 계약들이 PPP 프로젝트 당사자들 간의 의무, 그들이 부담 및 관리해야 할 리스크 및 그에 따른 보상

을 규정한다.

기술 제안서(Technical Proposal)는 건설 계약자나 O&M 계약자의 확인이 필요하다. 동일하게 금융 제안서(Financial Proposal)는 리스크 및 그에 따른 수익, 그리고 금융 전략 등을 포함하여 출자자들의 확인이 필요하다. 비슷하게, 법률적인 부분도 출자자들에 의한 확인이 필요하다.

제안서 준비 및 제출 결정

투자자가 입찰에 참여를 결정했을 때, 실제 입찰준비가 시작된다. 입찰 준비와 병행하여 투자자는 RFP에 대해 제안서 제출 여부에 대한 결정을 하기 위해서 프로젝트의 실사(Due diligence)를 수행해야 한다.

제안서의 준비가 투자를 결정했다는 것을 의미하지는 않는다. RFP에 대한 답변으로서 제안서 제출 의사결정은 특정 조건이나 목표가 충족되었을 때에 가능하다.

기술적인 부분

기술 제안서는 2가지 최종 결과물을 의미한다. 이는 기술 제안서 패키지(Package)와 자본적 지출(CAPEX, Capital Expense)과 운영비지출(OPEX, Operating Expense) 그리고 생애주기 비용(LCC, Life-cycle Cost)에 대한 분석이다. 이러한 기술적인 결과물은 재무모델 및 건설/운영관리 계약자와의 가격 협상에서 활용된다.

재무적인 부분

재무팀은 자기 및 타인자본을 포함하여 프로젝트 파이낸싱에 필요한 최적의 자원을 확인/확보한다. 재무모델에는 컨소시엄이 제안하는 금융 구조가 반영되는데, 프로젝트에 자금을 조달하는 대주나 주무관청과의 협상에 따라 컨소시엄의 제안사항이 변경되면서 발생하는 재무적인 영향을 분석/판단할 수 있는 도구로도 활용된다.

법률적인 부분

법무팀은 주무관청의 계약서를 검토하고 이를 출자자에게 제공하고 확인을 받는다. 또한 제안서의 일부로서, 패키지 형태로 이를 주무관청에게 제공한다. 법무팀은 건설계약자나 운영관리 계약자와 관련된 계약의 주요조건에 대한 초안을 작성하고 협의하며, 그에 따라 계약서의 초안을 작성한다. 법무팀은 주주간 협약서와 금융약정서에 대한 초안을 작성하기도 하는데, 이를 통해서 관련된 컨소시엄의 의무가 건설 및 운영관리 계약자에게 전가되도록 한다.

자금 조달(Fund raising)

자금 조달은 입찰 준비를 하면서 시작해야 하는 업무이다. 그러나 이는 컨소시엄이 프로젝트를 수주하였을 때가 되어서야 완성된다. 자금 제공 이전에, 대주는 프로젝트의 리스크 할당이 적절하고 튼튼하게(robustness) 되어있는지 확인하고 싶어 한다. 그리고 대주는 금융약정서(Finance document)와 담보계약(Security Package) 등에 포함되어 있는 조항들을 통해서 PPP 프로젝트의 부정적인 영향으로부터 적절하게 보호되어 있는지도 확인하고자 한다.

대출약정서(Credit/loan Agreement)는 금융약정서의 핵심이다. 필요한 재무적 지표(예를 들어 LLCR이나 매년 DSCR 등)를 충족하는 것은 프로젝트의 재무건전성(Financial robustness)을 확인하는 데 도움이 된다.

계약 및 금융 종결

만약 컨소시엄이 성공적으로 주무관청의 PPP 프로젝트를 수주했다면, 이는 통상적으로 우선협상대상자로 선정됨을 의미한다. 우선협상대상자로 선정된

날로부터 컨소시엄은 정해진 기간 내에 실시협약(Project Agreement)을 체결할 수 있도록 수많은 업무를 수행해야 한다. 이러한 활동에는 건설 및 운영관리 계약, SPC 설립 등 프로젝트와 관련된 모든 계약서의 완료가 포함된다.

PPP프로젝트와 관련된 모든 상업적인(Commercial) 부분에 대한 합의에 도달하고 해결이 되면, 이는 곧 계약종결(Commercial Close)의 달성이라고 할 수 있다. 금융 종결(Financial Close)는 PPP 프로젝트를 위한 자금이 모두 활용 가능할 때 달성이 된다. 일반적으로 계약 종결과 금융 종결은 동시에 일어나거나 연속적으로 이루어진다.

•• 민간사업자의 PPP 업무추진절차(PPP Pathway)

초기 단계부터 PPP 프로젝트 입찰 의사결정까지

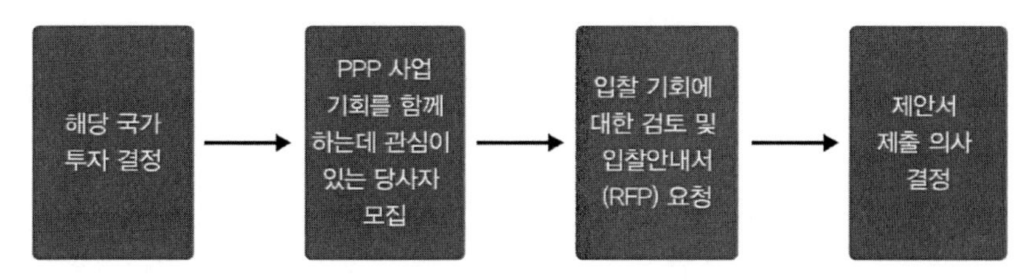

주무관청 및 대주와의 의견 교환을 포함하여, 실질적인 제안서 제출까지

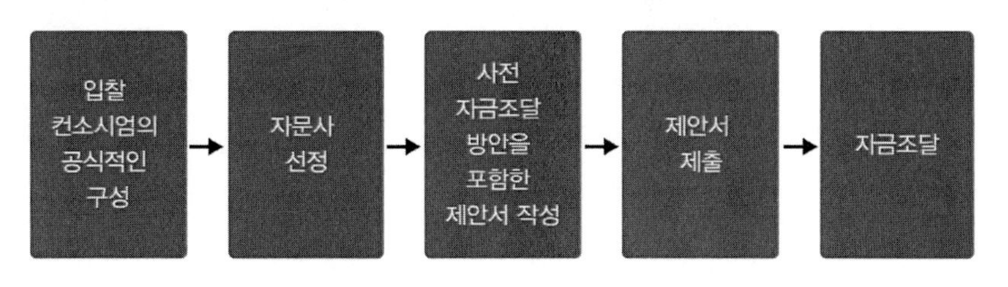

Note: RFP=Request for Proposal.

02 민간사업자는 어떻게 시장을 선택하고 PPP 프로젝트를 선정하는가

PPP 프로젝트에 관여되어있는 수많은 민간사업자들은 각각 그들의 프로젝트에 투자하려고 하는 이유가 있는데 이러한 이유 중에는 각각 회사 전략에 부합하는 투자성향(Investment Appetite)이나 특정 산업 또는 특정 국가에 투자해야 하는 의무나 권한(Mandate)[1] 그리고 특정 나라의 PPP 프로젝트에 입찰을 하기 위해서 얼만큼의 비용이 발생하는지 등이 포함된다.

시장에서 PPP관련 활동 수준도 이러한 것에 영향을 미친다. 너무 많은 PPP 참여자가 존재한다는 것은, 민간사업자가 수주를 하기 위해 과도한 경쟁을 해야 한다는 것을 말하며, 너무 적은 숫자의 PPP 참여자가 있는 경우 시장의 유동성이 그만큼 적다는 의미이다. 그러나 가끔은 단순하게 해당 프로젝트가 좋은 사업 기회라고 판단하여 참여를 결정하기도 한다.

각각의 민간사업자는 어떤 것이 올바른 투자인지에 대해 서로 다른 견해를 가지고 있다. 일부는 장기 투자형태를 추구하는데, 이때 20~30년 동안 유지되는 PPP 프로젝트는 매우 매력적이다. 또 다른 참여자들은, (예를 들어 건설회사) PPP사업 초기단계(설계 및 시공)에 참여하고 PPP프로젝트 자산이 완공되면 Exit하는, 단기간의 투자를 선호할 수도 있다. 운영관리(O&M)회사와 같은 참여자들은 20~30년간 운영매출을 제공하는 PPP 프로젝트의 특성을 매력적으로 여긴다. 일반적으로 민간사업자가 PPP 프로젝트에 투자할 것으로 결정할 때에는, 얼마나 오래 해당 PPP 프로젝트에 참여할 것이고 언제 Exit할 것인지에 대한 계획

1) 민간금융회사의 경우, 투자가 허용된 기간 내에 모집된 자금을 특정 산업이나 국가에 투자해야 할 의무나 권한이 있을 수 있다.

을 가지고 있다.

1. 목표 시장 선택(Targeting Markets)

민간사업자에게 가장 매력적인 시장은 높은 혹은 적정(adequate) 수준의 수익을 포함하여, 예측가능한(Predictable) 혹은 확실한(Strong) 성장가능성을 제공하는 곳이거나, 사업을 추진하는 데 있어서 친화적인 환경을 제공하는 곳이다. 그러나 이런 시장의 매력은 내제되어 있는 리스크에 의해서 감소될 수 있다. 뒤에서 보겠지만 민간사업자는 정치적 혹은 환율 변동과 같은 시장 및 국가 리스크에 대한 통제가 가능하다는 확신을 필요로 한다. 예를 들어 해당 국가의 정권 변경은 PPP를 금지하는 신규 정책의 입안을 예고할 수도 있고 그에 따라서 현재 진행중인 프로젝트가 타절될 수도 있다.

민간사업자는 구조화된 절차를 통해서 전 세계의 어느 지역 그리고 어떤 산업에 투자하고 싶은지를 도출해낸다. 최적의 투자 기회 식별을 위해서는 다양한 부분을 고려해야 한다.

- 적절한 목표 지역이나 국가(장기적인 관점에서 정치적, 재무적 및 규제와 관련된 리스크를 고려하여)
- 어떤 인프라 자산군(Class of infrastructure assets)에 투자할 것인지
- PPP사업을 매각하거나 Exit할 옵션을 고려한 재구매(Secondary) 시장 규모
- 민간사업자에게 전가될 리스크의 규모와 관련하여, 주무관청의 예상수준이나 관련 리스크의 분석(Risk Profile)
- PPP 프로젝트를 적용하기 위한 환경적, 사회적, 제도/정책적 수용가능성(Acceptability)
- PPP 프로젝트 자산을 관리함에 있어서 민간사업자의 역할; 능동적일 것

인지 수동적일 것인지

이런 고려사항은 민간사업자의 능력이나 경험에 따라, 해당 요소들을 어떻게 볼 것인지에 대한 평가와도 연결이 된다.

이러한 요소들을 고려한 이후에 내리는 결론을 근거로, 민간사업자는 해당 국가나 자산에 투자하기로 결정하게 된다. 이 투자 결정은 목표하는 국가나 자산, 특정 프로젝트를 리스트화(Short-list, Focus List)함으로써 구체화 된다. 많은 민간사업자가 이런 리스트를 그들의 프로젝트 파이프라인(Project pipeline)이라고 지칭한다.

••• 프로젝트 파이프라인과 리스트

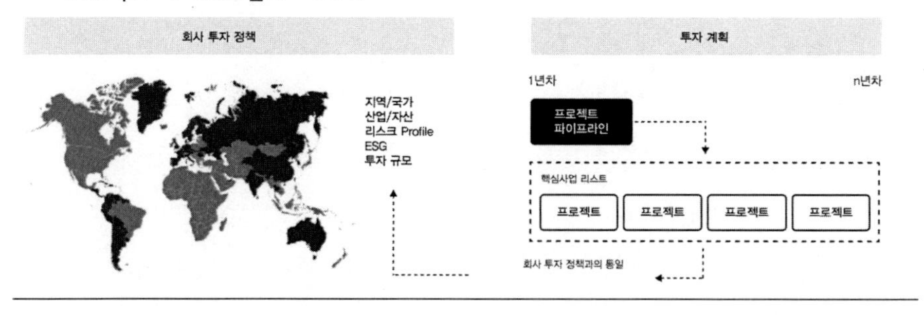

Note: ESG = Environmental, Social and Governance

2. 프로젝트 선정 - PPP 프로젝트 스크리닝(Project Selection - Screening the PPP project)

프로젝트 파이프라인의 확인과 함께 특정 시장을 목표(Target)로 설정하는 의사결정을 완료하면, 민간사업자는 특정 PPP프로젝트와 관련된 의사결정, 즉 좋은 사업 기회인지를 판단해야 한다.

프로젝트 파이프라인은 민간사업자의 사업개발팀 그리고 투자팀에 의해서 어떻게 실행될 것인지에 대한 주기적인 검토 및 업데이트가 될 것이다. 아마 민간사업자 입장에서는 잠재적으로 관심이 가는 다수의 PPP프로젝트가 있겠지만, 실제 진행을 위한 의사결정은 프로젝트와 관련된 많은 정보를 검토 및 고려한 뒤에 가능하다.

민간사업자 입장에서 PPP 프로젝트의 선정 과정상 중요한 시점은 조달을 수행하는 주무관청이 PPP 프로젝트를 시장에 공고하는 순간이다. 이러한 공고는 (유럽연합의 저널과 같은) 공식적인 방법일 수도 있고, 혹은 주무관청의 홈페이지나 신문, 저널 등의 광고, 또는 관심이 있는 민간사업자에게 비공식적 방법으로 직접 전달될 수도 있다.

PPP 프로젝트와 관련된 보다 많은 정보는 보통 해당 프로젝트가 공고되었을 때 접근 가능하다. 이렇게 접근 가능해진 추가 정보는 민간사업자가 PPP 프로젝트 스크리닝을 수행하는 데 도움이 된다. PPP프로젝트 스크리닝 작업은 민간사업자의 프로젝트 선정에 있어서 또 하나의 중요한 단계인데, 주무관청이 공개한 이러한 정보는 민간사업자가 PPP 프로젝트 스크리닝을 수행하는 데 있어서 큰 도움이 된다.

주무관청이 최대한 정확하고 충분한 프로젝트 정보를 제공하는 것은 매우 중요하다. 그러나 때때로는 이러한 정보가 예상치보다는 부족할 수도 있다. 이런 상황에서 민간사업자는 비슷한 PPP 프로젝트 수행 경험이나, PPP프로젝트 스크리닝에 도움을 줄 사업관련 정보(Business intelligence)에 의존할 수밖에 없다.

PPP 프로젝트 스크리닝 작업을 위해서는 PPP 프로젝트의 일반적인 상업적, 기술적, 재무적인 요구사항과 PPP 프로젝트 리스크의 분석 등 해당 프로젝트와 관련된 많은 정보를 고려해야 한다. 이런 정보들은 PPP 프로젝트가 상업적으로 타당한지(Commercial viability)를 민간사업자가 판단하는 데 도움이 된다.

•• 프로젝트 검토 Memo (PEM) 및 사전 실사 리스크 체크

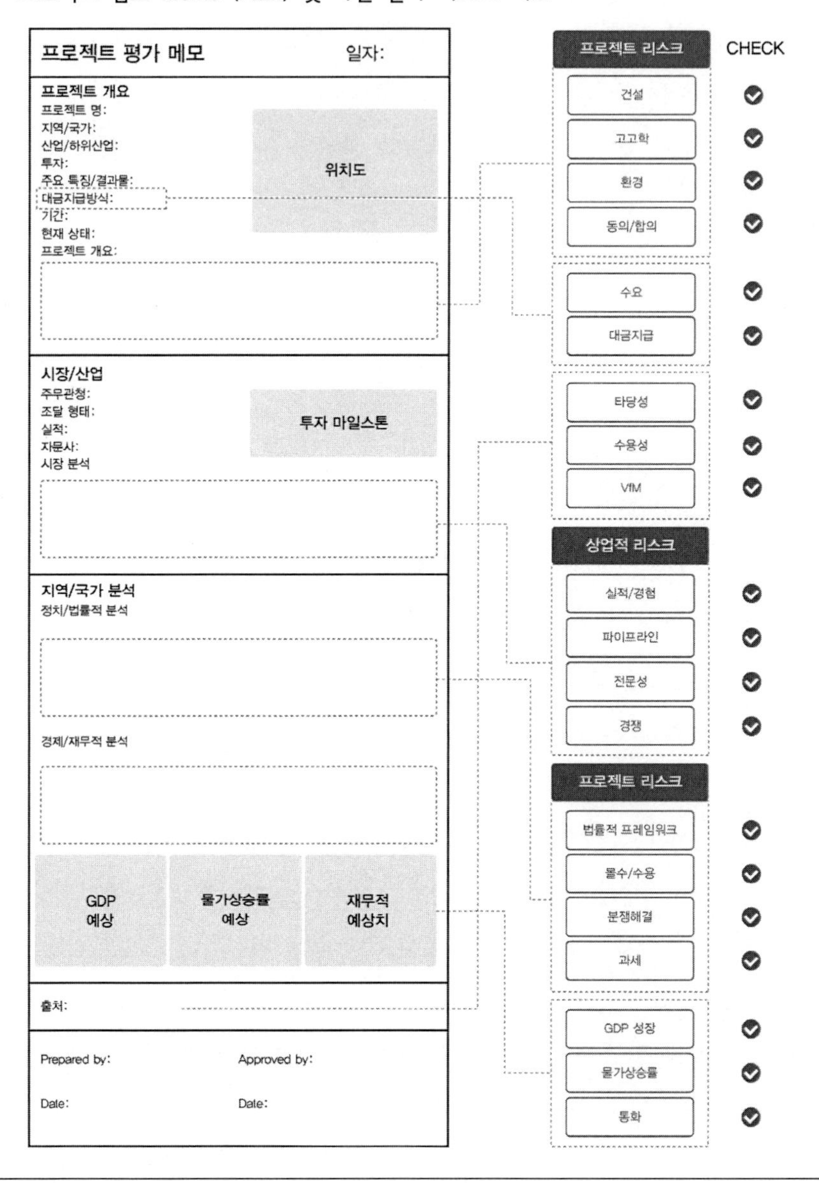

Note: GDP=gross domestic product; VfM=Value for Money.

PPP 프로젝트 스크리닝에서 사용한 정보를 바탕으로, 민간사업자는 해당 PPP 프로젝트를 추진할지 여부, 즉 PPP 프로젝트의 본격적인 검토 및 입찰 준비를 진행할지에 대한 1차 의사결정을 할 수 있다. 만약 PPP 프로젝트 스크리닝 결과가 만족스럽다면, 특히 성공적인 입찰을 할 수 있을 가능성이 보인다면, 민간사업자는 PPP 프로젝트를 진행하고자 결정할 것이다.

대신 PPP 프로젝트 스크리닝을 완료한 이후라도, 추가 정보의 확보 및 분석이 필요할 수 있다. 추가적으로 확보된 정보는 민간사업자로 하여금 PPP 입찰을 준비하도록 결정하는 데 도움이 될 수도 있고, 반대로 PPP 프로젝트를 포기하는 부정적인 결정을 내리도록 할 수도 있다.

민간사업자는 PPP 프로젝트 입찰을 하는 데 있어서 발생하는 비용에 대해 잘 인지하고 있어야 한다. 이는 PPP 프로젝트 스크리닝에서 중요한 부분이다. 입찰 비용은 프로젝트가 민간 사업자에게 가져다 줄 재무 및 투자 수익과 비례해야 한다. 따라서 PPP 프로젝트 스크리닝은 입찰비용에 대한 분석도 포함하는데, 주무관청으로부터의 정보 확보, 해외 미팅 참석에 들어가는 비용, 현지 자문사에 대한 지시 및 입찰 준비를 위한 인건비가 포함된다.

추가적으로 고려해야 할 요소 중 하나는 주무관청이 PPP 프로젝트 조달을 효율적으로 수행하기 위해서 얼마만큼 준비가 되어 있는지(Preparedness), 프로젝트를 신속하게 추진해본 경험이 있는지이다. 프로젝트 조달을 효율적이고 신속하게 한 경험이 있는 주무관청은 민간사업자에게 프로젝트 조달 과정에서 예상치 못한 입찰비용 증가가 되지 않을 것이라는 확신을 줄 수도 있다.

민간사업자는 입찰 제출 전에 수행해야 할 물리적인 실사 비용 또한 고려해야 한다. 예를 들어 지질공학적인 조사에 대한 요구사항이 있을 수도 있다. 만약 이런 조사비용이 과하면, 이는 일종의 진입 장벽을 만들 수도 있다. 왜냐하면 민간사업자 입장에서 PPP 프로젝트 입찰결과가 보장되지 않은 상황에서

••• PPP 시장 및 사업기회 검토 요소

국가 및 시장 선정을 위한 요소
지역 및 국가 • 정치 및 법적 위험 • 투자 등급 및 신용등급 • 거시경제 예측 : 국내총생산, 물가상승 및 통화 • 외국인 투자 제도 • 투자 성향(Investment appetite) • 장기 안정성
시장 및 섹터 • 정치 및 제도: 공급 및 가격, 세금 • 경쟁과 조달 방식 • 시장규모 및 예상 성장률: 현재 및 향후 수요 • 경쟁사 및 파트너사 • 주무관청의 준비상태 및 실적 • PPP 프로그램: 확실성과 매력도, 입찰 절차
사업 기회의 선정을 위한 요소
• 투자 금액 규모 • 자격조건 충족 가능 여부 • 자금조달 가능성 • 투자 대비 수익 및 프로젝트 생애주기 동안 예상되는 잠재 수익(지분투자 내부수익률(IRR)) • 주요 계약 및 거래상 핵심사항; 프로젝트 리스크와 운영기간 • 복잡성: 합의사항, 기술적 리스크(건설 및 운영기간), 지연 위험, 공사비 증가 그리고 환경 위험(기후 변화 포함) • 참고자료: 과거 실적 정보 • 공급 및 수요와 관련된 예상치 존재 여부 • 사업주 및 투자자의 기존 포트폴리오와 관련된 상호보완성 • 입찰 비용에 비례하는 성공 가능성

과도한 조사비용을 발생시키기를 원치 않을 것이기 때문이다. 주무관청이 입찰 요구조건을 준비할 때, 이러한 요구조건을 충족하기 위한 비용과 이러한 비용이 민간사업자가 PPP 프로젝트에 입찰할지 말지에 영향을 준다는 사실을 고려하는 것이 좋다.

PPP 프로젝트 스크리닝 결과가 긍정적이라고 가정할 때, 민간사업자는 함께할 파트너나 자문사를 찾을 것이다. 민간 사업자가 상호 보완적인 파트너를 찾게 되면, 그들과 입찰 컨소시엄을 구성할 것이다. 이 단계에서 컨소시엄 내 주요 민간사업자를 사업주(출자자, Sponsor)라고 부른다.

03 입찰서 준비 및 제출

성공적인 PPP프로젝트 스크리닝(Screening)을 하고, 뜻이 통하는(like-minded) 조직과 컨소시엄 파트너십을 체결했다면, 이제 컨소시엄이 해야 할 2가지 일은 주무관청의 RFP(입찰안내서)에 대한 입찰서 준비 및 입찰서를 제출할 것인지에 대한 투자의사결정(Investment Decision)이다.

••• 입찰서 제출을 위한 준비 및 의사결정

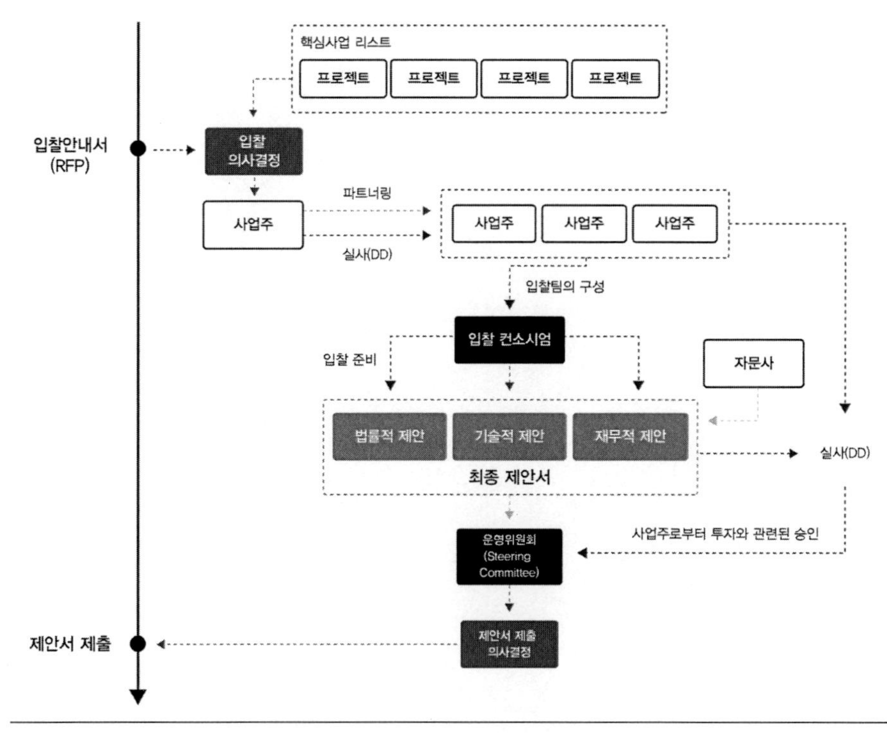

Note: RFP=Request for Proposal.

입찰서 제출과 관련된 투자의사결정을 위해서는 PPP 프로젝트의 주요 리스크에 대한 컨소시엄 구성원 각각의 그리고 컨소시엄으로서의 충분한 이해가 필요하다. 특히, 입찰서를 제출함으로써 컨소시엄의 구성원들이 어떻게 리스크를 분담하고 관리할지에 대해서 신중한 검토가 요구된다. 따라서, 각각의 컨소시엄 구성원은 해당 PPP 프로젝트의 리스크에 대해서 더 심도깊은 평가를 수행해야 하는데 왜냐하면 (i) 각각의 사업주(Sponsor)는 해당 PPP 프로젝트를 진행해야만 하는지, 그리고 (ii) 컨소시엄으로서 모든 사업주가 입찰서를 제출할 것인지에 대한 합치된 의사결정을 해야 하기 때문이다.

각각의 사업주나 컨소시엄 모두는 매출 가정(forecasted project revenue)에 영향을 미칠 위험에 대한 평가를 포함하여, 주무관청이 제시하는 PPP 프로젝트와 관련된 상업적인 리스크에 대한 전체적인 검토(full analysis)가 필요하다. 추가적으로 지역 및 국가에 대한 리스크도 같이 고려되어야 한다.

PPP프로젝트 입찰을 진행하기 위한 주무관청의 준비 수준이나 프로젝트가 수행될 지역의 현지환경 등, PPP프로젝트에 특정 부분과 관련된 현지의 지식이나 정보(Intelligence) 역시 알아두는 것이 매우 중요하다. 이러한 요소들은 사업주와 컨소시엄의 의사결정에 영향을 준다. 정치적으로 불안정한 환경은(예를 들어 선거가 얼마 남지 않았거나) 신규 정부에서 PPP프로젝트를 추진하려고 하는 주무관청을 지원하지 않을 리스크를 만들 수도 있어 문제가 될 수도 있다. 비슷한 의미로 주무관청에 충분한 인력이 부족하거나 PPP 프로젝트 입찰을 진행할 적절한 준비가 되어 있지 않다면, 사업주나 컨소시엄에게는 문제가 될 것이다.

이러한 리스크 중에 몇 개가 현실화된다면, 주무관청의 성공적인 PPP 프로젝트 입찰진행이 (특히 최종낙찰자 선정 전에) 어려워질 수도 있다. 컨소시엄 및 개별 사업주의 관점에서 보면 프로젝트 조달 과정 중 진행이 어려워질 리스크가 있는 경우, 해당 PPP 프로젝트의 입찰을 위한 시간이나 돈, 에너지를 추가로 소모하고 싶지 않을 수 있기 때문이다.

사업주와 컨소시엄이 느낄 문제점 중 또 한 가지는 PPP프로젝트 조달과 관련된 일정(Timetable)이다. 사업주나 컨소시엄은 주무관청이 제안하는 조달 일정이 달성 가능하다는 점에 대한 확신을 원한다. 프로젝트의 사업주와 컨소시엄은 확실하고 적절한 일정으로 진행되지 못할 입찰에 참여하는 것을 꺼린다. 만약 일정을 너무 자주 변경한다면 (그것이 객관적으로 합당한 이유에서의 변경이나 민간사업참여자로부터의 요구 때문일지라도) 이는 PPP프로젝트에 대한 확신을 저해할 수 있다.

또한 사업주와 컨소시엄은 수시로 PPP 프로젝트의 입찰과 관련된 계약문서의 작성 수준 그리고 정부로부터 본 PPP 프로젝트가 지지를 받는지 등, 주무관청의 준비상태에 대한 확신을 요구할 수 있다. 이러한 확신은 PPP프로젝트가 중간에 멈출 리스크가 적어진다는 일종의 안정감(Comfort)을 제공할 수 있다.

이러한 분석은 일반적으로 사업주의 내부 영업망(일반적으로 사업개발팀이나 투자팀)을 이용하여 수행한다. 이러한 분석을 수행할 때는, PPP프로젝트에서 발생 가능한 유사 리스크의 식별 및 관리에 대한 넓은 경험을 가지고 있는 것이 중요하다. 그런 의미해서, 과거의 경험을 통해 어떤 부분이 문제가 되는지를 예상할 수 있다. 한편으론 사업주가 외부의 혹은 독립적인 전문가를 고용하여 이러한 분석을 의뢰할 수도 있다.

분석이 완료되면, 각각의 사업주는 다른 사업주에게 본 입찰에 지속적으로 참여하겠다는 의사를 통보한다. 이러한 의사결정은 운영위원회 회의(Steering group meeting)라고 불리는 정기적인 컨소시엄 회의에서 논의된다. 각각의 사업주의 의사결정은 입찰서를 제출할지 말지에 대한 컨소시엄의 의사결정에 반영된다.

04 컨소시엄의 구성

적절한 PPP 프로젝트 스크리닝 이후엔, 뜻이 맞는(like-minded) 조직과의 파트너십을 구성하고 주무관청의 RFP에 대응하기 위한 컨소시엄을 구성한다.

PPP 프로젝트의 수행은 주요 건설 및 운영 그리고 유지관리 활동들의 수행을 요구한다. 이는 컨소시엄이 이런 이해관계들을 대변하는 사업주들로 구성된다는 것을 의미한다. 실무적으로는 건설계약자와 서비스공급자, 유지관리계약자 및 특정 대주로 컨소시엄이 구성되는 것이 일반적이다.

컨소시엄으로 협업하는 것은 많은 장점을 가지고 있다. 이는 어떻게 상업적인 리스크를 관리하는지를 포함하여 혁신적인 프로젝트 제안(Innovative Project Solution)을 개발하는 데 도움을 준다. 또한 이는 다양한 프로젝트 자금과 상호보완적인 사업 목적들을 하나로 조합할 수 있고 입찰에 드는 비용을 구성원 간에 분담할 수도 있다. 컨소시엄의 가치는 구성원들의 장점, 능력 및 자원을 적절하게 조합하는 데 있다.

컨소시엄의 구성은 RFP 입찰서를 제출하는 데 있어 필요조건이 될 수 있다. 왜냐하면 많은 RFP에서 충분한 프로젝트의 경험과 강점/능력을 요구하는데 이는 오직 다양한 당사자들이 입찰 컨소시엄을 구성하여 그들의 경험 한곳에 모아야만 가능한 수준일 수도 있기 때문이다.

컨소시엄으로 같이 한다는 것은 세밀한 관리를 필요로 하는데, 따라서 PPP 프로젝트를 위해 가장 적절한 파트너를 찾는 데 많은 노력을 기울어야 한다. 때때로 한쪽 상대방이 다른 쪽 상대방의 적절한 기술력과 재무적 능력, 경험 그리고 평판(Reputation)을 갖고 있는지 확인하기 위해서 실사를 하는 경우도 있다.

생산적이고 효과적인 파트너링 그리고 결과적으로는, 성공적인 컨소시엄을 구성하는 데 있어서 고려해야 할 원칙은 다음과 같다.

- 핵심이 되는 사업주의 조기 확보
- 각 사업주의 의사결정기관(Senior management)으로부터 확신(Commitment)
- 사업주간의 공통 목표
- 컨소시엄 구성원과 주요 공급사간의 정확한 책임 및 리스크 그리고 그에 따른 보상에 대한 이해
- 같이 일하게 될 핵심적인 개인 및 팀의 식별
- (금액적인 부분이 아니라) 가치(Value)를 기준으로 한 입찰 파트너의 선정
- 컨소시엄 구성원과 주요 공급사 간에 공통된 문화적 가치나 절차(Common cultural values and processes)
- 이상적으로, 협업을 통해서 성공적인 공동의 입찰서를 준비했던 컨소시엄 구성원들 간의 실제적인 능력
- 컨소시엄 구성원들의 과거 PPP 사업 경험이나 실적
- 파트너와 주무관청과의 관계

1. 컨소시엄 구성원(Consortium Members)

주무관청의 RFP에 대한 회신을 한 컨소시엄에는 통상 상호배타적인 조건하에서 입찰에 참여하기 위해 필요한 주요 민간 파트너사가 포함되어 있다.

- 사업주(출자자 혹은 Sponsor)는 전체 투자 생애주기 동안 PPP 프로젝트를 이끄는 주요한 역할을 수행한다. 그러나 일부 프로젝트 사업주는 능동적인 활동을 원하지 않으므로, 단순 지분출자자(Equity Investor)에 머물 수도 있다.

사업주는 PPP프로젝트의 입찰이라는 단일 목적을 위해 컨소시엄을 구성하고, 아래에서 보는 바와 같이, 이 컨소시엄이 PPP 프로젝트를 수행하는 사업시행법인(SPV)을 설립한다. 이들 사업주(혹은 그들의 모회사)는 종종 보증을 제공해야 하거나, 특정한 리스크나 책임을 부담하기 위해서 관리 혹은 서비스 계약을 체결한다.

- 건설계약자는 건설기간 동안 PPP 프로젝트 자산의 설계 및 시공, 시운전을 담당한다. 여기에는 설계사나 기술전문가, 기타 모니터링 및 시험/검토(Monitoring and Evaluation)를 하는 계약자가 포함되고 모든 종류의 건설 자문사 및 공급사도 포함된다. 일부 사업에서는 건설 계약자가 사업주(출자자)가 되기도 한다.

  PPP 프로젝트 입찰단계에서 건설 계약자는 입찰서의 기술 및 품질과 관련된 정보를 제공하며 또한 총공사비(construction/lump sum price(Capex))를 제공한다. PPP 프로젝트를 수주하게도 되면, 이 건설을 위한 파트너사들은 CVJ(Cooperative Joint Venture)나 EPCC(EPC 컨소시엄)을 구성하기도 한다.

  컨소시엄의 다른 구성원들과는 다르게, 대부분의 사업에서 건설계약자는 PPP 프로젝트 자산이 건설되고 상업운전 개시가 될 때 컨소시엄에서 빠져나오는 것이 일반적이다.

- 운영관리(O&M) 계약자는 전체 생애주기 동안 PPP프로젝트 자산의 운영 및 유지관리를 담당한다. PPP프로젝트 입찰시점에는 이 관리운영계약자는 운영과 관련된 기술 및 품질, 그리고 생애주기 동안의 비용/운영관리비(OPEX, operational expenditure and life-cycle costs)에 대한 정보를 제공한다. PPP프로젝트를 수주하게 되면 이 운영을 위한 파트너사들은 운영을 위한 별도법인(Operating Company, OpCo)을 만든다. 건설계약자와 마

찬가지로 일부 프로젝트에서는 관리운영 계약자가 사업주(출자자)가 될 수도 있다.

추가적으로, 주무관청에 의해 정해진 특정 입찰조건에 따라서, 대주(혹은 은행)가 자금을 조달하는 역할로서 컨소시엄에 구성원이 될 수도 있다. 그러나 다른 컨소시엄 구성원들과는 다르게 지분출자자는 아닐 수도 있다. 대주는 상업은행이나 금융기관, 개발은행 혹은 인프라 펀드가 될 수도 있다.

대주의 역할이나 상황은 다른 컨소시엄 구성원들의 부담하는 내용과는 조금 다르다. 만약 제안서 제출단계에서 전체 자금에 대한 확약이 필요하다면, 대주는 컨소시엄의 확실한 구성원(tied-in)이 된다. PPP프로젝트 제안서 제출 단계에서 요구하는 조건대로 PPP 프로젝트 자금에 대한 내용을 제안서에 같이 제출하는 것이 일반적이기는 하지만, 이는 컨소시엄 구성원들의 동의에 따라서 자금확보를 위한 방법이 바뀔 수도 있다.

그러나, 제안서 제출단계에서 전체 자금에 대한 확약이 필요하지 않다면, 대주는 컨소시엄과 상대적으로 느슨한 관계가 형성된다. 대주는 컨소시엄에게 개략적인 금융조건을 제공하고, 컨소시엄에게 자금을 제공하겠다는 일종의 의향 정도를 표현한다. 그러나 조달단계의 막바지나 심지어 계약종결(Commercial close) 단계까지 컨소시엄의 대주로서의 역할을 수행하면서 자금조달 조건을 확정하고 컨소시엄의 구성원이 될 수도 있다.

컨소시엄은 건설 및 유지관리 단계에서 필요한 공급망, 예를 들어 주요 하도급이나 시설관리사(Facilitties manager providers, FM provider)를 그 구성원에 포함시킬 수도 있다. 왜냐하면 이 공급망 회사들이 특정한 상품을 공급함에 따라 이들의 컨소시엄 참여를 확정(tie-in)을 통해 다른 경쟁사와 협업하지 못하도록 할 필요가 있기 때문이다.

•• 컨소시엄 구성원 및 주요 관계

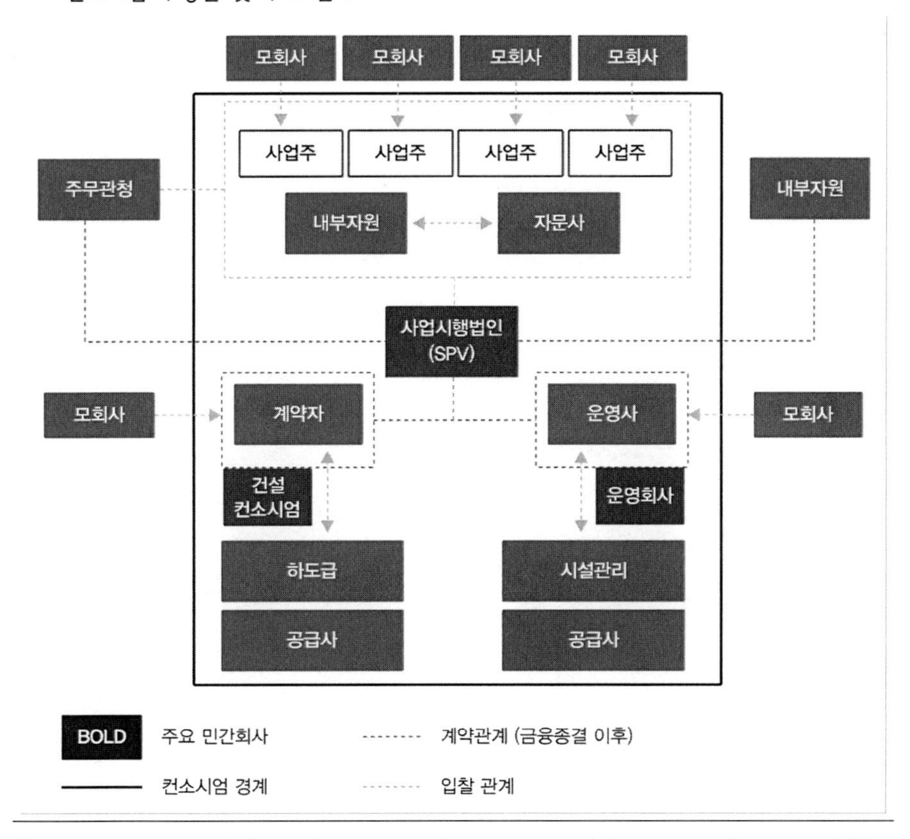

Note: Co= company; EPCC= Engineering, Procurement and Construction Consortium; FC= Financial close FM= facilities management; OpCo= Operating Company; SPV= Special Purpose Vehicle.

2. 컨소시엄 협약(Consortium Agreement)

컨소시엄이 구성되면, 사업주간에 적당한 구속력을 갖는 문서를 작성하는 것이 필요하다. 이는 보통 LOI(Letter of Intent)나 MOU의 형식을 취하며, 상호배타적(Exclusive) 조건으로 입찰에 동반 참여하겠다는 의향이 있는 사업주가 참여

•• 입찰 관련 약정서 절차

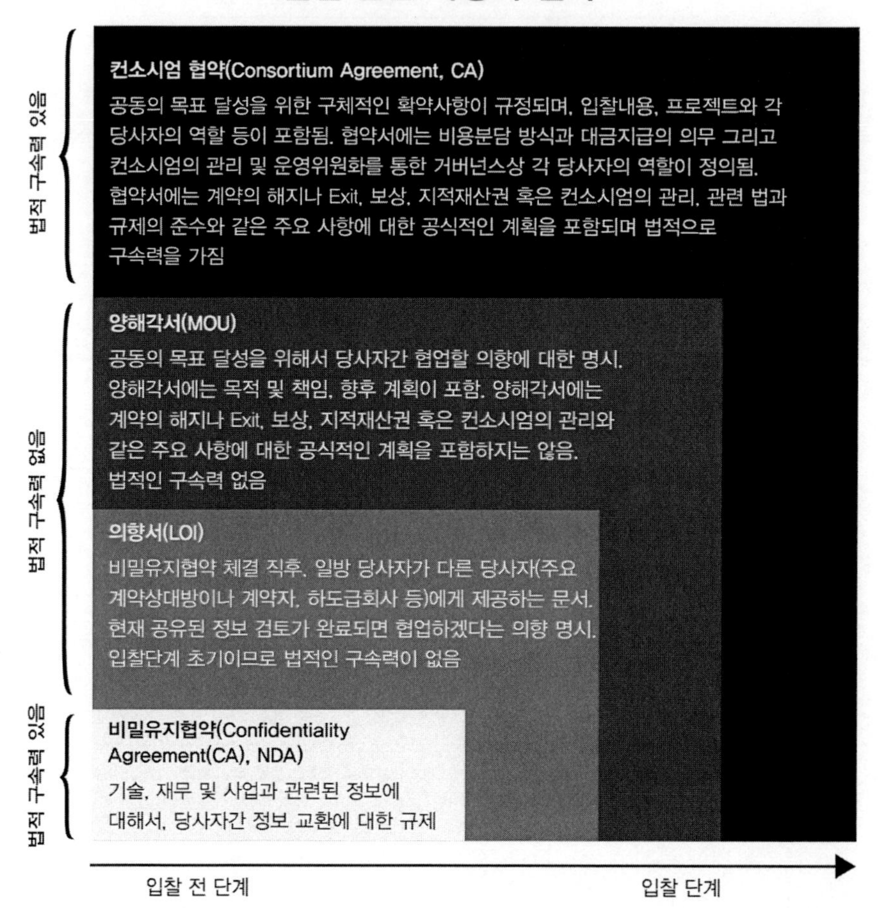

한다. 이런 문서는 법적인 구속력이 없을 수도 있다. 그러나 보다 공식적으로 구속력을 갖는, 일반적으로 컨소시엄 협약이라고 알려진 계약을 사업주들 간에 체결할 수도 있다.

컨소시엄 협약 및 앞서 언급되었던 관련 계약들은 어떻게 컨소시엄이 운영이 되고 구성원들간의 책임과 권리가 무엇인지에 대해서 규명하는 내용들이다. 각각 구성원들이 수행해야 하고 충족 및 분담해야 할 입찰 준비비용에 대한 책임뿐만 아니라 어떻게 각각의 당사자들이 협동하여 의사결정하고 협업 할 것인지를 명문화하는 것이다. 특히 컨소시엄의 운영이나 의사결정 절차와 같이 적절한 거버넌스(Governance)를 명확히 하는 내용을 문서화해야 한다(예를 들어서 뒤에서 이야기하는 운영위원회(Steering Committee) 구성 등).

컨소시엄 협약의 중요성이 과소평가되어서는 안 된다. 이 협약서는 향후 주주 간 협약서(Shareholder's agreement)의 바탕이 되기 때문이다. 이는 또한 민간사업자의 프로젝트 구조와 거버넌스, 그리고 컨소시엄 구성원 간에 프로젝트 리스크의 관리를 위한 리스크 분담/할당(allocation) 및 책임소재에 대해서도 영향을 미친다. 출자자간에 비밀유지협약(Confidentiality agreement)을 체결하는 것이 또한 일반적인데, 이는 각자의 상업적인 정보에 대해서는 항시 비밀유지를 한다는 것을 의미한다.

파트너링과 관련해서는 표준으로 쓰일 만한 기준은 없다. 그러나 "BS 11000 Collaborative Business Relationship"과 같이 효율을 극대화하기 위해서 회사 간의 관계를 관리하고 발전시키는 데 도움이 될 만한 몇 가지 방법론이 있을 뿐이다.

3. 입찰에 필요한 의사결정 및 승인을 위한 거버넌스 절차(Governance Procedure)

책임소재가 명확하고(Accountable) 투명한 의사결정을 위한 좋은 거버넌스 사례를 적용하는 것은 다른 구성원들에 대한 각각의 컨소시엄 구성원들의 책임을 명확하게 해주는 데 도움이 된다. 이는 프로젝트 리스크 분담에 있어서 모호한 부분을 제거하고, 구성원 간의 불일치사항을 해결하는 적절한 절차를 적용하

•• 입찰 과정상 컨소시엄 거버넌스

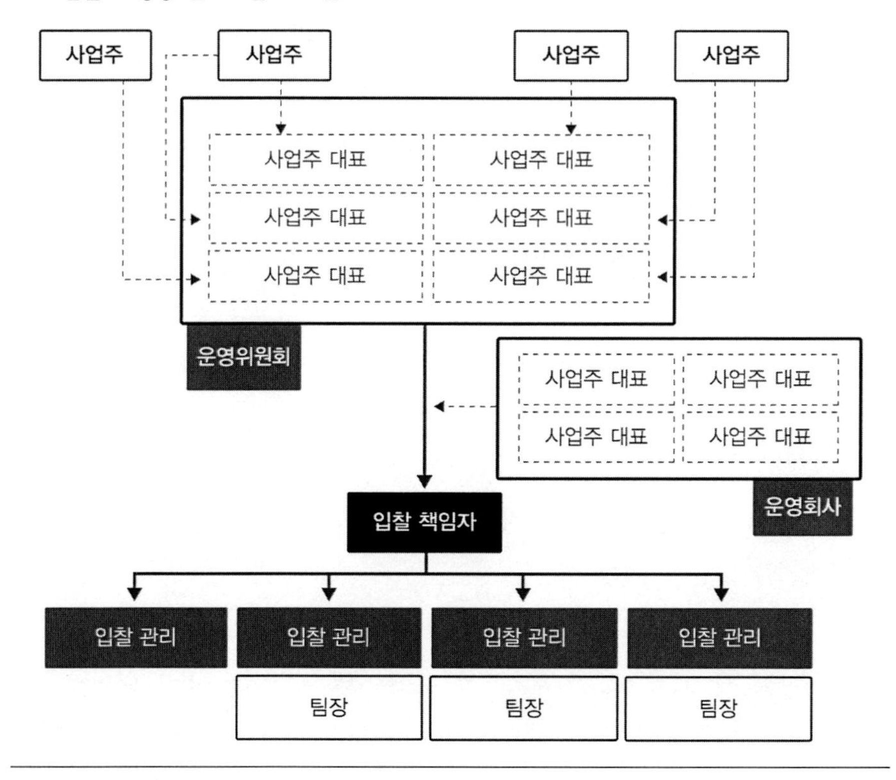

Note: Rep= representative.

는 데 도움이 된다.

따라서 입찰 단계에서, 효과적인 거버넌스 구조를 반영하는 것은 RFP 제안서를 준비하는 데 어떻게 최선을 다할지를 결정하거나, 컨소시엄 구성원 전원의 책임소재를 분명히 하는 데 있어서 필요하다. 가장 일반적인 방식은 운영위원회(Steering committee)를 구성하는 것이다.

운영위원회(Steering Committee, SC)는 입찰 책임자(Bid manager)가 기한을 준수하면서 적절한 제안서를 준비하고 제출하는 역할을 지원한다. 또한 입찰팀이나 RFP 제안서의 내용 및 그 준비 과정에 대한 중요 의사결정하는 개개인 역시 지원한다. 실제적으로 이는 입찰 책임자 및 입찰팀이 PPP 프로젝트와 관련된 사항에 대해 운영위원회에 주기적으로 보고한다는 것을 의미한다. 이 운영위원회는 제출된 보고서를 기준으로 프로젝트와 관련한 문제들을 검토하고 의사결정을 한다.

훌륭한 프로젝트 거버넌스의 핵심은 운영위원회와 출자자, 그리고 입찰 책임자 및 입찰팀이다.

각 출자사의 대표(Senior representatives)들이 다음에 따라서 운영위원회에서 협의한다.

- 운영위원회는 입찰팀 및 각 사업주/모회사의 의사결정기구와 관련된 각자의 역할을 정의한 공식적인 프레임워크에 따른다.
- 운영위원회 구성원은 각각의 사업주/모회사로부터 필요한 의사결정을 위한 권한을 위임받아야 한다.
- 운영위원회는 입찰팀의 목적 및 원칙에 대해서 규정하고 이를 홍보한다.
- 운영위원회는 사업주로부터 관련 내용을 받아서 만든 입찰 전략에 동의한다.
- 사업주는 그들의 주식수에 따라서 운영위원회 구성원을 선임한다.
- 운영위원회 구성원의 수는 적절하여야 한다(최소 4명에서 최대 10명 내)
- 운영위원회장 및 총무/비서는 반드시 선임되어야 한다.
- 운영위원회는 수용 가능한 리스크 및 한계(thresholds)를 정의하고 입찰팀의 선택지를 최대화하기 위해서 입찰 책임자에게 방향성 및 필요한 권한을 주어야 한다.
- 운영위원회는 각 사업주의 승인을 득한 이후에 입찰서 제출을 승인하여야 한다.

운영위원회는 일반적으로 정기적인 회의를 갖는다. 여기서 중요한 점은 운영위원회와 입찰 책임자 및 입찰팀이 민간사업자의 관점에서 입찰 절차를 준비한다는 점이다. 뒤에서도 언급하겠지만 여기에는 기술 및 법률, 재무적인 제안사항을 준비하는 실무진들이 존재한다.

입찰서를 제출하기 전에, 각각의 사업주는 내부적인 투자심의를 통해서 투자 승인을 얻어야 한다. 각 회사는 서로 다른 내부절차와 요구사항을 가지고 있기 때문에(따라서 내부 심의 일정이 서로 상이함에 따라 서로 다른 정보를 바탕으로 심의를 진행하게 될 수도 있다) 주무관청의 입찰서 제출 마감일 이전에 각 사업주에게 관련된 사업 정보를 제공하여야만 한다.

추가적으로, 컨소시엄은 그 자체로 제안서 제출을 위해 운영위원회의 승인을 받아야 하는데, 제안서의 제출은 공식적인 투자의사결정을 의미하기 때문이다. 제안서 제출을 위해 그에 따라서 모든 구성원들은 투자와 관련된 주요 조건(Terms and Condition)에 대해서 이해관계를 일치시키고 동의하여야 한다. 만약 제안서와 관련된 사항에 대해 하나의 구성원이 동의하지 않는다면, 이는 사업주 간에 공통된 합의가 없다는 것을 의미하고, 그때는 컨소시엄의 제안서를 제출하는 것이 어렵게 될 것이다. 이런 상황에서 운영위원회는 합의를 위한 조율을 시도하고 이에 성공하면 제안서를 제출할 수 있다.

운영위원회가 직면하게 될 거버넌스와 관련된 위협 중 가장 중요한 것은 사업주 간의 분쟁을 관리하고 조정하는 것이다. 사업주 중 일부는 다른 사업주와 100% 이해관계가 일치하지는 않을 수도 있고, PPP 프로젝트 리스크에 대한 일관된 접근을 적용하는 것이 어려울 수도 있다. 이러한 상황은 경쟁력 있는 제안을 준비하거나 VfM를 전달할 수 있는 컨소시엄의 능력을 약화시킨다. 이해관계의 충돌과 중요 의사결정을 관리하기 위해서, 다음의 절차 및 방식을 따르는 것이 일반적이다.

– 단순 다수 동의사항, 자격을 갖춘 다수 동의사항, 전원 동의사항, 유보사

항 등으로 나누어서 의사결정 사항을 구분한 구조화된 투표 절차

- 교착상태(Dead-lock)에 빠진 사안에 대한 해결 방식 및 독립적인 전문가 집단 참고
- 조정(mediation) 및 중재(arbitration)와 같은 대안적인 분쟁해결을 사용하는 분쟁해결 절차
- 모회사의 대표(senior management)에게 의지해야 하는 상황들에 대한 인식

앞서 언급한 바와 같이, 통상 입찰단계에서 필요한 거버넌스 절차와 방식은 추후 주주협약서안에 반영이 된다.

05 자문사의 선정 및 참여

수주를 위해서는 전문적인 지식이 요구되며, 컨소시엄은 주무관청의 PPP 프로젝트의 입찰을 위해 가능한 빨리 이러한 전문 지식을 확보하여야 한다. 규모가 큰 사업주는 컨소시엄의 제안서 준비를 위해서 사용 가능한 내부 자원이 있는 것이 사실이지만 외부 자문사를 사용하는 것 역시 일반적이다.

외부 자문사는 컨소시엄 구성원들과 함께 업무를 하면서, 주무관청의 PPP 프로젝트를 검토하고 평가하는 등을 통해 이들을 지원하고 보조한다. 그리고 특히, 주무관청으로부터 제공 받은 문서에 대한 검토나 평가를 수행한다.

외부 자문사는 기술 및 법률, 재무적인 부분에 대한 전문가 제공 및 입찰서와 그 제출물들의 준비가 제 시간 내 완성될 수 있는 일반적인 지원까지 제공한다. 전부가 그런 것은 아니나, 일부 자문사들은 입찰을 위한 계획 및 관리 서비스까지 제공하기도 한다.

컨소시엄의 외부 자문사는 컨소시엄 전체에게 자문을 하는 것이 일반적이나, 각각의 사업주는 별도의 독립적인 자문사를 고용할 수도 있다.

컨소시엄을 위해 혹은 대신하여 중대한 의사결정을 하는 것은 자문사의 업무영역 밖인 것이 원칙이다. 그러나 외부 자문사는, 그들의 지원 역할로서, 보통 컨소시엄의 대리(Agent) 역할을 수행한다. 컨소시엄이 고용한 외부 자문사는 주무관청이 주최하는 미팅에 참석하고, 질문에 대한 서면 답변을 작성하기도 하지만, 결국 입찰 책임자 그리고 최종적으로는 컨소시엄의 구성원들로부터의 조언을 받고 논의를 한 다음에 그러한 업무를 수행한다. 보통 이러한 역할을 컨소시엄의 입장을 표현하기 위한 전달자(Conduit)로서의 역할을 수행하는 것이다.

•• 입찰 실무진(Working team): 각각의 역무 범위 및 주요 활동

법무팀	기술팀	재무팀
팀장	팀장	팀장

팀장 　 사업주 내부 인력 & 외부 자문사

법무팀	기술팀	재무팀
자문 영역 · 법률 리스크 · 일반 법률자문 (국제/현지) · 계약서 초안작성 · 계약 협상 지원 · 법률 DD	자문 영역 · 기술적 리스크 · 기술 설계 · 건설비 및 운영비 · 생애주기 비용 · 수요 및 매출 · 환경 · 기술 DD	자문 영역 · 재무적 리스크 · 재무, 구조화 및 헷징 · 재무 비용 및 모델 · 세금 및 회계 · 보험 · 거래 자문
주요 활동 · 입찰제안서상 법률적인 부분에 대한 검토, 법률적 타당성에 대한 자문 제공 · 계약서 작성 준비 · 법률적인 부분에 대한 답변 초안 작성 · 주무관청, 대주 및 계약자 법률자문사와의 소통 · 주무관청과의 회의 참석 · 대금 지급 방식에 대한 협상 지원 · 최종 계약서 작성 준비	주요 활동 · 입찰제안서상 기술적인 부분에 대한 검토 · 기술제안서 제출 준비 · 기술적인 부분에 대한 답변 초안 작성 · 주무관청, 대주 및 계약자 기술자문사와의 소통 · 주무관청과의 회의 참석 · 계약서상 기술적인 부분 관련 조항 작성 · 기술 제안서 준비	주요 활동 · 입찰제안서상 재무적인 부분에 대한 검토 · 금융구조 및 재원에 대한 확인, 보조금, 최적의 자금조달안을 포함한 재무모델의 작성 · 재무적 제안사항 준비 · 대주단의 재무모델 Auditor을 포함한 대주단과의 협상 · PIM 및 기타 금융조건에 대한 자문 · 주무관청과의 회의 참석 · 자금조달 · 프로젝트 리스크 평가 · 최종 제안서 준비 · 금융종결시점에 이자율 및 환헷지 상품 완료 지원 · 세금 및 회계 자문

외부 자문사는 그들의 관점이 무엇인지를 결정하지 않는다. 사실 이는 컨소시엄의 고유 역할이기도 하다. 그러나 자문사가 컨소시엄에게 제공하는 자문의 본질상, 자문사가 컨소시엄의 의사결정에 영향을 미쳤다고 여겨질 수는 있다. 때때로 컨소시엄은 자문사로부터 의견의 충돌을 일으킬 수 있는 자문을 받을 수도 있고 이런 상황에서 입찰 책임자나 운영위원회는 최종 결정권자로서 향후 방향에 대한 의사결정을 한다.

외부 자문사가 일반적으로 자문을 수행하는 영역은 법률, 기술 및 재무적인 부분이다.

컨소시엄은 내부든 외부든 가능한 빨리, 그리고 PPP 프로젝트를 추진할 의사결정을 할 당시에는 더 확실하게, 전문 자문사를 활용해야 한다는 점을 인지해야 한다. 만약 조기에 자문사를 선정하지 않는다면, 우수한 자문사가 다른 경쟁사의 자문사로 고용되어서 더 이상 활용하지 못할 가능성도 존재하기 때문이다.

때때로, 그리고 PPP 프로젝트의 복잡성에 따라서, 컨소시엄은 필요한 모든 자문 서비스를 모두(혹은 대부분) 한번에 제공할 수 있는 글로벌한 대형 자문사를 선임할 수도 있다. 그러나 일반적으로 컨소시엄은 각각의 업무에 대해서 전문화된 다수의 자문사를 고용하는데, 이러한 자문사들이 각각 프로젝트의 기술 및 재무적인 부분에 대한 자문을 수행한다.

일반적으로 컨소시엄은 글로벌한 외부자문사를 섭외하기 위해서 노력한다. 다만 현지 자문사를 활용하는 것에 대한 중요성 또한 평가절하되어서는 안 되고, 따라서 글로벌한 자문사가 적절한 현지 자문사 선정을 위한 도움을 주는 것이 일반적이다.

현지 혹은 지역을 주도하는 자문사와 같이 일하는 것은 (현지 입찰 파트너를 구하는 것과 마찬가지로) 매우 중요하며, 컨소시엄은 이러한 자문을 얻는 것이 필요하다. 이는 컨소시엄이 프로젝트 리스크를 포함하여 PPP 프로젝트와 관련된 현지 관행에 대한 이해를 높여준다. 현지 자문사는 또한 현지의 이해관계자나, 입법정치가, 현지 지역사회 등과의 유의미한 관계 및 교류를 할 수 있도록해주는데, 현지 자문사 역시 같은 환경에서 일하게 될 것이기 때문이다. 컨소시엄은 이들과의 관계를 발전시키는 것을 중요하게 생각한다.

컨소시엄이 자문사를 선정하는 데 있어서 중요한 고려사항은 다음과 같다.

- 전문적인 자문은 사람 및 기술과 관련된 것이다. 따라서 컨소시엄은 PPP 프로젝트를 위해서 해당 자문사에 주요 인력이 확보되는지 여부를 확인하고 싶어 한다.
- 자문사 산정에 있어서 소요되는 시간이 생각보다 길 수 있다. 따라서 전체 일정을 준수하는데, 자문사 선정의 시점이 위험요소가 될 수도 있다.
- 입찰이 진행되는 동안 자문사는 관련된 경험 및 능력, 자원을 가지고 제때 그리고 적절한 품질의 결과물을 제공할 수 있어야 한다. 만약 그들이 주무관청과 같이 일한 경험이 있다면 이는 도움이 될 수 있다.
- 자문사는 입찰과정 전체를 아울러, 최초에 선정된 팀이 지속적으로 자문할 수 있도록 확실성을 제공해야 한다.
- 자문사는 컨소시엄과 주기적으로 다른 이해관계 충돌이 없음을 확인해주어야 한다. 만약 자문사 내 여러 팀들이 다양한 입찰 컨소시엄을 자문하고 있다면, 그들은 반드시 정보교류가 되지 않도록 해야 하며(Chinese walls) 따라서 상업적인 부분에 대한 비밀유지가 될 수 있도록 해야 한다.
- 컨소시엄과 자문사의 근무 문화가 일치하여야 한다
- 자문사의 계약조건(Terms of Reference, ToRs)이 VfM를 만들기 위해 준비 및 구조화 되어야 한다. 이는 자문사가 제공해야하는 업무범위에 설정되어있는데, 이는 자문료와 연결된다. 이 계약조건에는 이해관계의 일치, 목표에 대한 정확한 정의, 제공받을 결과물과 주요 일정, 인센티브 등이

포함되어야 한다.

컨소시엄의 자문사 선정은 일반적으로 사업주의 지원과 함께 이루어진다. 사업주는 특정 자문사와 일 해본 경험이 있고, 자문 영역 내 도출되는 어떤 활동이 활용 가능할지 및 자문료 수준에 대한 훌륭한 이해가 있다.

그러나, 자문사를 선정함에 있어서 사업주의 선호가 있다고 하더라도, 자문사의 선정은 컨소시엄의 의사결정 사항이고 이는 즉, 컨소시엄 구성원의 의사결정들과 연결된다. 따라서 자문사를 설정할 때, 컨소시엄은 구조화된 조달 절차를 따르는 것이 얼마나 중요한지 이해할 수 있는데, 이는 VfM를 제공하고 투명성이 있는, 경쟁력 있는 제안서를 접수하는 것을 보장한다.

06 프로젝트의 계약 및 프로젝트 회사(Project Vehicle)의 구조 결정

컨소시엄이 다루어야 할 가장 중요한 문제 중에 하나는 바로 구조이다. 컨소시엄 구성원들은 자금을 조달하고, 주무관청의 PPP프로젝트를 성공적으로 실행하기 위한 가장 적합한 구조를 결정해야 한다. 본 PPP 가이드에서는 프로젝트 파이낸싱의 적용을 가정한다. 이는 통상 PPP 프로젝트를 위해서 사업시행법인(특수목적법인, Special Purpose Vehicle)을 설립하는 것을 의미한다. 컨소시엄은 일반적으로 Un-incorporated JV나 파트너십 형태의 회사는 설립하지 않는다.

프로젝트 파이낸싱을 통한 PPP프로젝트의 자금조달은 사업주가 PPP프로젝트의 리스크로부터 어떠한 안전장치를 요구할 것이라는 의미이다. 즉, 사업주가 SPV를 설립함으로써 제한적인 소구권 구조를 요구할 것이다. 실시협약(Project Agreement)을 통해서 만들어진 전부 혹은 대부분의 PPP 프로젝트 리스크는 건설이나 운영관리 계약자에게 전가된다. 이런 계약자들은 SPV가 실시협약을 통해서 주무관청으로부터 인수한 의무를 건설이나 O&M 계약서를 통해서 Pass-Through 방식으로 이전받는다.

구조를 만들거나, 관련된 의사결정은 컨소시엄이 프로젝트 회사로 탈바꿈하고 사업주가 그 프로젝트 회사의 주주로 참여한다는 것을 전제로 한다.

사업시행법인은 통상 주무관청과 실시협약을 맺기 직전, 즉 재무적 종결(Financing Close) 단계에서 설립된다. 컨소시엄의 구성원들은 SPV의 주주가 되며, 그 외 투자자와 같은 추가적인 주주를 포함할 수도 있다. 예를 들어서 건설계약자인 구성원은 SPV의 주주로 참여하길 원하지 않을 수도 있다. 대신 지정된 계약자(Nominee contractor)로서 입찰서에 반영되고자 할 수도 있다. 이는 SPV

의 구성원으로서 PPP 프로젝트의 실행과 관련된 전반적인 부분에 참여하기보다는 건설과 관련된 부분만 집중하길 원하기 때문이다.

일부 지정된 계약자와 같은 잠재적 예외를 포함하여, 각각의 컨소시엄 구성원들은 향후 SPV의 일부 지분을 취함으로써 주주로서 출자할 것을 약정해야 한다. 이들은 주주간 협약서(Shareholder's agreement)상 합의되고 정의된 비율만큼 지분을 소유한다. 출자 지분의 규모는 상황에 따라 다른데 매우 적을 수도 있고(Pin-point equity) 아니면 클 수도 있다. 보통 가장 많은 지분을 보유하고 있는 출자자가 프로젝트의 중심이 된다.

컨소시엄 협약서에 정의되어 있는 대로, SPV의 구조(constitution)나 민간사업자가 체결할 각종 프로젝트 계약에 반영된다. 업무의 방식이나 출자자간의 권리 및 의무 그리고 PPP 프로젝트의 리스크 및 수익이 어떻게 주주간에 분배되는지 등 컨소시엄 협약서상의 내용은 모두 SPV의 구조 및 다른 PPP 계약 체결과 관련된 문서작업에서 다루어진다.

SPV의 설립문서에는 SPV와 관련된 협의문서(memorandum)와 정관(Article of association) 그리고 출자자 협약서 등이 포함된다.

종종 SPV의 출자자 중 하나와 건설 계약자 혹은 운영관리 계약자와 직접적인 연관이 있을 수도 있다. 만약 이런 관계가 있다면, 이는 SPV 주주와 관련된 건설계약자 간의 이해관계 충돌의 가능성을 내포하고 있기 때문에 주의해야 한다. 실무적으론, 실시협약상의 조항에 대해서 관련된 계약자가 의무를 이행하지 못할 것을 알고 있다면 SPV 주주들 중에서 하나가 나머지 주주와 합의에 도달하지 못할 수도 있음을 의미한다.

SPV는 프로젝트의 설계 및 자금조달, 건설 및 운영이라는 오직 한 가지 목적을 위해 만들어진다. SPV는 필연적으로 PPP 프로젝트의 핵심이 되는데, 관련하여 수행해야 할 수많은 업무들이 있기 때문이다.

•• 사업시행법인 주주

Note: O&M=Operation and Maintenance; SPV= Special Purpose Vehicle.

SPV는 실시협약을 체결하고, 투자자로부터 자금을 조달받으며, 건설 및 O&M 계약자와 계약을 체결해야 한다. 이 모든 활동들을 SPV의 핵심 역할로 기술해두었다. 컨소시엄은 이러한 핵심적인 역할을 입찰 단계 및 SPV를 구성할 때 인지하고 있어야 한다. 이는 PPP프로젝트를 주주들의 이해를 보호할 수 있는 온전한 방향으로 구조화함에 있어서, 컨소시엄에게 큰 책임이 있을 수 있다는 것을 의미한다.

소수의 PPP 프로젝트에서는 주무관청이 SPV의 당사자로 참여하지만 일반적이지는 않다. 그러나 만약 그런 상황이 발생하게 되면 SPV가 어떻게 설립되고 운영이 될지에 대한 차이가 있을 수 있는데 예를 들어, 민간사업자는 다른 종류의 주식을 보유하고, 분쟁이 해결 절차상 의사결정을 위해서 정부기관의 소구권이 개입될 수도 있다.

07 입찰서의 준비 및 제출

주무관청의 PPP 프로젝트의 복잡성은 컨소시엄으로 하여금 프로젝트 관리(Project management) 방식의 접근법을 적용하여 필요한 전문성과 기술을 효과적이고 시기적절하게 관리할 수 있도록 요구한다. 의향서(Letter of intent, LOI) 및 양해각서(Memorandum of Understanding, MOU) 혹은 컨소시엄 협약을 체결하자마자, 그리고 RFP의 접수보다 늦지 않게 컨소시엄은 입찰 책임자를 선정하고 이 입찰책임자는 다음의 업무에 대한 책임을 지게 된다.

- 컨소시엄을 대신하여 입찰 제출 절차에 대한 관리
- 필요시, 성공적인 제안을 위한 준비 절차를 추진하고 관리
- 실사나 상업적/재무적 타당성 조사보고서의 검토 등, 주요 업무 완결을 위한 추진 및 관리
- 컨소시엄의 제안서가 제때 제출되기 위해서 필요한 업무 절차(Work program), 주요 업무, 인터페이스, 핵심 업무흐름 그리고 주요 일정에 대한 정의
- 내부적인 자원, 외부 자문사, 운송 등 제안서를 완성하기 위해 필요한 자원(resources)에 대한 정의
- 직접비, 간접비 및 사업주의 출자금 등 제안서 예산의 준비
- 프로젝트 사업주의 운영위원회 승인을 위한 제안서 작성. 이는 제안서에서 적용해야 할 입장(Position)과 접근법(Approach)에 대한 주요 의사결정이다.
- 필요시 주무관청 대표 및 제3자와의 의사소통

•• 입찰 과정상 입찰팀 자원

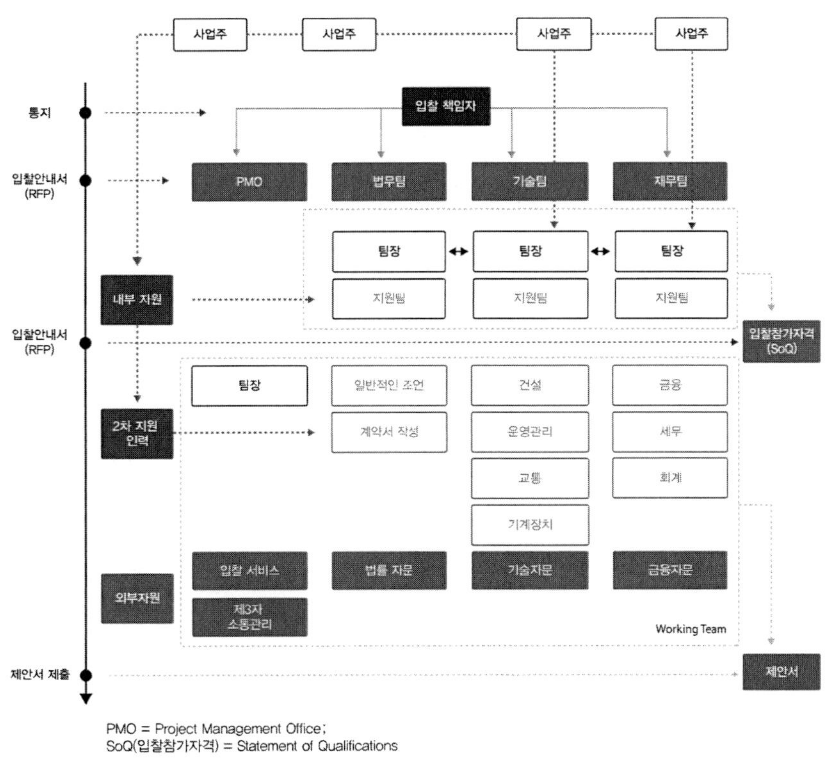

통상적으로 제안서를 준비하는 최초 단계에서는 사업주 중 한 곳의 대표(Senior staff)가 최종적인 선임이 이루어지기 전까지 임시로 입찰 책임자의 역할을 수행한다. 같은 의미로, 사업주 중 한 곳에서 제안서 준비를 위한 입찰팀으로 인력을 지원한다.

사업주의 실사과정에서 확인된 대규모의 복잡한 PPP 프로젝트에 대해서는 그 사업이 사업주의 핵심 목표인 경우, 공식적인 PPP 프로젝트의 발표 이전에라도 입찰 책임자가 선임될 수도 있다. 이 입찰 책임자의 역할은 목표하는 PPP 프로젝트의 진행 현황을 관리하는데, 그 이유는 크게 2가지이다. 하나는 언제 해당 프로젝트가 시장에 발표될지이고, 두 번째는 사전에 주무관청과 좋은 관계를 만들기 위해 교류하기 위해서이다.

이러한 활동은 사업주 혹은 컨소시엄이 사전에 대규모의 복잡한 PPP 프로젝트를 준비하는 데 도움이 된다. 만약 RFP가 발표된 이후 시간이 촉박할 것으로 예상될 때에는 사전에 할 수 있는 업무를 해두는 것이 유리하므로 상업적으로도 타당한 관행이다.

RFP가 발표되면, 입찰 책임자는 제안서의 준비 및 제출과 관련된 업무를 책임진다.

제안서를 준비할 때에는 일반적으로 3개의 실무팀이 필요하다. 법률, 기술 및 재무팀이 바로 그것이다. 각 팀에는 팀장 및 이를 지원하는 실무진이 있다. 일부 사례에서는 컨소시엄이 각각의 팀을 위한 추가적인 자문사를 고용하는 경우도 있다. 제안서 준비를 시작할 때에는 보통 내부 인력으로 실무진을 구성하는 것이 일반적이다(이 단계에서는 외부 자문사를 통한 자문의 비중은 크지 않다).

앞서 언급한 바와 같이, 입찰 절차 및 RFP의 세부 내용에 대한 확실성이 생기면, 외부 자원(external resources)이나 자문사를 활용하게 된다. 이러한 외부 자원은 기존에 사업주가 제공한 내부 자원을 보조하게 된다. 일반적으로 입찰이 진행되는 과정 중에서, 타당성조사 보고서나 평가보고서 등 자문사와 관련된 결과물 제출에 대한 주요 일정들이 존재한다.

가끔은, 특히 제안서의 준비과정이 심화될 때, (일부 혹은 전체) 사업주로부터의 두 번째 인력 파견을 통해서 최종 제안서를 준비하거나 핵심적인 결과물을 도출하기 위해 입찰팀을 지원할 수도 있다. 그러나 이런 경우는 두 번째로 참여한 인력이 제안서 준비과정에 기여하기 위한 충분한 시간이 있는 경우에만 효과적이다. 이들의 완전한 협업을 통해서 서로 다른 팀에서 온 이들이 외부 자문사와 함께 효과적으로 일하면서 능동적인 구성원이 될 수 있다.

사업주 입장에서, 두 번째 파견 인력의 활용은 컨소시엄 구성원의 합의를 필요로 하지만, 그럼에도 불구하고, 이는 사업주의 공동 가이드라인과 이해관계를 일치시키는 데 도움이 된다.

대규모 그리고 복잡한 프로젝트에서, 입찰 책임자를 지원하기 위해서 PMO(Project Management Office)가 필요할 수도 있다. 이 PMO는 기준선이나 목표를 설정하는 역할을 담당하고 (그들 스스로도 이를 준수한다) 또한 각 회사의 이사진 검토를 위한 자료의 수집 및 생산, 그리고 입찰과 관련된 주요 일정 및 결과물에 대한 관리 감독을 수행한다.

입찰과 관련하여 믿을 만한 프로젝트 매니지먼트 기술을 사용하는 것은, 성공적인 제안서의 준비 및 제출에 있어서 매우 유용하다.

- 입찰 과정에 대한 조직: 목표를 정의하고 적절한 인력을 배치
- 제안서 준비 및 제출을 위한 시간 계획 수립: 각 업무에 대한 정의 및 배치, 일정 수립
- 제안서 제출에 대한 관리, 입찰 팀에게 동기를 부여하고 의사결정을 수행하며 부족한 자원을 재배치하고, 전체 과정을 관리
- 입찰 준비과정 내 상호보완적인 측면을 통합하고 통일성을 유지
- 향후 입찰을 위한 레슨 & 런(Lessons and Learned) 작성

사업주 입장에서 제안서를 제출하기 위해 필요한 자원의 조직 및 관리는 매우 중요하고 많은 비용을 필요로 한다. 따라서 일반적으로 이러한 비용은 관리비(Management Cost)라는 명목으로 최종 입찰 금액에 포함된다. 추가적으로, 만약 PPP 프로젝트의 조달 절차가 지연된 경우에 특히, 주무관청이 일부 비용을 보전해주는 것도 가능하다.

1. 기술적 제안(Technical Solution)

주요 기술적인 리스크와 그 해결책에 관한 적절한 관리는 사업주가 갖는 주요한 도전 과제이다. 그러나 올바른 기술적인 해법을 도출하는 것은 쉬운 일은 아니다. 건설은 각각 다른 당사자들이 각각 다른 과정을 수행해야 하는 매우 복잡하고 다면적인(Multi−phase) 산업이기 때문이다. 이런 내재적인 기술적 도전과제 외에도, 정보의 손실이나 협업의 부재, 저품질의 생산물 등의 리스크가 상존한다.

기술적인 제안은 기술팀에 의해서 설계되어야 하는데, 여기에 설계전문가 등 기술팀의 팀장이나 위원회의 방향성 아래에서 일하는 외부의 전문적인 컨설턴트가 도움이 될 수 있다.

최적의 기술적인 해결책에 도달하기 위해서는, 기능적으로 적합하고, 지속가능하며 효율적이고 품질 기준에 부합하는 최적의 설계를 위해 노력하는 것이 필요하다. 좋은 설계란 부가가치를 창출하는데 이는 다음의 요소들을 달성하였을 때 가능하다.

- 주무관청으로부터 제공 받는 품질 기준 및 산출물의 요구조건에 대한 정확한 정의
- 최고의 기술 자문사와의 협업
- 컨소시엄 내부 혹은 주요 인터페이스 상 명확한 역할과 책임(R&R)
- 전체적으로 통합된 공급사슬(fully integrated supply chain)에 대한 적절한 관리

PPP 산출물의 본질을 고려할 때, 좋은 설계는 입찰과정 초기에서부터 시작되어야 한다. 주무관청은 일반적으로 상세한 설계 내용, 기술적인 정보 혹은 검

증된 기술적인 정보조차 제공하지 않는다. 실무적으로는, 입찰 요구사항이 공개가 되면 민간사업자는 가능한 빨리 자체적으로 기술 정보 확보를 시작하여야 한다. 일부 정보는 주무관청이 제공할 수 있음에도 불구하고, 각 민간사업자는 (직간접적으로) 관련된 조사보고서나 정보를 취득하는 것이 필수적이다.

때때로 주무관청이 PPP프로젝트의 설계 혹은 시공 요구사항 전체를 제공할 수도 있다. 이런 상황에서는 최종 설계를 검토를 할 기회가 주어지거나 기준의 변경, 대안 등을 제시하지 않는다면 민간사업자가 제공된 정보의 정확성과 관련된 리스크를 부담하지 않아도 된다.

설계과정의 핵심 목표는 PPP 프로젝트 역무 범위를 정의하고, 적절한 측정장치를 선정하며, 비용을 평가하는 것이다. 전자의 경우 RFP의 기술 및 품질과 관련된 요구사항에 대한 평가, 기술팀간 목표에 대한 배정(누가 무엇을 맡을 것인가) 그리고 개념 설계의 진행도 포함된다. 후자의 경우 설계 및 건설에 대한 일정, 내역서의 작성, 주요 KPI(Key Performance Indicators), 기술시방서 그리고 건설을 위한 예산 및 비용(CAPEX) 등이 포함된다.

일반적으로 PPP 프로젝트에서 기술제안사항은 입찰 과정이 진행되면서 점진적으로 발전한다. 이런 경우, 주무관청은 이러한 기술제안서의 발전이 충분히 이루어지도록 조달과정상 충분한 시간을 민간사업자에게 제공하여야 한다. 만약 이러한 기술제안사항이 기술(Technology)에 크게 의존하는 경우, 예를 들어 학교에 컴퓨터를 보급하는 경우, 프로젝트가 진행되면서 제안된 기술(Technology)과 이를 업그레이드하는 것도 평가가 필요하다. 이를 통해서만 가장 최신 기술의 적용이 가능하다. 최종적인 기술 제안서는 PPP 프로젝트를 수주하였을 때 가능하다. 따라서 최종 설계가 가능한 빨리 준비되고(이를 주무관청이 승인하여) 최대한 빨리 건설을 시작하는 것이 좋다.

유사하게, 운영단계에서도, RFP상 산출물(Output-based) 혹은 성과 기반

•• 설계 절차 및 인터페이스

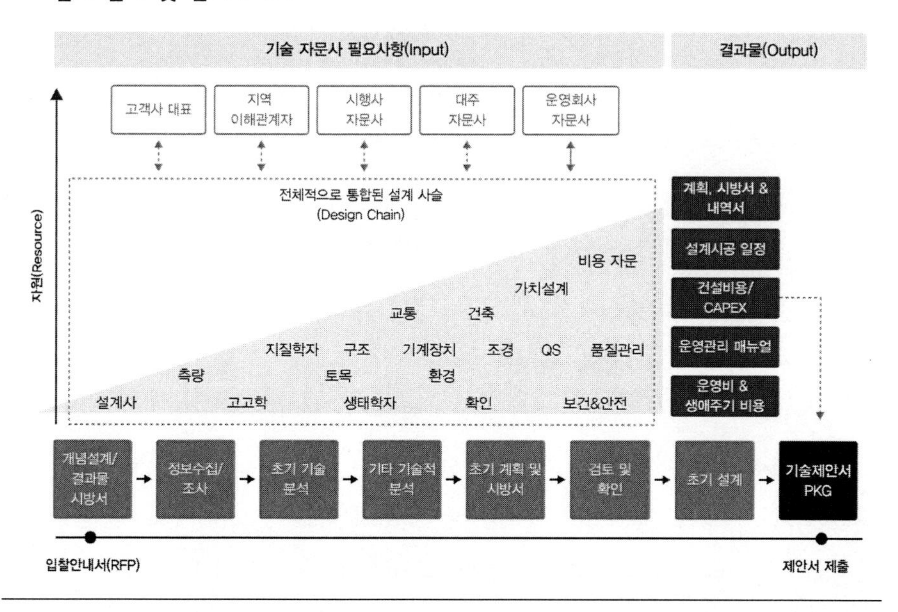

Note: BoQ= Bill of Quantities; CapEx=Capital Expenditure; D&C=Design and Construction; LCC=Life-Cycle Costs; OpE=Operational Expenditure; O&M=Operation and Maintenance.

(performance-based)의 요구사항이 시작점이 된다. 이는 프로젝트의 기술적인 요구사항(O&M 매뉴얼)에 반영이 되어야 한다. 기술팀에서는 실시협약기간 동안의 프로젝트에 대한 장기의 운영관리 계획 작성뿐만 아니라 운영비 "실시협약"(OPEX) 및 생애주기 비용(LCC)도 산출한다.

일반적으로 높은 수준의 요구사항은 높은 공사비를 필요로 한다고 알려져 있다. 그러나 높은 수준의 요구사항은 일반적으로 더 긴 내용수명을 가지고 있고 PPP 프로젝트 자산 관리를 위해 필요한 요구사항이 낮기 때문에 결론적으로 적은 운영비(OPEX)를 필요로 한다.

건설 및 운영비 사이의 긴장관계는 한편으로 건설 계약자와 유지관리 계약자의, 비용에 대한 접근법상 이해관계 충돌이 있는 것을 의미한다. 이런 상황을

•• 설계 및 건설(D&C) 계약상 핵심 요소

D&B = 설계(Design) 및 시공(Build)
EPCC = 설계(Engineering) 조달(Procurement) 및 시공(Construction) 컨소시엄
PCG = 모회사 보증(Parent Company Guarantee)

관리하고 접근법상 합의점을 도출하는 것이 운영위원회(SC)에게는 중요하다. 그러나 동시에 품질과 결과물에 대한 타협 없이 전체 생애주기에 들어가는 비용을 최소화시키는 것도 핵심이다. 이를 위해 벤치마킹이나 목표 금액설정, Value engineering 방법론 등이 활용되어야 한다.

앞에서 언급한 바와 같이, 경험이 풍부한 다방면의 기술팀을 확보하는 것이 중요하다. 그러나 적절한 관리 및 명확한 의사소통 그리고 통합된 공급사슬 역시 반드시 필요하다는 점을 강조하고 싶다. 오직 정확한 규칙과 절차를 준수할 때만이 시간과 비용을 절약하고 오류 및 누락, 추가작업 및 분쟁소지를 최소화할 수 있다.

기술적인 부분의 마지막 단계로, 2가지 결과물이 도출되어야 하는데, 하나는 기술제안서 일체이고 나머지는 PPP 프로젝트와 관련된 비용(각 당사자들이 수행한 리스크까지 반영된)의 평가이다. 그에 따라서 이런 결과물들은 재무적인 분석 및 재무모델을 만드는 데 활용된다. CAPEX와 OPEX 그리고 LCC와 관련된 최종적인 (그리고 구속력 있는) 의사결정은 입찰서 제출에 가깝거나 바로 직전에 결정된다. 따라서 사업주와 운영위원회 그리고 입찰 팀은 이러한 부족한 일정 내에 빠른 의사결정을 할 수 있도록 준비되어야 한다.

기술제안서는 PPP 프로젝트를 진행시키고, 그 결과로 실시협약상 중요한 부분을 구성한다.

2. 재무적 제안(Financial Solution)

재무적 제안은 PPP 프로젝트에 대한 투자 의사결정의 승인 및 입찰서 제출을 위해 민간사업자가 활용한 사업모델(Business Case)로 구성된다. 이는 해당 PPP 프로젝트를 위해 민간사업자가 구상한 최적화된 자기자본과 타인자본 비율을 고려한 금융 구조와 금융 전략을 포함한다.

재무모델은 민간사업자가 프로젝트의 재무적 제안을 완성하기 위한 구조화와 그에 따른 재무적인 평가를 하기 위한 도구 중 하나이다.

재무모델

컨소시엄의 재무팀이 수행해야 할 가장 중요한 역할은 재무모델을 작성하는 것이다. 일반적으로 재무팀은 금융 자문사(Financial advisor)에게 이러한 준비를 위임하고, 금융 자문사는 입찰 책임자 혹은 재무팀장의 관리하에서 재무모델을 작성한다. 재무모델은 컨소시엄이 입찰을 준비하는 것뿐만 아니라 주무관청에게 컨소시엄의 제안서가 얼마나 확실한지를 평가하는 데도 도움을 준다.

재무모델은 PPP 프로젝트를 운영하기 위해 민간사업자가 필요로 하는 최종 비용을 구성하는, 수많은 개별적인 비용 요소들로 이루어진다. 실제로는 건설 및 운영, 금융비용을 종합한 최종 금액이 재무모델상에 표현된다. 이 비용들이 컨소시엄이 제안하는 최종 금액을 산출하기 위해서 모두 더해져야 한다.

컨소시엄의 입찰준비를 위해 작성된 재무모델은 다양한 목적으로 활용될 수 있다.

우선, 이는 대금지급방식(Payment mechanism)을 포함하여 PPP 프로젝트의 재무적인 분석을 하는 데 도움을 준다. 그리고 컨소시엄 입장에서 투자의 대상으로서의 해당 PPP 프로젝트가 적절한지에 대한 평가에도 활용된다. 이는 상대적인 프로젝트 리스크 대비 수익률을 기준으로 판단하게 된다. 우호적인 평가는 제안서를 제출할지 말지에 대한 의사결정에 영향을 주며, 그보다 더욱 중요한 점은, 민간사업자의 제안서를 구성하는 각종 금액 및 비용에 대한 결정을 하는 데 도움을 준다.

재무팀이나 재무팀장의 지시를 받는 금융 자문사(Financial advisor)가 PPP 프로젝트의 대금지급방식에 대해 검토하고 프로젝트 예상 매출에 대해 평가한다. Government-pays PPP의 경우, 사업시행법인(SPV)은 PPP 프로젝트를 수행하기 위해서 주무관청으로부터 매년 받아야 할 금액(Annual unitary charge)에 대한 가정을 반영한다. 그러나 실제로 사업시행법인에게 지급되는 대금은 예상 수준의 서비스가 제공되는지 여부에 따라 달라진다. 이러한 서비스를 제공하지 못한다면 월별 주무관청으로부터 받아야 할 대금에서 공제액이 발생한다. 예를 들어 병원 PPP의 경우, 일부 병동이 청결하지 못한다면 이는 'Unavailable'하다고 여겨질 수 있고 그에 따라 공제금이 발생할 수 있다.

따라서 재무팀은 제공된 PPP 프로젝트 대금지급 방식이 얼마나 공격적인지에 대해서 평가하고자 한다. 이는 공제액이 발생할 가능성과 이것이 PPP 프로젝트의 향후 매출에 어느 정도 영향을 주는지 평가함으로써 확인이 가능하다.

이는 재무모델상 시나리오 및 민감도 분석을 통해서 가능하다.

유사하게, PPP 자산의 사용자로부터 요금을 수취하여 매출을 발생시키는 User-pays PPP의 경우, (예를 들어 Toll-Road) 컨소시엄의 재무팀은 사용량과 매출에 대한 전망을 하게 된다. 이러한 전망치는 향후 PPP 자산의 사용량 예측이 (요금 부과에 대한 주무관청의 특별한 제한사항이 있는지와 더불어) 충분한 PPP 프로젝트 매출을 발생시키는지를 평가하는 데 사용된다. 여기서도 재무모델은 시나리오 분석에 사용되며 PPP 프로젝트의 안정성에 대한 의사결정에 도움을 준다.

두 번째로, 재무모델은 컨소시엄이 제안서의 특정 부분을 평가하는 것뿐만 아니라 제안서의 적정성과 종합적인 가치에 대한 평가를 하는 데 활용될 수 있다. 예를 들어, 재무모델은 주무관청에 제공하는 전반적인 제안서의 핵심 요소인 건설 및 운영비용을 결정하는 데 활용될 수 있다. PPP 프로젝트에 대해 최적화된 총 금액을 도출하기 전까지 각종 금액을 검증함으로써 가능하다.

세번째로, 재무모델은 또한 금융 구조를 점검하고 따라서 컨소시엄이 활용하는 PPP 프로젝트 파이낸싱의 종류를 결정하는 데 도움을 준다. 예를 들어, 대주는 그들이 원하는 민감도 범위를 특정할 것이고 금융 자문사는 재무모델을 통해서 이를 검토한다. 따라서 재무모델은 대출 혹은 채권으로 자금 조달을 가정하는 프로젝트에서 시나리오를 분석하는 데 활용된다.

재무모델은 또한 서로 다른 종류의 대출 조건 및 전략, 예를 들어 단기 대출(Short-term or Mini-perm)을 사용하여 완공 이후 차환을 하거나 이 지분투자자 수익률에 어떤 영향을 미치는지에 대한 검토를 하는 데도 활용된다. 서로 다른 시나리오를 분석하는 것의 이점은 각각의 접근법이 갖는 장단점을 알아내는 것이고 이는 제안된 자금조달 방식과 관련된 리스크 수준을 평가하는 데 도움을 준다. 따라서 재무모델은 컨소시엄이 본 사업에 적용할 자금조달 방식을 결정하는 데 도움을 준다.

재무모델은 또한 조달과정상 협상에 있어서 최초 제안 및 역제안(Counter proposal) 등을 검토하는 데에도 활용된다. 이는 또한 컨소시엄이 잠재적인 대주들과 협상을 하는 데에도 민감도 분석을 통해서 도움을 준다. 컨소시엄은 재무모델에 대주의 요구사항을 반영하고 이러한 요구조건이 예상되는 프로젝트 수익성에 어떤 영향을 미치는지 확인할 수 있게 한다. 이런 영향이 컨소시엄에게 부정적인 경우, 이 부분을 잠재적인 대주에게 강조하는 데 도움이 될 수도 있다. 이러한 경우, 재무모델은 컨소시엄이 대주들과 금융 조건들을 협상하는 데 필요한 도구(tool)로서 활용된다.

재무모델은 프로젝트의 핵심적인 부분이고, PPP 프로젝트가 합의에 도달하면 그때의 금융조건을 기준으로 반영하게 된다. 그리고 이는 제안서상 일부로서 주무관청에 제출된다. 이는 제안서상 내제되어 있는 컨소시엄의 비용 및 매출에 대한 확실한 평가와 같다. 여기에는 사업시행법인이 채무에 대한 상환을 위해 받아야 하는 매년/매월의 금액을 결정하는 정보도 포함되어 있다. 그 결과 주무관청의 금융 자문사 입장에서는 해당 재무모델이 포함하고 있는 정보를 충분히 이해하는 것이 매우 중요하다.

컨소시엄의 재무모델은 PPP 프로젝트상 예상되는 수익 및 지출, 현금흐름 및 각종 유보금 및 요구 예비비과 함께 예상 재무제표 등에 대한 세부적인 분석을 반영한 컴퓨터 모델이다. 또한 재무모델상의 각종 금액의 근거가 되는 가정들의 세부사항도 포함된다.

재무모델은 컨소시엄의 제안서 작업에 있어서도 핵심적인 요소이다. 이는 주무관청으로 하여금 컨소시엄의 비용 및 매출에 대한 평가 수행하는 데 도움을 준다. 또한 이는 주무관청이 각각 민간사업자의 제안서상 어떻게 금융조달을 구조화 하였는지 뿐만 아니라 민간 사업자가 만든 재무적인 가정사항을 비교하는 데도 도움을 준다. (예를 들어 이자율이나 인플레이션 등)

경쟁 입찰 절차 중 하나로서 각 민간사업자의 재무모델 검토가 완료되면, 각 당사들 사이의 핵심 차이점들이 도출되고 또 제안서가 외부적인 요소(예를 들어 이자율 변경 등)에 대해 얼마나 민감한지에 대해서도 도출이 된다. 각 민간사업자의 제안서를 비교함에 있어 통일성을 유지하기 위해서, 주무관청은 예를 들어 이자율이나 환율과 같은 특정 가정들을 지정하여 모든 제안서에 동일하게 반영되도록 할 수도 있다.

제안서 일부로서 컨소시엄이 재무모델을 작성하는 동안, 입찰 및 실시협약이 유효한 기간 전반에 대해서, 주무관청과의 협의를 통해 PPP 프로젝트와 관련된 사항이 변경됨에 따라 발생하는 재무적인 결과가 지속적으로 조정된다.

••• 금융 자문사의 주요 활동

- 재무모델의 작성
- 금융 구조의 확정
- 보조금을 포함한 재원 조달 방안 확정
- 대주와의 협상
- 프로젝트 정보(PIM)에 대한 자문 및 각종 Ratio 및 준수사항 등 금융약정서상 조항 협상
- 자금의 조달 및 금리 경쟁 등 최적의 금융조건 도출 관리
- 프로젝트 리스크 평가
- 대금 지급 방식에 대한 검토

PPP 프로젝트 대주 및 자금의 형태

PPP프로젝트의 금융구조는, 다른 프로젝트 파이낸싱과 같이, 타인자본과 자기자본으로 조달된다. 타인자본과 자기자본은 다수의 당사자들에 의해 조달되고 통상 컨소시엄에서 SPV로 설립되는 시점에 이루어진다. 타인자본 조달은 자본시장을 통해서도 이루어질 수 있다.

사업주는 사업시행법인의 주주가 됨으로써 PPP 프로젝트에 자기자본을 투

입한다. 그들은 사업시행법인의 주식을 보유하고 추가적으로 특히, 절세 목적의 후순위 대출도 제공한다. 프로젝트가 프로젝트 채권을 통해서 자금을 조달하지 않는 이상 국제 혹은 국내 상업은행이 일반적인 PPP 사업의 대주가 된다. IFC(international Finance Company)를 통해서 세계은행이나, 유럽 투자은행(EIB, European Investment Bank), 아시아개발은행(ADB, Asian Development Bank), 아프리카 개발은행(AfDB, Africa Development Bank) 그리고 유럽부흥개발은행(EBRD, European Bank for Reconstruction and Development) 등 다자간금융기관(Multilateral institution) 역시 프로젝트 파이낸싱의 자금원이 될 수 있다. 공적수출신용기관(ECA, Export Credit agency) 역시 자금원이 될 수 있다.

또 다른 잠재적인 대주로는 대출 펀드나 국부펀드(Sovereign wealth fund) 그리고 연기금(Pension Fund) 등이 있을 수 있다. 이런 대주는 자기자본 투자가 가능할 수도 있다. 최적의 자금원 구성은 해당 특정 시장 내에서 특정 PPP 프로젝트에 대한 그들의 자금 제공이 가능한지 뿐만 아니라 해당 PPP프로젝트의 조달비용 등에 따라 달라진다.

•• 프로젝트 대주로서 참여 가능한 기관의 예

프로젝트 대주로 참여 가능한 기관의 예	
• 은행 - 현지 및 글로벌	• 다자간금융기관(Multilateral institutions)
• 사업주	• 국부펀드(Sovereign wealth fund)
• 인프라 펀드	• 연기금(Pension fund)

다음은 PPP 프로젝트 금융구조상 타인자본 및 자기자본 요소들의 특징이다.

타인자본

대부분의 PPP 프로젝트는 은행으로부터 타인자본을 받는다. 타인자본은 일반적으로 프로젝트 파이낸싱을 할 때 가장 저렴하다. 은행을 통한 조달은 대부분 은행 대출의 형태인데 예를 들어 PPP 프로젝트에서 필요한 자금의 70~90%이고, 나머지 10~30%는 자기자본을 통해서 조달한다. PPP 프로젝트에서 필요한 자금 중 타인자본으로 조달되는 비율을 통상 기어링(Gearing)이라고 한다. 위의 사례로 보자면 기어링이 90~70% 수준이고, 타인자본과 자기자본의 구분을 비율(Ratio)로 표현하면 90:10/80:20/70:30으로 각각 표현할 수 있다. PPP 프로젝트의 기어링은 특정 PPP 프로젝트와 관련된 리스크에 따라 다르며, 특정 산업에서는 다른 사업에 대비해서 더 낮은 수준의 대출이 가능할 수도 있다.

•• 금융구조: 자기자본/타인자본

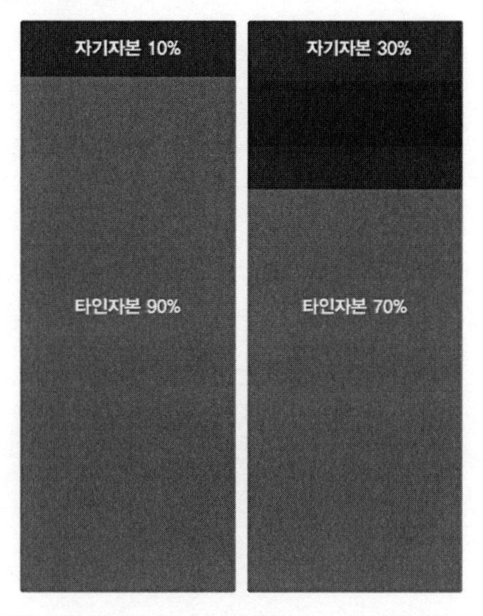

타인자본 조달비용은 통상 대주의 조달금리에 마진 및 관련된 비용을 포함한다. 마진은 대출 자체 및 사업시행법인의 대출이 상환되지 않을 위험에 따라 추가되는 대주의 비용이다.

조달 비용은 보통 변동금리를 기준으로 결정된다. 따라서 통상적인 PPP 프로젝트의 사업기간인 20~30년간의 대출 비용은 고정되어있지 않다. 그러나 PPP 프로젝트의 현금흐름은 일정하게 발생하기 때문에 이는 사업시행법인 입장에서 PPP 프로젝트를 통해서 고정적이고 꾸준하게 발생하는 매출과 변동하는 이자율에 따라서 대출받은 자금의 비용 사이에 불일치가 발생함을 의미한다.

이런 문제는 SPV가 대출받은 자금을 고정이자율로 상환할 수 있게 하는 금융상품을 구매함으로써 해결할 수 있다. 이러한 금융상품을 이자율스왑(interest rate swap)이라고 하며 이는 금융종결(financial close) 시점에 구매할 수 있다.

타인자본의 상환

타인자본은 PPP 프로젝트 생애기간 동안 상환된다. 타인자본 상환 일정은 대출약정서상 설정되며 금융종결 시점에 결정된다. 일반적으로 타인자본은 PPP 프로젝트 계약이 끝나기 전에 전부 상환되는데, 남은기간 동안 PPP 프로젝트에서 수취하는 자금은 모두 출자자에게 지급된다.

예비비(Funding Contingencies)

원치 않는 상황임에도 불구하고, PPP프로젝트가 진행되면서 공사비 초과(Cost overruns)와 같은 예상치 못한 채무가 발생하는 것이 일반적이다. 이런 상황이 발생하면 추가적인 자금 지급이 필요하게 되며, 이러한 자금을 예비비(Contingency funding)이라고 한다. 이 자금은 재무모델에 반영되어 있다.

대출금의 통화(Currency)

정답이 있는 것은 아니지만 사업시행법인에게 지급되는 타인자본은 현지 통화(Local currency)인 것이 일반적이다. 만약 현지 통화가 유독 변동성이 심하다고 하면, 사업시행법인은 PPP 프로젝트의 예상 매출의 평가 절하 리스크를 고려하여 보다 높은 조달 비용을 청구할 수도 있다.

현지 시장에서 해당 통화 및 자금의 조달 가능성은 결국 조달 비용에 영향을 미친다. 따라서 Government-pays 프로젝트에서 주무관청은 미국달러나 파운드화로 대금을 지급하는 것이 더 낫다고 판단할 수도 있다. 이러한 통화는 안정적이기도 하고 해당 통화로 지급하는 것이 통화와 관련된 리스크를 줄일 수 있어서 사업시행법인 입장에서도 매력적이다.

자기자본

서로 다른 종류의 투자자가 자기자본을 투자할 수 있다. 여기에는 인프라 펀드나 제3자 투자자 그리고 건설이나 운영 회사가 있을 수 있다. 자기자본은 개별 주주에 의한 주식인수를 통해서 이루어지는데, 자기자본이 투자될 때에, 투자자들은 사업시행법인 내 주식을 인수하고 주주가 된다.

자기자본에 대한 지급 즉 배당은 일반적으로 PPP 프로젝트의 타인자본(후순위 대출을 포함)이 상환된 이후에 지급되며 이는 PPP 프로젝트 후반부에 보통 이루어진다. 이는 자기자본이 가장 위험에 노출되어 있다는 것을 의미하는데, 만약 PPP 프로젝트 성과가 좋지 못해서 충분하지 못한 매출이 발생하게 되는 경우, 자기자본이 상환되지 못할 수도 있다. 가장 위험에 노출되어있고 또한 지급도 연기되어 있기 때문에 자기자본 투자자들은 자기들의 자금에 대해 보다 높은 수준의 수익률을 예상하고 따라서 타인자본보다 더욱 비싸다.

자본시장(capital markets)의 활용

채권을 통한 조달은 PPP 프로젝트에서 일반적인 것은 아니다. 하지만 자본시장을 통해서 사업시행법인이 접근할 수 있는 대체적인 자금조달원이 될 수 있다. 특히 대주로부터의 대출에 대한 보완재로서 PPP 프로젝트를 위한 장기자금을 제공할 수 있으나, 은행 대출에 비해 채권은 유연성이 떨어지기는 한다.

국가마다 채권을 발행하는 절차는 상이하다. 만약 채권을 발행하려면, 프로젝트 및 조달 과정에 대해서 현지의 금융 및 법률 자문을 통해 탄탄한 상업적, 재무적 그리고 법률적인 실사가 필요하다.

어떠한 채권이 발행되든, PPP 프로젝트 당사자 간에 적절한 리스크 할당이 전제조건이다. 추가적으로 각각의 PPP 프로젝트 당사자는 서로 다른 형태의 담보/보증을 통해서 강력한 준수사항을 부담해야 한다. 실무적으로 이는 대출약정서상 앞서 언급한 수준과 큰 틀에서 유사하다는 의미이다.

채권 발행을 진행하는 데 있어서 아래와 같이 몇 가지 단계가 있다.

– 사전 조사: 어떤 종류의 채권이며 조건 및 가치에 대한 결정

– 투자자 조사: 해당 채권에 투자 가능한 투자자에 대한 마케팅

– 채권의 발행: 채권의 발행 및 인수대금 지급

채권을 발행하는데 짧거나 긴 시간이 필요할 수 있다. 이는 채권이 발행되는 국가 및 어떤 프로젝트인지에 따라 달라지는데, 일부 산업에 대해서는 타 산업에 비해 보다 매력적일 수 있다.

3. 법률적 제안(Legal Solution): 법률서류의 검토 및 작성

컨소시엄의 법무팀은 내부 혹은 외부의 법률 자문사로 구성이 되며, 수많은 업무를 처리하여야 한다.

일부 업무는 PPP프로젝트 스크리닝 단계의 일부로 완료가 되어야 하고, 현재 단계에서 수행해야 할 일은 이미 준비가 된 법률적 요구조건에 대한 평가를 하는 것과 (예를 들어서 주무관청이 사업시행법인의 주주로서 참여해야하는 요구조건이 미리 알려진 경우 등이다) PPP 프로젝트의 리스크를 할당함에 있어서 발생할 수 있는 법률적인 영향을 검토하는 것이다.

다른 업무들은 입찰 준비과정의 일부로 완료된다. 법무팀은 컨소시엄 내 상업, 기술 및 재무팀과 협업을 통해서 제안서상 각각의 부분이 법률적인 영향이 있는지에 대한 확인을 해야 한다. 이는 실시협약으로부터 야기되는 각종 법률적인 사안에 대한 검토 및 평가가 이루어져야 하고 컨소시엄은 그 결과에 대한 자문을 얻어야 한다는 것을 의미한다.

법무팀은 또한 주무관청의 자금조달 요구사항에 대한 법률적인 측면을 검토하는 역할도 한다. 예를들어 주무관청이 PPP 프로젝트를 채권 형태로 자금조달하기를 요구하는 경우, 법무팀은 재무 및 규제, 컨플라이언스 관련한 요구사항에 대한 자문을 할 수 있다.

만약 PPP 프로젝트의 입찰서상 실시협약의 수정이 허용된다면 이 부분은 현재 단계에서 수행해야 할 법무팀의 업무가 된다.

법무팀은 또한 PPP 프로젝트 조달을 수행하는 주무관청이 가지는 법률적인 권리에 대한 평가를 하기 위한 실사를 진행하여야 한다. 또한 PPP 프로젝트에 대한 법률 및 규제 프레임워크에 대한 검토도 수행한다.

입찰 준비과정의 일환으로, 법무팀은 제안서에 필요한 계약서 일체를 준비해야 한다. 이에 관해서는 전세계적으로 다를 수 있는데, 일부 국가에서는 주요 PPP 계약서들이 모두 작성 및 합의된 다음에 제안서의 일부로 제출을 요구하기도 한다. 여기에는 건설 및 운영관리 및 사업시행법인의 설립과 관련된 약정서, 혹은 금융약정서까지 포함되기도 한다.

다른 국가에서는 세부적인 사항까지 요구하지는 않고, 다만 제안서를 제출할 시점에 주요 계약에 대한 주요 조건들의 합의 정도만 요구하기도 한다. 그러나 이때 법무팀은 우선협상자가 선정되고 금융종결이 되는 사이, 즉 입찰단계 후반에 주요 계약에 대한 작성 및 합의가 되도록 준비해야한다.

일부 법률적인 업무는 PPP 프로젝트 조달 일정 전체에 걸쳐서 지속적으로 진행된다. 일부 업무는 주무관청이나 대주 혹은 컨소시엄의 공급사슬상 계약자와의 협상을 포함한다.

정리하자면, 법무팀의 주요 업무는 다음과 같다.

- 입찰서상 법률적인 부분에 대한 검토, 여기에는 주무관청과의 논의가 필요한 실시협약이 포함된다. 또한 제안서의 일부를 구성하는 모든 계약서 일체의 준비가 필요하다.
- 정관과 같이 사업시행법인의 설립에 있어서 필요한 약정서, 건설 및 운영관리 계약에 대한 주요조건에 대한 작성 및 협상 및 최종정리가 필요하다.
- 대출약정서의 검토 및 관련된 계약서의 준비, 일반적인 상업적인 부분에 대한 협상의 참여 및 자금 조달 협상시의 지원 등이 필요하다.

각각의 항목에 대한 세부 내용은 아래와 같다.

① 입찰서상 법률적인 부분에 대한 검토, 여기에는 주무관청과의 논의가 필요한 실시협약이 포함된다. 또한 제안서의 일부를 구성하는 모든 계약서 일체의 준비가 필요하다.

주무관청이 발행한 입찰서에는 법률 문서로서 실시협약 및 직접계약(direct agreement), 필요한 보험에 대한 상세내용 그리고 입찰보증 및 필요한 담보에 대한 내용이 포함된다. 때때로 주무관청은 담보 양식을 특정하거나 제공할 수 있는데 이는 사업시행법인이 PPP 프로젝트를 요구대로 이행할지에 대한 확실성을 제공한다. 예를 들어서 주무관청은 건설계약자 모회사의 보증서를 요구할 수도 있는데 이는 시공에 대한 적절한 성과를 보증하게 된다.

컨소시엄의 법무팀은 주무관청이 제공한 법률 문서를 검토한다. 법무팀은 사업시행법인이 부담해야 할 의무 및 책임에 대해서 검토한다. 법무팀은 컨소시엄의 자문사와 함께 법률적인 문서에 내재된 리스크의 할당 및 그것이 수용가능한지에 대한 자문을 수행한다. 이러한 정보를 통해서 컨소시엄은 어떤 의무를 받아들일 수 있고, 어떤 것은 어려운지에 대한 평가를 수행한다.

PPP프로젝트의 조달 및 입찰 제출 기간 동안, 컨소시엄은 법률자문사를 통해서, 법률적인 문서의 주요 조건에 대한 컨소시엄의 의견을 전달한다. 이는 입찰과정 내내 서면 및 미팅을 통해서 이루어진다.

••• 주무관청이 제공하는 문서상 법률 자문사가 검토할 주요 조건들

구분	내용
실시협약	사업시행법인의 의무와 책임, 건설 관련 사항, 운영 관련 사항, 대금지급 및 재무관련사항, 법률 변경의 영향, 천재지변 및 이행지체와 구제, 사업시행법인이나 주무관청 귀책사유에 따른 계약해지, 하도급 선정, 분쟁해결절차 등
주무관청의 직접계약 (Direct Agreement)	Step-in 권리 등
보험	건설 및 기업휴지보험, 영업이익배상 및 제3자배상, 일반 프로젝트 보험 등을 포함한 보험 요구조건
입찰보증 및 담보	보증의 규모 및 기간, 요구불(On demand) 조건, 모회사보증의 범위

법무팀은 입찰서상의 요구조건이 충족하는지와 제안서가 이에 부합하는지에 대해서 점검할 의무가 있다.

② 정관과 같이 사업시행법인의 설립에 있어서 필요한 약정서, 건설 및 운영관리 계약에 대한 주요조건에 대한 작성 및 협상 및 최종정리가 필요하다.

준비가 필요한 주요 계약문서는 다음과 같다.

사업시행법인 설립문서

컨소시엄의 법률 자문사는 사입시행법인 설립에 상당한 시간을 써야 하며 다음의 내용에 대한 확인이 필요하다.

- 사업시행법인의 이름 선정
- 사업시행법인의 주소
- 이사의 숫자 및 이름, 주소
- 주주의 이름 및 주소
- 주식의 종류 및 가치, 주주의 주식 배분에 대한 정의
- 사업시행법인 설립을 위한 협약/정관 체결
- 사업시행법인이 어떻게 운영되는지에 대한 규정 합의
- 자본 상태에 대한 준비
- 주주협약에 대한 작성 및 합의

대부분의 경우, 사업시행법인의 설립은 주무관청의 개입을 필요로 하지는 않는다. 그러나 매우 가끔, 사업시행법인의 주주로서 주무관청의 참여를 요구할 수 있다. 주무관청 또한 일부 주요 영역에 대한 확인에 매우 신중할 수 있는데, 예를 들어 주무관청은 사업시행법인이 PPP 프로젝트가 수행되는 국가에다가 설

립되도록 요구하고 사업시행법인 이사회로 선임되기 위한 나이 및 자격에 대한 제한을 요구할 수 있다.

주주협약서(Share holder Agreement)

컨소시엄 법무팀이 수행해야 할 업무 중 하나는 주주협약서를 작성하는 것이다. 앞서 언급한 바와 같이 주주는 사업주가 된다. 주주협약서에는 아래를 포함하여 주요한 내용들이 다루어져야 한다.

주주협약서상 필요한 내용

구분	내용
사업시행법인 이사회 및 투표 권한	사업시행법인 이사회의 구성, 이사의 숫자 및 투표권한(이사회 의장 포함여부), 이사회 개최 방식, 의사결정 및 교착상태(dead-lock) 해소방안
사업시행법인의 거버넌스	정기적인 이사회 개최, 이해관계 충돌에 대한 접근법
예산 및 배당 정책	매년 사업시행법인 재무 계획에 대한 준비, 배당 지급 정책 및 이에 대한 변경 승인 절차
주식 매매 및 주주 Exit 절차	제3자가 매수하기 이전에, 주주의 주식 우선매입권에 대한 반영(pre-emption right), 주주 exit 절차 및 시점, 남은 주주에 대한 배상한도
사업시행법인의 일일활동 및 관리	사업시행법인의 역무 정의, 역무 수행 방법 및 운영 관리 구조

사업계약 주요조건(Heads of Terms, HoT)

컨소시엄의 법무팀은 컨소시엄 및 건설/운영관리 계약 상대방과 체결하는 건설/운영관리 계약의 주요조건에 대한 준비를 지원하여야 한다. 이는 법률적인 구속력이 없다고 하더라도, 이는 최종 계약서에 반영될 예정인 주요 상업적인 (Commercial) 조건에 대해 요약하여 정리한 것이다. 특히 실시협약상의 의무를 계약자에게 전가(pass－through)하기 위해서 어느 정도까지 수용이 가능한지를 정리한다. 이 주요조건은 입찰단계를 거치면서 점차 발전하는데, 종국에는 법률

자문사에 의해서 준비되는 건설 및 운영관리 계약의 바탕이 된다.

건설 및 운영관리 계약

건설 계약은 FIDIC(International Federation of Consulting Engineers)과 같은 국제 표준에 따라서 작성된다. 만약 이를 따르다면 컨소시엄의 법무팀은 실시협약상 내재된 건설 리스크를 확실하게 이전시키기 위해서 표준안을 수정하여야 한다. 여기에는 계약자에게 요구되는 일종의 추가적인 요구사항 역시 포함된다(예를 들어, 건설공사 완료를 위한 이행보증 제출 등의 요구사항). 이러한 추가요구사항은 통상적으로 유사한 종류의 계약에서 찾을 수 있는 다른 의무사항과 함께 작성되는데 예를 들어 총액고정계약(fixed construction price)이나 공기고정계약(fixed completion date), 건설공사 패키지 단위 완공에 따른 마일스톤 단위 기성지급 등의 내용을 의미한다.

만약, 국제 표준양식을 대신하여 D&B와 같은 별도의 변경된 건설 계약(bespoke construction contract)이 쓰인다면, 컨소시엄의 법률자문사는 실시협약의 내용들과 맞추어서 작성을 하게 된다. 여기에는 역시 관련된 의무사항이 이전될 수 있도록 되어 있을 것이다. 추가적으로 가격이나 총액금액, 마일스톤 및 건설계획 등 양 계약당사자 간의 상업적인 합의사항도 반영하게 된다.

건설 계약과 다르게, 유지관리 계약은 표준계약서를 따르지 않고 주무관청의 PPP 프로젝트 특성에 따라 변형된 양식을 사용한다. 이에 따라 유지관리 계약서의 작성은 변형된 건설 계약의 작성과 유사하게 진행된다. 유지관리 계약서는 실시협약의 형태와 내용을 반영하여 관련된 의무를 유지관리 계약자에게 이전시키는 내용이 포함된다. 유지관리계약에는 매년 혹은 생애주기 의무기간 동안의 인플레이션 적용 공식 등 연간 금액과 같은 상업적인 부분을 추가적으로 포함한다. 컨소시엄의 법무팀이 작성한 건설 및 유지관리 계약은 다음의 주요 조건들을 포함한다.

••• 건설 및 유지관리계약 주요 조건

구분	내용
건설계약	설계 및 건설과 관련된 일정, 시운전(Commissioning), 독립적인 시운전 감독기관의 역할 및 책임, 준공확인서, 사소한 문제 해결 절차, 잠재하자(latent defect), 이행보증, 모회사 보증, 보험
유지관리 계약	용역범위 및 요구사항, 미이행시의 영향, 관리 범위 및 요구사항, 미이행시의 영향, 성과에 대한 모니터링, 성과 미흡시 그에 따른 후속 절차, 성과 미흡에 따른 계약 해제, 직원 고용에 대한 권리 및 책임, 모회사 보증, 보험

의무 및 리스크의 전가

컨소시엄의 법무팀은 실시협약상의 의무를 건설 및 운영관리 계약을 통해 확실하게 이전하여야 한다. 실무적으로 이는 실시협약서상 건설 및 운영관리의 의무를 각각 발췌 및 활용하여 건설 및 운영관리 계약의 바탕이 되도록 컨소시엄의 법률자문사의 확인이 필요하다. 통상적으로 계약은 다음과 같은 형태를 띤다.

••• PPP 프로젝트 의무의 이전

구분	내용
건설	실시협약상 건설 부분 "The SPV shall complete all the construction works necessary to provide the PPP facility"
	건설 계약상 조항 "The construction contractor shall construct the PPP facility for a fixed sum"
유지관리	실시협약상 운영관리 부분 "The SPV shall provide the procuring authority with the O&M services"
	운영관리 계약상 조항 "Following completion of the construction of the PPP facility, the O&M contractor shall provide the O&M services to the SPV in accordance with the term of this O&M contract"

실시협약서의 리스크를 이전하는 내용은 아래와 같이 정리할 수 있다.

•• 실시협약상의 리스크

실시협약상 리스크 및 의무	이전 방식
건설지연 및 공사금액 초과와 관련된 사업시행법인의 책임	금액 및 기간에 대한 리스크는 건설계약자가 건설계약에 따라 부담. 사전에 합의된 총액계약이나 실시협약상의 완공일자까지 건설공사를 완료할 것을 요구함
성능과 서비스에 대한 공제금액(Deduction)	실시협약상 성과 미흡에 대한 사업시행법인에게 발생한 공제금액은 건설 및 운영관리 계약에 따라 보상을 받음. 계약자들이 그들의 성과가 미흡함에 대해서 사업시행법인에게 보상하지만, 그 한도가 정해져 있으며, 차액에 대해서는 사업시행법인의 유보금이나 보험으로 처리
건설 하자	건설계약자가 건설 계약에 따라 하자에 대한 책임을 부담하며 이를 보수하는 데 발생하는 비용 부담
생애주기	유지관리계약자가 유지관리 계약상 발생하는 관리 및 생애주기 비용을 부담하고, 사업시행법인으로부터 주기적인 대금을 수취하여 이를 수행하기 위한 자금마련(Life-Cycle fund). 생애주기 및 관리 실패에 따른 비용은 유보됨
계약의 해제 및 대체 계약자	성과가 미흡한 하도계약자와의 계약은 해제되고 사업시행법인에 의해서 교체됨. 건설 및 유지관리계약상 하도급교체가 필요한 경우 사업시행법인이 이에 대한 보상을 받음
토지 확보 및 계획, 제3자 동의	주무관청에 의해서 확보될 수도 있으나, 그 대신 사업시행법인이 확보, 혹은 건설계약상 건설 계약자가 확보하게 할수도 있음. 주무관청이나 사업시행법인에 의해 확보하는 경우, 부지 확보가 되지 않는 이상 건설 공사가 시작되지 못함
현장 및 지반 조건	건설계약에 따라 건설계약자에게 전가
환경관련 사항	건설계약상 건설계약자에게, 운영관리계약상 운영관리계약자에게 전가
파업 및 시위 활동	관련 계약상 건설 및 운영관리 계약자에게 전가
법의 변경 (Change-in-Law)	관련된 법의 변경이 차별적이거나 프로젝트에 특화된 경우 이는 주무관청이 부담하는 리스크. 일반적인 법의 변경에 따른 경우 이는 관련 계약에 따라 건설 및 운영관리 계약자에게 전가

컨소시엄의 법무팀은 계약자들간에 존재하는 인터페이스 사항에 대한 고려 및 자문을 받아야 한다. 대표적으로 사업의 지연이 그러한 예이다. 만약 준공이 지연되면, PPP 계약기간은 정해져 있기 때문에 준공 지연에 따라 운영기간이

늘어나지 못하므로, 결과적으로 운영관리 기간이 줄어들게 된다. 운영관리 기간이 짧아지면 운영관리 계약자에게 더 적은 매출이 발생함을 의미한다. 따라서 운영관리계약자는 준공 지연에 따른 책임이 없으므로, 건설계약자로부터 발생한 매출 손실에 대한 보상을 받고 싶어 한다. 그러나 운영관리계약자는 이러한 손실에 대해 건설 계약자에게 계약적 권리를 청구할 직접적인 계약관계가 없으므로 그에 따라서, 운영관리계약자와 건설계약자간의 직접적인 관계를 만들어야 한다. 이는 통상 인터페이스 계약을 통해 이루어진다. 인터페이스 계약은 계약자들 간의 법률적인 권리를 만들어주고, 양자간 권리의 청구 및 보상을 가능하게 하므로 반드시 필요하다.

③ 대출약정서의 검토 및 관련된 계약서의 준비, 일반적인 상업적인 부분에 대한 협상의 참여 및 자금 조달 협상시의 지원 등이 필요하다.

PPP 프로젝트를 진행하기 위해서는 엄청난 양의 대출약정서를 체결해야 한다. 컨소시엄의 법률팀은 재무팀과의 협업을 통해서 금융기관과 금융약정서의 협상을 해야 하고 양 당사자 간에 합의된 내용을 정확하게 반영하여야 한다. 모든 계약적인 문서와 함께, 법무팀과 사업주는 금융약정서의 주요 조건들이 수용 가능한지에 대해 확인하여야 한다.

08 자금조달(Fundraising)

1. 은행과의 협상(Negotiation)

컨소시엄의 금융 자문사(Financial advisor)는 프로젝트 소개자료(Project Information Memorandum, PIM)를 작성한다. PIM에는 주요 계약과 매출 추정치를 포함하여 PPP 프로젝트의 세부적인 내용이 포함된다. 금융 관련 입찰을 할 경우, 대주단끼리 PPP프로젝트의 자금조달과 관련된 경쟁을 할 수도 있다. 이때 대주단은 금융 자문사에게 입찰서를 제출하게 되고, 평가 이후에 최종 대주단이 선정된다. 이 대주단이 PPP 프로젝트에 참여하게 된다. 이러한 절차를 Funding competition이라고 한다.

PPP입찰 시점에는 필요한 자금 전부에 대한 자금 확보를 필요로 하지 않고, 컨소시엄이 우선협상자로 선정되었을 때에 필요로 한다고 가정하면, 이러한 경우 세부적인 자금 조달은 PPP 프로젝트의 종결과 우선협상대상자 선정 사이에서 이루어진다. 그러나 이런 경우, 입찰 전 그리고 입찰 준비 기간 동안 프로젝트 파이낸싱과 관련된 주요 조건에 대한 협상 및 합의가 이루어져야 한다.

2. 리스크에 대한 은행의 접근방식(Bank's Approach to Risk)

리스크 할당과 관련한 견고한(Robust) 접근이 있어야 함은 물론이고, 대주단 입장에서는 납득 가능한 수준의 보호장치가 제공되는 방향으로 PPP 프로젝트가 구조화 되는 것을 원할 것이다. 일반적으로 은행은 PPP프로젝트와 관련된 모든 정보 및 자료를 요구하는데 이를 통해서 자체적인 실사(Due diligence)를 수행하여 해당 PPP 프로젝트의 리스크에 대해서 이해하고 최종적으로는 그들의 대출 금리(Rate)나 수수료(fee)를 결정하는 데 활용한다.

사업시행법인(SPV) 스스로 보호하는 방식들 중 하나는 제한적인 부채(Liability)와 프로젝트 계약을 통해서 내재된 리스크를 건설 및 운영관리계약자에게 전가하는 것이다. 또한 이러한 계약자들이 그들의 모회사의 보증을 제공할 것도 기대할 수 있다. 이러한 모회사 보증(PCGs, Parent Company Guarantees)은 계약자가 그들의 계약적 의무를 달성하는 데 실패하였을 때, 모회사가 이 계약적 의무를 인수하거나 계약당사자의 의무 달성 실패에 대한 비용을 보전하기 위해서 SPV에게 금전적인 보상을 제공한다.

대주단은 PPP프로젝트 리스크의 부정적인 영향으로부터 그들 스스로를 보호하고자 다양한 접근법을 사용할 수도 있다. 그들은 리스크가 건설 및 운영관리계약자에게 전가되는 것이 적절하다는 것을 확인하고자 이러한 의무의 전가(passing down of obligation)를 실사의 일부로서 구체적으로 검토한다.

추가적으로 대주단은 출자에 대한 보증(Guarantee of equity)과 후순위 대출의 확보, 다른 대출이 대주단의 대출보다 후순위인 점 등을 확인 받고자 할 것이며, 또한 PPP 프로젝트가 실패하였을 때 이를 운영측면에서 다시 정상화할 수 있도록 개입권(Step-in-right)도 요구할 것이다. 개입권은 직접계약(Direct Agreement)에 정의되어 있는데, 이는 통상 대주단 및 사업시행법인, 주무관청 사이에 체결한다.

3. 금융약정서(Finance Documents) 및 대주단 검토사항

주요 금융약정서(Finance document)는 SPV에게 지급되는 대출에 대한 주요 조건과 대출의 담보에 대한 내용을 다루는 문서이다. 가장 핵심 문서는 SPV에게 지급되는 대출금의 종류가 규정되어 있는 대출약정서(Credit/Loan agreement)이다. 이 자금은, 하나의 대출약정서를 통해 지급되더라 하더라도, 사실상 다수의 '목적이 명시된(Ring fenced)' 자금이며, facilities라고도 알려져 있는데, 상호 합의된 목적으로만 사용이 가능하다.

대출약정서는 SPV에게 건설비 및 (아직 PPP사업의 매출이 발생하지 않는) 건설기간 동안 필요로 하다고 상호 인정된 비용을 충당하기 위한 자금을 제공하는 가장 기본이 되는 여신(Facility)이다. 또한 대출 약정에는 법 변경에 대응하기 위한 비용이나 생애주기 유지관리 비용 등을 충당하기 위한 운전자금 등 다른 용도의 여신도 포함된다.

여타 다른 대출과 같이, 대출약정서에는 어떻게/언제 대출 실행이 되는지(즉 인출 조건이 무엇인지) 그리고 어떻게/언제 상환이 되는지(즉, 상환 계산방식이나 상환 일정) 등이 정의되어 있다. 전형적인 PPP 프로젝트 대출의 상환은 PPP 프로젝트의 운영기간에 걸쳐서 점진적으로 이루어지며 일반적으로 대출 상환 일정은 PPP 프로젝트의 예상 현금흐름에 따라서 정해진다.

또한 대주단은 PPP프로젝트의 지속가능성에 대한 재무적인 안정성을 확인하기 위한 방법을 대출약정서에 포함하길 요구하는데, 이러한 방법은 통상 재무비율(Financial ratio)로 알려져 있으며 SPV는 이 기준선을 초과해서는 안 된다. 재무비율은 일반적으로 대주단과 SPV가 6개월 단위로 서로 계산하고 확인하게 되는데, 아래는 가장 일반적으로 사용하는 재무비율의 종류이다.

- Loan Life Cover Ratio(LLCR): SPV가 대출 자금의 상환이 가능한지를 확인하는 지표. 특정시점에서 대출상환에 활용이 가능한 프로젝트의 미래 현금흐름의 현가(NPV, Net Present Value)와 잔여 대출금액의 비율
- Annual Debt Service Cover Ratio(ADSCR): 과거 12개월의 기간 동안 대

출상환에 활용이 가능했던 프로젝트의 현금흐름의 현가와 동기간 상환한 원리금 혹은 향후 12개월의 기간 동안 대출상환에 활용이 가능한 프로젝트의 현금흐름의 현가와 동기간 상환할 원리금의 비율

금융약정서에는 또한 대주단이 SPV에게 지급한 대출금에 대한 담보로서 취해야할 자산에 대한 담보 문서(Security Package)가 포함된다. 담보계약서(Security Deed)는 PPP 프로젝트의 매출 및 자산에 대해 대주단이 어떤 담보를 설정할지에 대한 내용이 명시되어 있다. 대주단은 PPP 프로젝트에서 그들의 이해관계를 보호해줄 권리를 요구하는데 특히 PPP 프로젝트에 문제가 발생할 경우를 대비하는 것이다. 따라서 대주단은 SPV 및 건설/관리운영계약자와 직접계약(Direct agreement)을 체결할 수도 있는데, 이 직접계약은 PPP 프로젝트에 문제가 생길 경우 대주단이 SPV의 역할을 인수받아 이러한 계약에 개입하는 것을 보장한다. 만약 사업이 정상회복이 되는 경우 대주단은 사업에서 빠져나오고 SPV가 다시 사업의 통제권을 확보하여 운영하게 된다.

4. 담보계약과 담보설정

대주단은 PPP프로젝트에 상당한 금액을 투입한다. 따라서 대주는 자신이 대출해준 자금 전액 및 이자에 대해서 전부 돌려받을 수 있다는 확신 및 그에 대한 보호장치를 요구한다. 대출금은 PPP 자산이 건설 및 운영이 되어 그에 따라 충분한 매출이 발생함으로써 원리금이 상환 되는 것으로 계획된다. 이에 대한 확신을 위해서, 가능한 범위 내에서 대주는 대출금의 지급 이전에 이러한 계획이 실현될지에 대해서 다음의 조건을 충족하는지 확인하기 위한 PPP 프로젝트 실사를 진행한다.

•• 대출관련 문서

문서명	목적	주요 조건	주요 조건의 의미
대출약정서 (Credit agreement)	PPP 프로젝트의 자금 조달을 하기 위한 약정서로서 자금조달과 관련된 주요 조항이 포함됨	SPV에게 대출하는 금액	프로젝트 자금조달을 위한 자금
		비용 및 수수료	마진을 포함한 자금조달 비용
		인출 조건	대주로부터 자금을 인출 받는 일정
		대출 상환 일정	차주가 차입한 자금을 상환하는 기간
		진술 및 보장	대출금을 받기 위한 선행조건으로서 SPV가 제공하는 확인사항
		준수사항(covenants)	대주단이 승인 가능한 방식으로 SPV가 스스로 이행해야 하는 확인사항
		재무적 준수사항 (Financial covenants/ratios)	재무적으로 안정적인지 확인할 수 있는 장치
		기한이익상실 사유	프로젝트 계약의 해지로 연결될 수 있는 조건들
담보약정서 (Security Deed)	SPV가 대주단으로부터 차입한 금액에 대해 제공하는 담보 정의. 대출약정서를 보완함	프로젝트의 문서 및 자산 전체에 대한 담보설정	
		프로젝트 계약	실시협약, 건설 및 관리운영계약을 포함
		프로젝트 계좌	프로젝트로부터 발생하여 SPV가 수취하는 매출 및 모든 여신금액 및 수취한 보험금, 유지관리와 관련된 유보계좌 자금 포함
		유형자산	예를 들어 PPP 시설 및 SPV의 기계장치
		무형자산	예를 들어 PPP프로젝트의 일부로 만들어진 SPV 소유의 로고나 지적재산권, 특허권, 영업권(Good will) 등등
		SPV의 주식	프로젝트의 주식. 일반적으로 사업주 및 투자자가 소유하고 있음
		제3자 보증	프로젝트를 위해서 모회사 및 기타 제3자로부터 확보한 보증
대주간 계약 (Intecreditor Agreement)	대주간의 관계를 설정하기 위한 약정서		대주간의 책임 및 의무에 대한 규정
직접계약 (Direct Agreement)	PPP프로젝트에 대한 대주단의 개입을 위한 약정		대주단이 주요 프로젝트 계약의 운영에 개입할 수 있는 권한을 명시하는 조건
프로젝트 계좌개설 약정서 (project Account Agreement)	부채상환충당금, 매출, 대수선충당금, 보상금, 배당금 등 프로젝트 계좌의 운영이 정의된 중요한 약정서		프로젝트 자금을 포함한 계좌의 활용을 통제

- 예상되는 미래 현금흐름이 대출을 상환하는 데 있어서 충분한가
- 다른 대주에게 지급할 금액보다 우선하여서 지급되는가
- 예를 들어, 건설 하도급으로부터 모회사의 보증을 요구하는 등 프로젝트 현금흐름상 부족분이 발생할 경우에 대비하여 추가적인 안전장치가 있는가.

SPV의 구성과 유사하게, 그리고 PPP 프로젝트의 자금조달 절차상 주무관청이 참여하지 않는 것이 일반적임에도 불구하고, 다음의 다양한 이유로 PPP 프로젝트 자금조달이 어떻게 이루어지는지 이해하는 것이 좋다.

- 컨소시엄이 제공한 자금조달 계획이 가능하다는 것에 대한 확신을 제공하기 위함. 컨소시엄이 제시하는 계획에 대한 자금조달이 이루어지지 않는 경우 PPP 프로젝트를 수주할 수 없다.
- PPP 프로젝트의 성공을 위해서 선순위 대주들에게 어떤 혜택을 줄 것인지 공개. 더 많은 자금을 제공한 대주가 더 많은 혜택을 받도록 한다. 이러한 인식은 주무관청에게 PPP 프로젝트가 예상대로 진행될 것이라는 일종의 확신을 줄 수도 있다.
- PPP프로젝트의 기어링(Gearing)이 PPP 프로젝트가 미래의 변화에 대해서 어떻게 대응할지를 보여주는 데 도움이 되는지 알기 위해. 프로젝트에 더 많은 타인자본이 있을수록 매출 변동성에 대한 민감도(Susceptibility)가 증가한다. 예를 들어서 만약 경기침체가 있다고 하면, Use-pays PPP의 프로젝트 매출은 감소하는 것은 일반적이다. 매출 감소에 대한 영향을 아는 것은 향후의 매출 부족의 영향을 완화하기 위한 재무적 제안(Financial solution)에 변경할 부분이 있는지 결정하는 데 도움을 준다. 실무적으로 주무관청의 금융 자문사가 입찰서(RFP Response)에 있는 재무

적 제안사항을 검토하거나 최적화하라고 요구할 수도 있다.

대주는 PPP 프로젝트의 향후 현금흐름이 성공적인 PPP 프로젝트의 실행과 SPV의 대출금 상환에 있어서 충분하고 확실하다는 것을 확인하고 싶어한다. "담보설정(Taking Security)"은 PPP 프로젝트 파이낸싱 자체를 의미하며, 이는 사업시행법인이 상환 의무를 부담한다는 것을 의미한다.

대주는 PPP 프로젝트의 잠재적인 현금흐름에 집중하는데, 왜냐하면 이는 대출의 상환 재원이 되기 때문이다. PPP 프로젝트의 건설기간 동안에는 매출이 발생하지 않는다. 왜냐하면 그 기간 동안에는 주무관청에 관련된 서비스를 제공하지 못하기 때문에 "No Service No Fee"의 원칙이 적용된다. 그러나 완공 이후에는 정부가 지급하는 것이든, 사용자로부터 SPV가 요금을 수취하는 것이든 PPP 프로젝트에서 매출이 발생하기 시작한다.

프로젝트의 매출

PPP 프로젝트의 구조는 앞서 만들어졌다. 이제 각 이해당사자간의 현금 흐름을 이해하기 위해서 그리고 성공적인 PPP 프로젝트 파이낸싱을 위해서, 현금흐름을 아래와 같이 프로젝트 구조에 입혀준다.

매출은 원리금 상환을 위한 핵심 재원이다. 따라서 결과적으로 대주(Funder)는 재무모델과 대금지급 구조에 대한 관심이 높다. 왜냐하면 이는 재무적인 의무사항을 어떻게 준수할 수 있을 것인지에 대한 핵심 요소이기 때문이다.

PPP 프로젝트의 대주는 프로젝트의 예상 현금흐름이 가능한한 적은 리스크에 노출되어 있음을 확인하기 위해 다양한 민감도분석(Sensitivities)을 수행한다. 따라서 대주는 다음의 업무를 수행할 것이다.

••• 프로젝트 파이낸싱에서, 계약당사자 간의 현금흐름

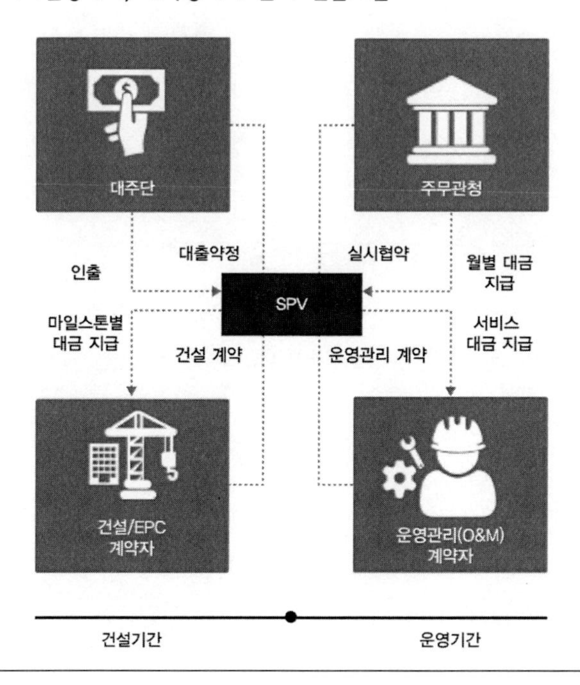

계약내용	현금흐름이 지나가는 계약당사자
실시협약/양허계약 (Project Agreement)	주무관청으로부터 SPV로의 일원화된 대금지급
대출약정서(Loan Agreement)	SPV의 원리금 상환
선순위 대출의 원리금 (Senior Debt Interest and Repayment)	선순위 대주에 대한 SPV의 원리금 상환
지분 및 후순위 (Equity and Subordinated Debt)	주주 및 후순위 대주에 대한 SPV의 배당 지급 및 후순위 원리금 상환
시공계약(Construction Contract)	SPV가 건설계약자에게 대금 지급
시공 하도급계약 (Construction Sub-Contractor)	건설계약자가 건설 하도급 계약자에게 대금지급
관리운영계약(O&M 계약)	SPV가 관리운영계약자에게 대금 지급
자산관리 하도급 계약 (Facilities Management Sub-contract)	O&M 계약자가 자산관리 하도급 계약자에게 지급

- 프로젝트 운영비 및 금액화와 생애주기 가정사항에 대한 기술적인 분석(Due diligence) 수행
- 리스크가 SPV를 거쳐 건설 및 관리운영 계약자 및 그 하도급에게 전가되는지 확인
- 잠재적인 리스크를 제거할 방안의 식별. 예를 들어 이자율 변동에 대한 영향을 헷지하기 위해서 SPV에게 헷지 계약 체결요구
- 적절한 개입(Step-in) 권리 요구
- 금융계약서상(Loan documentation) permission to act 조항 삽입 요구
- 대출약정서(Loan Agreement)상 요구되는 재무적 준수사항 충족의 요구; 원리금 상환기일이 도래하기 전에 원리금상환액 상당 혹은 그 이상을 유보 요구 등
- 원리금상환 혹은 운영관련 주요 업무 등을 위한 자금의 유보
- 주무관청과 SPV 사이의 계약상 수익자의 일치 여부 확인, 계약에 의해 미래에 발생하는 매출에 대한 흐름 등
- 실사 과정에서 언급된 주요 포인트에 대한 주무관청의 추가 정보나 답변 요구

주요 담보문서(Security Documentation)의 형태

다음은 대주가 PPP 프로젝트에게 요구하는 주요 담보문서들의 형태이다.

출자 확약서(Equity Subscription Agreement): 대주는 출자자로부터 최소한의 지분출자를 요구하며, 대주는 SPV의 주식에 대한 근질권을 설정한다.
은행보증(Bank Guarantee): 대주는 건설이나 운영관리 계약자로부터 은행

보증을 요구한다. 이러한 보증은 통상 관련된 계약자들의 모회사가 SPV에게 제출한다. 이 보증서는 관련된 계약상 각 계약자들의 의무에 대한 적절한 이행과 실사를 보증한다. 만약 계약자가 의무를 미이행하면 모회사가 해당 의무를 이행하게 된다. 또한 모회사는 SPV에게 계약자의 미이행에 따른 결과로 발생하는 손해나 비용에 대한 보상을 한다. 보증의 수혜자는 은행으로 지정되며, 기한이익상실이 되면 은행이 적법하게 보증이행을 강제한다.

모회사보증(Parent Company Guarantee): Bank Guarantee와 동일[2)]

준공보증(Completion Guarantee): SPV는 준공에 대해서 건설 계약자로부터 관련 보증을 요구할 수 있다.

매출 혹은 자금보충 보증(Income and Shortfall Guarantee): SPV는 수익의 미실현과 관련된 보상금을 지급하는 보험을 요구할 수도 있다.

조기상환(Pre-payment of Loans): 대주는 마일스톤(Milestone) 단위의 원금상환을 요구할 수 있다.

지급확약서(Letter of Comfort): 대주는 주무관청이 Government-pays PPP의 대금지급을 할 것이라는 내용으로 SPV에게 공문을 제공할 것을 요구할 수 있다.

담보(Fixed and Floating charge/debentures): 대주는 선순위 대출의 담보로서 SPV의 자산을 설정할 것을 요구할 수도 있다. 이러한 담보는 모든 자산, 재산이나 대주를 위해 SPV가 수행해야 할 의무 등이 있다. 담보는 일반적으로 SPV의 투자금이나 토지, 기계장치, 보험금 청구와 관련된 권리, 자본금이나 대출금, SPV의 지적재산권, 현금이나 미인출 약정액 등에 고정적으

2) 원문에서도 Bank Guarantee와 Parent Company Guarantee를 혼합하여 Bank Guarantee 부분에서 기술하였다.

로 설정한다. SPV 자산 중에서 대출담보로 제공하였거나 앞서 언급된 형태로 제공되지 않은 자산들에 대해서는 유동적인 담보를 설정할 수도 있다. 고정 담보에 대해서는 대주에게 강제적으로 처리할 권리를 제공한다. 유동적인 담보는 그것이 실현되었을 때 대리기관을 선임하고 SPV로 하여금 대리기관을 수혜자로 지정하게 된다.

개입(Step-in) 권리: 이는 보통 Direct Agreement에 포함되어 있는 권리이다. Direct Agreement는 주무관청과 SPV, 그리고 대주간에 체결하는 3자 계약이 일반적이다.

직접계약(Direct Agreement): 대주는 프로젝트의 계약이나 SPV의 권리 및 의무를 대신 이행할 권리를 요구할 수도 있다.

담보보증(Collateral Warranties): 담보보증에서는 SPV와 계약을 체결한 당사자, 예를 들어 엔지니어나 건축가와 같은 전문적인 자문인력이 특정한 인수나 보증을 대주에게 직접 제공한다. 일반적으로는 전문적인 자문인력이 대주 앞으로 특별한 관리 의무를 이행하고, 목적에 맞도록(Fit for Purpose) 산업 내에서 인정되는 기준에 맞게 일할 것으로 약속하게 된다. 그리고 이는 최소한의 기간 동안 특정금액의 보험으로 보장한다. 대주는 이러한 보증을 요구할 수도 있다.

보험(Insurance): 은행은 SPV에게 특정한 프로젝트 보험에 가입하고 은행 앞으로 담보의 형태로 제출하기를 요구할 수도 있다. 이러한 보험에는 재산의 물리적인 손망실에 대한 보험이나, 제3자 배상책임보험, 상업운전의 지연(Delay in Start-Up) 그리고 기업휴지보험(Business Interruption) 등이 있다. 보험증권을 은행앞 담보로 제공하게 되면, SPV는 이를 보험사에게 통보해야 한다.

09 계약종결(Commercial Close)과 금융종결(Financial Close)

계약종결(Commercial Close)은 주무관청(Public Authority)과 민간사업자 간에 주요 상업적인 부분에 대한 합의를 완료했음을 의미한다. 그러나 계약종결 단계에서 SPV가 설립되지 않았을 수도 있고, PPP 프로젝트와 관련된 자금 확보가 완료되지 않았을 수도 있다. 계약종결과 금융종결이 반드시 동시에 혹은 짧은 기간 내에 달성이 되어야 하는 것은 아니다. 물론 프로젝트 파이낸싱에서 이런 경우가 흔한 것은 사실이지만 그럼에도 불구하고, 금융종결이 계약종결 이후 수 개월 혹은 수년 뒤에나 달성될 수도 있다.

프로젝트가 금융종결을 하였다는 것은 프로젝트와 관련된 모든 계약서의 약정이 완료되고, 자금조달을 위한 전제조건(Pre-Conditions)들이 준비가 되어, 자금의 인출이 가능하다는 것을 의미한다. PPP 프로젝트로 자금이 유입된다는 것은 SPV와 건설 계약자(Construction Contractor)가 공사를 시작할 수 있다는 것을 뜻한다.

때로는 달성해야 할 전제조건(Pre-Conditions)이 100개 이상인 경우도 있다. 이러한 조건들은 통상 선행조건(Conditions Precedent)이라고 한다. 선행조건은 금융종결이전에 PPP 계약상대방에 의해서 준비되어야 한다. 이런 조건들은 크게 3가지로 구분할 수 있다.

- **주무관청의 선행조건**: 계약 체결을 위한 주무관청의 승인
- **SPV의 선행조건**: SPV의 설립, 계약체결을 위한 이사회 승인, SPV와 건설/운영 계약자로부터 보증서(Security) 제공
- **대주의 선행조건**: 자금조달을 위한 내부 승인절차 완료

계약종결과 금융종결을 위해서는 프로젝트와 관련된 모든 상업적인 부분 및 관련된 문서가 모든 이해관계자와 함께 정리되어야 하기 때문에 매우 바쁘고 복잡한 기간을 보낼 수밖에 없다. 모든 계약상대방과의 최종 협상은 필연적으로 계약적 문제가 되는 부분들과 그와 연관된 금액 사이의 상호교환(Trade-off)으로 이루어질 수밖에 없다.

주무관청은 실시협약/양허계약(Project Agreement)을 준비할 의무가 있고, 그 외의 사업계약서(건설, 운영계약서, 금융관련 계약서, 주주협약서 등)은 민간사업자가 준비한다.

인프라 자산이나 서비스를 조달하는 한 가지 형태로서의 민관협력사업(PPP)의 기본적인 이해를 도모하고자 World bank 등 다양한 국제금융기구가 만든 기본 지식인 이 책을 통해 민관협력사업이라는 것이 무엇인지, 가장 전형적인 민관협력사업은 어떤 구조로 이루어져 있는지 그리고 이런 형태의 사업을 위해서 제도적/정책적 장치는 무엇이 있는지에 대해서 설명하였다.

1장에서는 민관협력사업의 개념에 대한 설명을 하였다. 각 국제 기구에서 정의하는 PPP의 내용이 조금씩 상이하였지만, 이 책에서는 World bank가 정의하는 내용을 기준으로 PPP로 분류하기 위한 특징들에 대해서 설명하고 그것이 자산의 권리를 영구적으로 민간 사업자에게 이전하는 민영화와 어떤 차이점이 있는지 설명하였다. 또한 PPP로 분류되기 위해서는 건설 및 자금조달뿐만 아니라 장기간에 걸친 운영에 성과와 보수를 연동시킴으로써 민간 사업자에게 충분한 리스크와 책임이 전가되어야 한다는 것과 이 부분은 공공자산이나 서비스를 제공하고자 하는 공공부문의 이해와 수익을 남기고자 하는 민간부문의 이해 관계를 일치시키는 중요한 부분이라는 점도 강조하였다. 사업의 생애주기를 고려할 때, 인프라 사업의 리스크는 설계, 시공, 자금조달, 운영 및 유지관리로 분리할 수 있으며, 특히 민간 자본이 활용된다는 점은 민간 사업자에게 리스크를 전가하는 가장 효율적인 방법임을 확인하였다. 다만 모든 사업에 만병통치약처럼 활용할 수 있는 한 가지 조달 방식이 존재하지 않기 때문에 당연히 PPP도 사업을 추진하기 위해서 필요한 비용과 자원, 시간이 더 필요하다는 단점을 고려하여 적절한 사업에만 적용해야 한다는 점과 민간 자본의 활용과 그를 통한 효율성 및 유효성을 해당 인프라 사업에 반영하고자 하는, PPP의 기본적인 목적 외에 정부의 영구/일시적 예산 부족을 회피하고자 PPP를 활용하려는 의도도 존재하므로 (대금의 지급 방식인 Government-pays 혹은 User-pays PPP에 따라) 정부의 재정상황이나 사용자들의 소득수준을 고려한 Affordability가 PPP 사업을 성공적으로 추진하기 위한 또 하나의 요소임을 알 수 있었다.

2장에서는 1장에서 언급한 다양한 사업 조달의 방식 중 가장 PPP의 특징들을 반영한 DBFOM 방식을 기준으로 민관협력사업의 구조를 파악해보았다. PPP의 주요 특징 중 하나인 정부부문과 민간부문의 상류(Upstream) 계약이 필요하며, 그 외에도 대주와의 계약, 주주간의 계약 및 EPC, O&M 계약 등 하류(Downstream) 계약을 통해서 가장 리스크 관리가 적합한 당사자에게 리스크가 전가될 수 있도록 하였다. 이런 계약의 중심에는 특수목적법인이라고 불리는 SPV(SPC)가 존재한다. 주요 현금 흐름과 관련해서 SPV는 주무관청과 대금 지급 방식(Payment Mechanism)에 대한 계약을 체결하고, 사업에 필요한 자금의 조달을 위해 자기자본 혹은 타인자본을 구성하는 전략을 수립한다. 타인자본의 조달을 위해서 SPV는 대출 및 채권과 같은 방식을 사용하며 이때 DSCR와 같은 대주의 각종 요구조건을 사업에 반영하여야 한다. 이때 정부는 사업의 특성에 따른 Viability gap이 발생하는 경우 사업의 안정적 추진을 위해 상업적 타당성(Commercial Feasibility) 및 금융지원 타당성(Bankability)을 보완해야 하며, 이때 정부의 무상지원이나 Co-financing 등의 방식이 이용될 수 있다.

3장에서는 민관협력사업이 민간부문의 관심을 끌고 안정적인 추진을 보장하기 위해서 프레임워크가 필요하다는 부분을 강조하였다. 이 프레임워크는 해당 국가에서 민관협력사업을 추진하는 개념인 거버넌스를 반영한 것으로 크게 법적, 정책적, 운영 및 투자 측면의 프레임워크가 존재하였다. 특히 프레임워크는 PPP 추진 원칙(법적 토대가 다른 대륙법과 영미법계가 서로 다름)을 정하고 추진 절차를 제도화하는 한편 정부 재정에 미치는 영향을 관리하는 방식과 수준 등 포괄적인 내용을 다룬 개념이었다. 이러한 프레임워크는 기존의 조달법을 수정/보완하거나 새로 법을 만들어 적용할 수 있는데, 안정적인 프레임워크는 민간사업자로 하여금 투자의 관심도를 높일 긍정적인 요소로 작용하게 된다. PPP사업의 추진 절차는 크게 계획 및 확인단계부터 준비, 이행, 계약 관리로 나눌 수 있는데 필요한 프로젝트를 식별(identify)하고 PPP에 적합한 프로젝트로 선별(Screen)하며 재차 기술/경제/상업 등 다양한 타당성 검토(Assessment & Appraisal)를 거쳐서 정식 사업으로 진행된다. 이는 공공 입찰을 통해 경쟁을 유도하고 보다 적절한 민간 사업자를 통해 보다 나은 VfM를 얻기 위한 평가 단계를 거쳐 최종적으로 양허계약(PPP 계약 혹은 Concession 계약)을 체결하는 Commercial close 단계에 도달하게 된다. 이후 자금조달이 끝나는 Financial Close와 함께 착공을 시작으로 계약 및 사업 관리 단계에 돌입하여 계약이 종료될 때까지 관리된다. 전 단계에 걸쳐 정부의 세심한 관리와 주의가 필요하기 때문에 VfM의 실현을 위한 정부부문의 우수한 자원(Resource)은 필수적이라 할 수 있다.

마지막으로 제2판에 포함된 부록에는 PPP프로젝트에 참여하고자 하는 민간기업이 어떻게 프로젝트 입찰을 준비하며 어떤 이해당사자와 어떤 협의와 업무를 추진해야 하는지 알아보았다. 프로젝트의 선정도 물론 중요하지만 파트너의 선정 및 자문사의 선정은 실무적으로도 매우 중요하며 아마도 대부분의 독자들이 궁금해 하거나 하고 싶어 하는 업무라고 생각되고 그중에서도 특히 금융과 관련된 부분에 관심이 많을 것으로 생각된다. 하지만 금융 이전에 수많은 업무들이 존재하고, 그 과정을 통해서만 우량한 PPP사업이 만들어질 수 있다. 그리고 이 모든 과정은 결국 PPP조달 과정의 일부이기 때문에 큰 틀에서 인프라 사업의 조달방식 및 VFM 관점에서 이해하는 것이 필요하다고 할 수 있다.

이렇게 민관협력사업은 한 나라의 정책 방향 및 제도, 실제 사업의 상업적, 경제적 타당성, 장기금융이 가능한 금융시장 및 적절하고 충분한 능력이 있는 민간 사업자 등 다양한 이해관계의 적절한 조합을 필요로 하는 전문적인 분야이다. 그 속에서도 특히 금융, 법, 기술 등 세부적인 전문분야를 담당하는 인력들이 포진하여 사업을 추진하기 때문에 여타 다른 조달 방식에 비해 많은 비용과 시간을 필요로 한다. 하지만 그럼에도 불구하고 종국에는 재정사업보다 더 나은 VfM를 제공한다는 점에서 반드시 필요한 조달 방식이라고 할 수 있다.

서문에서 언급한 바와 같이 본 책에서 다룬 내용들이 각 나라 및 환경에 따라 변형되어 적용되고 있는 것이 사실이다. 하지만 이 내용을 기준점으로 한다면 각 나라의 민관협력사업이 가지고 있는 장단점 파악을 통해, 보다 수월하게 사업 환경을 이해하고 추진하는 데 도움이 될 것이라고 생각한다. 부디 이 책이 많은 공학도들의 현업 및 미래에 긍정적인 영향을 줄 수 있기를 바란다.

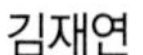

입사할 때만해도 당연히 민관협력사업에 관심이 생기고 현재와 금융회사에서 근무할 것이라고 생각해본 적은 없다. 10년 전 처음 입사하여 여권을 만들고 OJT 갔던 베트남 항만현장이 너무 좋았고, 그곳에 남고 싶었으나 결국 회사가 원하는 해외 견적/입찰팀에서 현업을 시작하였다. 그렇지만 그 팀에서 수행하였던 동남아, 중동, 유럽 등 각국의 다양한 인프라 사업의 견적 및 입찰은 너무나도 재미있었으며 꾸준히 보다 나음이 무엇인지 고민하였었던 것 같다. 남들은 나에게 현장 한번 가보지 않은 반쪽짜리 엔지니어라고 했으나 (나도 사실 여전히 그렇게 생각하고 있었지만) 내 나름 보다 나음을 고민하면서 즐거웠던 시기였다. 비록 나도 현장에서 그 반쪽을 채우고 싶었으나 뜻대로 되지 않아 어떻게 하다 보니 현재 지금의 내가 되었다.

건설인으로서 내 꿈은 중학교 때 봤던, 두바이의 팜 아일랜드 건설과 관련된 다큐에서 시작하였지만 현재의 나는 전 세계 구석구석에서 여전히 가난하고 문명의 혜택을 받지 못하고 자라는 아이들에게 보다 나은 무언가를 주는 것을 꿈꾸고 있다. 좋든 싫든 10여 년간 건설과 관련된 일에 종사한 사람으로서 인프라를 통한 삶의 질을 높여주고 싶을 뿐이다. 내 눈으로 보았던 네팔과 덴마크 아이들의 삶은 너무나도 달랐기 때문에 단지 그런 나라에서 태어났다는 이유로 최소한 인프라적인 차별을 받지 않고 자신이 노력한 만큼 뭔가 얻어갈 수 있는 인프라적 환경이 마련되었으면 하는 바람이다. 현재 나는 PPP라는 것이 이런 내 바람을 이루게 해 줄 좋은 방법이라고 생각한다.

처음 PPP 개발사업에 참여하면서 느낀 것은 아마도 우주인 이소연 씨가 귀국 후에, 우주산업을 개발하기 위해서는 돈이 핵심이라고 느껴 MBA에 진학한 것과 크게 다르지 않을 것이며, 개발도상국에서 적절한 인프라 사업이 (심지어 PPP로 한다고 하더라도) 잘 추진되지 않는 이유 역시 돈과 관련이 있다. 인프라 금융산업에 발을 들이고 나서는 그것이 얼마나 더욱 핵심적인지를 실감하고 있다. 결국 한쪽만 승리하는 사업은 이루어질 수 없다. 양쪽이 모두 Win-win하는 방법을 찾아내는 것이야 말로 PPP 전문가의 정수이지 않을까 생각하고 있으며, 나 역시 매우 부족하지만 어제보다는 오늘이 낫기를 바라며 노력하고 있는 중이다. 누군가 비슷한 생각을 하고 있는 사람이 있다면 이 책이 도움이 되길 바란다.

찾아보기(영문)

T

U

V

W

Y

찾아보기(국문)

역자 소개

김재연

고려대학교에서 사회환경시스템공학을 전공하였다. 이후 대림산업에서 해외인프라사업 견적 및 입찰, 사업개발을 하며 다양한 국가 다양한 프로젝트와 사람들을 만나면서 현업에 대한 재미와 함께 한계를 느꼈다. 이후 모교 글로벌건설엔지니어링 석사를 통해서 좋은 기회를 얻어 금융업에 발을 디딜 수 있었으며, 삼성증권 IB 인프라 금융팀을 거쳐 현재는 신한은행 에너지금융부에서 근무하고 있다. 글로벌 인프라 산업에서 공학도들이 할 수 있는 다양한 분야가 있음을 알리고자 엔지니어링데일리에서 '인프라를 설명하는 남자들' 및 '건설과 금융' 팟캐스트 '건설왕'을 연재하였으며, '인프라 돈 이야기'를 집필하였다.

이용배

고려대학교에서 전기공학을 전공하였다. 현대엔지니어링에 입사하여 전력플랜트 계장팀에 배속되어 설계업무를 하던 중 해외영업 팀으로 자리를 옮기게 되었고, 이후 세계 여러 나라의 발전소 입찰에 참여하게 되었다. 주로 EPC 사업의 입찰을 진행하다 보니 개발 사업 전반에 대한 지식의 부족함을 느끼게 되었으며, 모교 글로벌건설엔지니어링 석사 과정을 통하여 관련 지식을 습득하였다. 대학원 졸업 후 인도네시아 지사에서 주재원 생활을 시작하면서 전력, 화공플랜트 및 인프라 개발사업을 담당하였고 지금은 본사에 복귀하여 해외마케팅 업무를 하고 있다. 사내 PPP 학습 동호회를 진행 중이다.

박자분

고려대학교에서 전기전자전파공학을 전공한 후, 현대엔지니어링에서 플랜트 설계, 영업, 예산견적, 전략기획직무를 거친 후 현재 RE100 사업개발, 컨설팅 및 발전사업을 추진하고 있다. 직업적 성취와 함께 인프라 PPP, 프로젝트 금융 분야에 대한 이해와 통찰을 확장하고자 고려대학교 공학대학원에 진학하여 글로벌건설엔지니어링 석사학위를 취득하였다. 생활 속 에너지와 인프라, 건축에 담긴 공학 기술과 문명, 산업 동향과 시장을 소개하는 팟캐스트 채널 <건설왕>을 진행한 바 있다.

서원탁

홍익대학교에서 토목공학을 전공하였다. 이후 한화건설에서 국내외 개발사업, 견적, 영업, PM, 계약관리 등 폭넓은 업무를 수행하였으며, 이후 고려대학교 글로벌건설엔지니어링 석사를 졸업하고 건설산업과 금융산업의 시너지를 도모하고자 KB자산운용 인프라투자본부에서 우리나라 건설업체의 해외 진출을 돕기 위해 설립한 민관공동펀드인 글로벌인프라펀드(GIF)를 운용하였다. 현재는 KB 국민은행에서 국내외 인프라 투자 업무를 담당하고 있다.

제2판
민간협력사업(PPP)의 개요와 이해

초판발행 2020년 8월 30일
제2판발행 2023년 8월 30일

지은이 The World Bank Group
옮긴이 김재연 · 이용배 · 박자분 · 서원탁
펴낸이 노 현

편 집 전채린
표지디자인 Ben Story
제 작 고철민 · 조영환

펴낸곳 ㈜ 피와이메이트
서울특별시 금천구 가산디지털2로 53 한라시그마밸리 210호(가산동)
등록 2014. 2. 12. 제2018-000080호
전 화 02)733-6771
f a x 02)736-4818
e-mail pys@pybook.co.kr
homepage www.pybook.co.kr
ISBN 979-11-6519-415-4 93540

정 가 17,000원